AF509174

HISTOIRE

NATURELLE

DES POISSONS.

STRASBOURG, IMPRIMERIE DE F. G. LEVRAULT,
IMPRIMEUR DU ROI.

STRASBOURG, IMPRIMERIE DE F. G. LEVRAULT,

IMPRIMEUR DU ROI.

HISTOIRE
NATURELLE
DES POISSONS,

PAR

M. LE B.ᴼᴺ CUVIER,

Grand-Officier de la Légion d'honneur, Conseiller d'État et au Conseil royal de l'Instruction publique, l'un des quarante de l'Académie française, Secrétaire perpétuel de celle des Sciences, membre des Sociétés et Académies royales de Londres, de Berlin, de Pétersbourg, de Stockholm, de Turin, de Gœttingue, des Pays-Bas, de Munich, de Modène, etc.;

ET PAR

M. VALENCIENNES,

Aide-Naturaliste au Muséum d'Histoire naturelle.

TOME CINQUIÈME.

A PARIS,

Chez F. G. LEVRAULT, rue de la Harpe, n.° 81.

STRASBOURG, même Maison, rue des Juifs, n.° 33.

BRUXELLES, Librairie parisienne, rue de la Magdeleine, n.° 438.

1830.

AVERTISSEMENT.

L'étendue de ce volume, et surtout le nombre des planches qui s'y rapportent, nous obligent de retarder encore la publication des articles qui doivent servir de supplémens aux volumes précédens; mais nous croyons devoir faire connaître dès ce moment une rectification importante relative à un genre que l'on pourrait s'attendre à trouver parmi les sciénoïdes. C'est celui des *microptères* de Lacépède, que dans la dernière édition de mon Règne animal j'ai laissé encore dans cette famille. Un nouvel examen que j'ai fait de l'exemplaire unique qui a servi à la description de M. de Lacépède (t. IV, p. 325), et dont le pareil ne s'est jamais retrouvé, m'a démontré que ce n'est autre chose qu'un *growler d'Amérique,* ou *gristes salmoides*[1], ou, ce qui revient au même, un *labre salmoïde* de M. de Lacépède (t. IV, p. 716), dans lequel un accident a détruit quelques rayons mous de sa dorsale, en sorte que les rayons qui suivaient semblent former une petite nageoire particulière. On trouvera peut-être que la figure du microptère, dans M. de Lacépède (t. IV, pl. 3, fig. 3), et celle du salmoïde (t. IV, pl. 5, fig. 2), ne se ressemblent pas autant qu'elles le devraient

---

1. Voyez son article dans notre troisième volume, p. 41, pl. 45.

d'après l'identité d'espèce de leurs originaux ; mais c'est la
faute des dessinateurs. L'identité n'en reste pas moins constante : on peut s'en assurer même par la comparaison de
la figure du microptère, dans Lacépède, t. IV, pl. 3, fig. 3,
toute médiocre qu'elle est, avec la figure du growler, dans
notre troisième volume, pl. 45. En un mot, le genre et l'espèce du microptère ne reposent que sur un être altéré, et
doivent disparaître du catalogue des poissons.

La famille des sciénoïdes commençant à s'éloigner assez
de celle des percoïdes par quelques-uns de ses organes, nous
avons cru devoir ajouter ici quelques figures anatomiques
à celles de notre premier volume ; elles portent sur les deux
parties caractéristiques de beaucoup de sciénoïdes : leur tête
osseuse, si remarquable par la structure caverneuse de ses
os, et leurs vessies natatoires, munies d'appendices si singulières et souvent d'une complication dont il n'existe point
d'autre exemple. Les noms des espèces sont placés sur les
planches, et, quant à l'ostéologie des têtes (pl. 140), on a
inscrit sur chaque os le même numéro qu'il porte dans les
planches de l'ostéologie de la perche, au premier volume.

En donnant cette feuille à l'impression, nous apprenons
et nous nous empressons de communiquer à nos lecteurs la
nouvelle de l'heureuse arrivée de l'illustre M. de Humboldt
et de son compagnon de voyage, M. Ehrenberg, qui rapportent les poissons de l'Ob, de l'Irtisch, du Volga, du Don
et de leurs affluens, et qui veulent bien nous permettre d'en
enrichir notre ouvrage.

Au Jardin du Roi, Janvier 1830.

TABLE

DU CINQUIÈME VOLUME.

LIVRE CINQUIÈME.

5.   b

CHAPITRE III.

CHAPITRE IV.

CHAPITRE V.

CHAPITRE VI.

Pages. Planch.

CHAPITRE XI.

CHAPITRE XII.

Pages. Planch.

CHAPITRE XIII.

CHAPITRE XIV.

Pages. Planch.

CHAPITRE XV.

CHAPITRE XVI.

5. c

CHAPITRE XVII.

(Ce volume et le précédent sont de M. le B.ᵒⁿ Cuvier.)

HISTOIRE

NATURELLE

DES POISSONS.

LIVRE CINQUIÈME.

DES SCIÉNOÏDES.

On trouve dans la famille des sciénoïdes à peu près tous les caractères extérieurs des percoïdes : opercule épineux ou dentelé; préopercule dentelé ou diversement armé; corps écailleux; dorsale simple ou double, ou du moins profondément échancrée; et même les subdivisions que les diverses combinaisons de ces caractères donnent lieu d'y établir, sont pour ainsi dire des répétitions de celles que nous avons fait connaître parmi les percoïdes. Mais les sciénoïdes diffèrent des percoïdes, parce qu'elles n'ont jamais de dents ni au vomer ni aux palatins, que leur palais, en un mot, est entièrement lisse. Elles ont aussi quelque chose de particulier dans la physionomie; une tête et surtout un museau bombés, qui se voient plus rarement parmi les percoïdes, et dont la convexité est produite par des arêtes comparables à des ogives gothiques, qui relèvent et boursouflent en quelque sorte les os du crâne; et des écailles souvent moins âpres et s'étendant plus généralement sur les diverses parties de la tête,

5.

et même sur les nageoires verticales. Cependant ces derniers caractères, que les polynèmes nous ont déjà offerts
presque en totalité, sont moins essentiels que celui de
l'absence de dents palatines, et ne peuvent servir que
pour une première indication.

La famille des joues cuirassées, dont nous avons traité
dans le livre précédent, à part la disposition de ses sous-
orbitaires, qui lui est particulière, établit une sorte de
passage des percoïdes aux sciénoïdes. Une partie de ses
genres, les scorpènes surtout, se lient aux percoïdes par
leurs dents palatines, et les sébastes ressemblent même
tellement aux serrans, qu'on les a souvent confondues
avec eux; tandis que d'autres de ces joues cuirassées, les
synancées, par exemple, ont le palais aussi lisse qu'aucunes sciénoïdes.

Les sciénoïdes ressemblent encore aux percoïdes par
plusieurs détails de leur intérieur, mais on observe plus
de variétés et surtout des structures plus compliquées à
leurs vessies natatoires : un très-grand nombre y a des
cornes encore plus développées que celles dont nous avons
parlé dans la description du trigle perlon; quelques-unes
même y ont une infinité d'appendices branchues, et bien
que ces vessies natatoires ne paraissent pas avoir de communication avec l'extérieur, comme presque toutes les
sciénoïdes font entendre des bruits, des grognemens,
encore plus marqués que ceux des trigles, il est difficile
de croire que la disposition de ces organes n'ait pas quelque rapport avec cette propriété.

Les sciénoïdes ne sont guère moins nombreuses que les
percoïdes, soit en genres, soit en espèces; elles ont à peu
près les mêmes habitudes, et offrent à l'homme les mêmes

utilités. Presque toutes leurs espèces sont bonnes à manger ; plusieurs sont d'un goût exquis, et il en est quelques-
unes qui arrivent à une taille égale ou même supérieure à
celle des plus grandes percoïdes : le maigre de nos mers,
par exemple, devient au moins aussi grand que les varioles
du Nil et du Gange, ou que les plus grands polynèmes, et
plusieurs johnius surpassent nos bars et nos centropomes.

La Méditerranée possède trois poissons remarquables
de cette famille, le maigre, le corb et l'ombrine, qui ont
toujours dû être, et qui ont été en effet rapprochés par les
naturalistes, dont plusieurs ont cru y retrouver les *sciènes*
ou les *ombres* des anciens. Artedi, qui ne distinguait point
assez les deux premiers, les avait réunis avec le troisième
dans un genre qu'il a nommé *sciæna.* Il a cherché à en
déterminer les caractères, et si ceux qu'il a donnés ne con-
viennent pas entièrement à toutes les espèces que l'analogie
amène aujourd'hui à placer dans la famille des sciénoïdes,
ils représentent assez bien l'idée qu'il avait pu s'en faire
d'après les deux seules qu'il connaissait.

Linnæus a adopté ce genre, mais en y ajoutant des
espèces qui n'y appartiennent pas, et en modifiant d'une
manière peu heureuse son caractère générique. Ses élèves,
et surtout Forskal, ont augmenté le désordre en ne s'atta-
chant qu'à une circonstance peu essentielle : à la faculté
que les vraies sciènes partagent avec beaucoup d'autres
acanthoptérygiens, de cacher la dorsale épineuse entre les
écailles du dos. Bloch, ne considérant qu'une circonstance
tout aussi peu importante et relative aux écailles des opercules, a encore combiné les espèces autrement que ses
prédécesseurs, et un genre naturel dans l'origine s'est
trouvé tout défiguré. Enfin, pour combler la mesure de

la bizarrerie, le même Bloch, dans son *Systema* publié par Schneider, a fait passer dans le genre *johnius* les deux seules vraies sciènes d'Artedi, et n'a plus laissé sous les *sciæna* qu'un mélange confus d'espèces hétérogènes. M. de Lacépède lui-même, n'ayant distingué ses sciènes des persèques que par l'absence de dentelures au préopercule, s'est vu obligé de placer l'ombrine dans le second de ces genres, tandis qu'il laissait le corb dans le premier; ce qui a entièrement brisé les rapports naturels.

Pour nous, nous avons cherché dans notre travail à ne consulter que la nature, et il nous a paru qu'Artedi était le seul qui ne s'en fût pas écarté; il n'a eu que le tort involontaire d'effacer l'une des trois espèces si remarquables que nos mers nourrissent[1]. Nous l'avons rendue à son existence et à son rang, et chacune des trois est devenue pour nous le type d'une petite série dans la grande tribu qui les embrasse. Nous leur avons associé ensuite d'autres poissons qui s'en rapprochent pour l'essentiel, mais dont quelques caractères particuliers font aussi des chefs d'autres séries; et c'est ainsi que nous avons constitué les caractères vraiment naturels de ce groupe intéressant.

Nous formons donc une première série des sciénoïdes à dorsale divisée, et les trois sciènes de nos mers y deviennent les types des trois genres principaux. Le *maigre* n'a que de faibles aiguillons à l'anale, et une rangée de dents fortes et égales à chaque mâchoire, avec une bande étroite de dents en velours à la supérieure. Le *corb* a les aiguillons de l'anale très-forts, des dents en velours aux deux mâchoires, et une rangée de dents plus fortes à la supérieure

---

1. Le maigre, qu'il a confondu avec le corb.

seulement; l'un et l'autre manquent de barbillons. L'*ombrine* a un barbillon sous la symphyse de la mâchoire inférieure, et des dents maxillaires toutes en velours et sur de larges bandes.

Au deuxième de ces types se rattachent la plupart des espèces étrangères, rangées par Bloch dans ses *johnius,* et dont quelques-uns ont voulu faire des labres; mais leur nombreuse série se subdivise d'après plusieurs considérations de détail. On doit en distinguer surtout ceux qui, comme les sandres et les serrans dans la famille des perches, ont parmi leurs dents en velours de véritables canines longues et pointues à la mâchoire supérieure : ils forment un quatrième sous-genre, entièrement étranger, que j'appelle *otolithe,* et dont les épines anales sont autant et même plus faibles que dans les maigres. Un autre genre, également étranger, comprend des sciènes semblables aux ombrines, si ce n'est que leurs barbillons sont très-multipliés. M. de Lacépède les a nommées *pogonias.*

Entre ces genres ou sous-genres principaux s'en intercalent quelques moindres. Les *ancylodons* ne diffèrent des otolithes que par le nombre et la grandeur des canines, dont ils ont surtout plusieurs aux côtés de la mâchoire inférieure. Les *lonchurus* ont deux barbillons; mais d'ailleurs ils paraissent tenir de près aux ombrines. Les *èques* ne sont guère que des corbs dont l'arrière-corps s'aiguise en pointe. Les *léiostomes* ont, avec les caractères des corbs et du commun des johnius, des dents en velours ras aux deux mâchoires; et à la fin de la série viennent encore se placer quelques-unes de ces espèces rebelles à toute association, dont chacune doit former un petit genre à part.

Tous ces poissons ont la tête osseuse plus ou moins

relevée de parties saillantes; la mâchoire inférieure généralement marquée de pores notables; la dorsale profondément échancrée, ou même deux dorsales entièrement
séparées, la partie molle longue à proportion; l'anale, au
contraire, fort courte; le préopercule dentelé au moins
dans la jeunesse; l'opercule osseux terminé en une ou
deux pointes plates; sept rayons aux branchies : ils res-
sembleraient, en un mot, beaucoup aux perches, s'ils ne
manquaient de dents au vomer et aux palatins. Du reste,
leurs épines dorsales sont robustes, leurs écailles fortes,
comme aux perches et aux spares; toutes les parties de
leur tête sont écailleuses. On en a rangé quelques-uns
parmi les labres; mais quoique plusieurs d'entre eux aient
les dents pharyngiennes en forme de pavé, comme les
labres, ils n'en ont pas les doubles lèvres, et ne manquent
pas comme eux de cœcums; ils en ont généralement dix
ou douze, et quelquefois davantage. Leur estomac est un
long cul-de-sac; leur vessie natatoire fort grande, et pourvue d'appendices très-diverses et souvent fort singulières;
les pierres de leurs oreilles se font surtout remarquer par
leur grosseur.

La deuxième série des sciénoïdes se compose des genres
à dorsale continue ou du moins peu échancrée; leur diver-
sité est plus grande, et c'est parmi eux surtout que l'on observe des combinaisons de caractères analogues à celles des
percoïdes. Ainsi l'on en trouve aussi qui ont sept rayons
aux ouïes, et d'autres qui en ont un nombre moindre.

Ceux qui en ont sept, se divisent fort nettement en
trois genres.

Les *diagrammes*, qui ont sous la mâchoire inférieure,
en avant, quatre ou six pores très-marqués; les *pristi-*

pomes, qui n'ont que deux petits pores et une fossette impaire ; les *hémulons,* qui, avec les mêmes impressions que les pristipomes, portent des écailles sur leurs nageoires verticales : une certaine disposition de l'articulation de leurs mâchoires leur donne une physionomie particulière.

Ceux qui ont moins de sept rayons branchiaux forment deux groupes très-distincts.

Le premier, qui s'éloigne moins du reste de la famille, a la ligne latérale continue depuis l'épaule jusqu'à la caudale. Des caractères fort remarquables y font ressortir les *scolopsides,* dont l'orbite est garni en dessous de deux épines qui se croisent ; les *chéilodactyles,* dont les pectorales ont plusieurs rayons sans branches et prolongés hors de la membrane ; les *microptères,* qui ont à l'arrière de la dorsale une petite nageoire molle, séparée du reste de la nageoire ; les *lobotes,* dont la partie molle de la dorsale et de l'anale se prolongent en arrière, de façon à faire paraître l'arrière du corps divisé en trois lobes ; les *maquaries,* qui ont la tête caverneuse comme les gremilles et seulement cinq rayons aux ouïes ; enfin, les *latilus,* dont le corps alongé et le profil presque vertical rappellent les coryphènes, mais qui, outre les caractères propres aux sciénoïdes d'un préopercule dentelé et d'un palais sans dents, ont beaucoup moins de rayons à la dorsale que les vraies coryphènes.

Le deuxième groupe des sciénoïdes à moins de sept rayons branchiaux diffère tellement des autres, et les genres qui le composent se ressemblent si fort entre eux, que l'on pourrait en faire une famille séparée. Son caractère commun est que la ligne latérale s'y interrompt toujours vis-à-vis la fin de la dorsale, et quelquefois recommence un peu plus bas, mais toujours vis-à-vis du même point, pour se continuer sur la queue. Ce caractère se retrouve dans quelques labroïdes.

Les genres dont nous parlons maintenant, ont été jusqu'à présent assez mêlés à d'autres, pour que les rapports qu'ils ont entre eux et avec les sciénoïdes aient échappé aux naturalistes. Tous n'ont que des espèces petites, de forme à peu près ovale, assez semblables aux chétodons, mais dont la dorsale et l'anale n'ont pas d'écailles.

Nous y rangeons les *amphiprions,* où le préopercule, l'opercule et les deux autres pièces operculaires sont dentelés et sillonnés; les *premnades,* qui ont les pièces operculaires moins dentelées, mais où le sous-orbitaire a de fortes épines; les *pomacentres,* où le préopercule seul est dentelé et l'opercule sans épines. Ces trois genres ont des petites dents sur une seule rangée. Les *dascylles* ressemblent aux pomacentres par les pièces operculaires, mais leurs dents forment une bande de velours; les *glyphisodons* ont, comme les pomacentres, les dents sur une seule rangée, et de plus elles sont échancrées; mais leur préopercule n'a point de dentelure : enfin, les *héliases* ont le préopercule non dentelé des glyphisodons et les dents en velours des dascylles. Ces deux derniers genres n'ayant point les bords de leur préopercule dentelés, nous conduisent aux sparoïdes et même à quelques égards jusqu'aux labroïdes; mais nous ne pouvons assez redire que dans la méthode naturelle il n'y a presque jamais entre les groupes, de quelque ordre qu'ils soient, de limites absolument tranchées. [1]

---

1. Voyez le tableau ci-joint des caractères des genres de cette famille.

POISSONS OSSEUX.

ACANTHOPTÉRYGIENS.

SCIÉNOÏDES. Des dentelures ou des épines aux pièces operculaires; la joue non cuirassée; la bouche peu protractile; point de dents au vomer ni aux palatins.

A deux dorsales, ou à dorsale profondément échancrée.

Sans barbillons sous la mâchoire inférieure.

Point de fortes canines.

Des dentelures au préopercule.

Point de grosses dents mousses.

Museau bombé.

MAIGRES ou SCIÈNES PROPRES. Aiguillons de l'anale très-faibles; une rangée de dents plus fortes à chaque mâchoire.

CORBS. Aiguillons forts ou médiocres à l'anale; une rangée de dents plus fortes à la mâchoire supérieure.

LÉIOSTOMES. Aiguillons faibles à l'anale; dents en velours très-ras.

CHEVALIERS. Aiguillons médiocres à l'anale; dents en velours; corps aminci en pointe en arrière; nageoires verticales écailleuses.

Museau non bombé.

LARIMES. Museau très-court; dents en velours.

LÉPIPTÈRES. Tête alongée; dents en velours; nageoires verticales très-écailleuses.

De grosses dents aux mâchoires.

BORIDIES. Formes des corbs: de grosses dents mousses aux mâchoires.

CONODONS. Formes des corbs; de grosses dents coniques aux mâchoires.

Point de dentelures au préopercule.

NEBRIS. Bord du préopercule membraneux; museau très-court; œil très-petit; dents en velours.

ÉLÉGINUS. Le museau bombé; des dents en velours; l'anale longue; le préopercule très-entier.

De fortes canines.

OTOLITHES. Deux canines en avant de la mâchoire supérieure, quelquefois aussi de l'inférieure.

ANCYLODONS. Deux longs crochets et plusieurs autres longues dents aux mâchoires.

Un ou plusieurs barbillons sous la mâchoire inférieure.

OMBRINES. Un seul barbillon sous la symphyse.

LONCHURUS. Deux barbillons sous la symphyse.

POGONIAS. Plusieurs barbillons sur des rangées transverses sous le bout de la mâchoire inférieure.

MICROPOGONS. Quelques barbillons à peine visibles sous le bout de la mâchoire inférieure.

A dorsale unique.

A sept rayons aux ouïes.

HÉMULONS. Une fossette et deux petits pores sous la symphyse; les nageoires verticales écailleuses.

PRISTIPOMES. Une fossette et deux petits pores sous la symphyse; les nageoires verticales sans écailles.

DIAGRAMMES. Quatre ou six gros pores sous la mâchoire inférieure.

A moins de sept rayons aux ouïes.

A ligne latérale continue jusqu'à la caudale.

Point de rayons simples aux pectorales.

LOBOTES. Museau court; la dorsale et l'anale se prolongeant en arrière; de fortes dentelures au préopercule.

SCOLOPSIDES. Le deuxième sous-orbitaire donnant en arrière une épine qui se croise sous l'œil avec celle que le troisième donne en avant.

LATILLS. Corps alongé; profil presque vertical.

MAQUARIES. La tête caverneuse; les mâchoires sans dents.

Des rayons simples aux pectorales.

CHÉILODACTYLES. Plusieurs des rayons inférieurs de la pectorale non branchus et dépassant la membrane.

A ligne latérale interrompue sous la fin de la dorsale.

Des dentelures au préopercule.

AMPHIPRIONS. Toutes les pièces operculaires fortement dentelées; les dents sur une seule rangée.

PREMNADES. Le sous-orbitaire épineux; les dents sur une seule rangée.

POMACENTRES. Le préopercule seul dentelé; les dents sur une seule rangée.

DASCYLLES. Le préopercule seul dentelé; les dents en velours.

Point de dentelures au préopercule.

GLYPHISODONS. Les dents sur une seule rangée; deux ou trois aiguillons à l'anale.

HÉTROPLES. Les dents sur une seule rangée; aiguillons nombreux à l'anale.

HÉLIASES. Les dents en velours.

Nous croyons devoir terminer cette énumération des sciénoïdes par une dissertation sur les poissons connus des anciens, que divers modernes ont rapportés à des espèces de cette famille. Les résultats que cette recherche nous fournira, nous dispenseront d'y revenir, lorsque nous aurons à parler de celles auxquelles ces noms appartenaient véritablement.

L'énorme taille du maigre, la beauté de l'ombrine, l'abondance et la couleur singulière du corb, le bon goût de tous les trois, ont dû les rendre intéressans dans tous les temps, et on ne peut croire que les anciens ne les aient pas connus ; mais il est assez difficile de les discerner au milieu de l'amas confus de noms que nous trouvons accumulés dans les ouvrages qui nous restent, et presque toujours sans indications distinctives.

Σκία en grec signifie l'ombre, et cette langue en a tiré trois noms de poissons, σκίαινα, σκινὶς et σκιαδεὶς. Athénée [1] regarde σκιαδεὶς comme synonyme de σκίαινα, et Galien dit la même chose de σκινὶς [2] ; mais Pline, dans son énumération des poissons (l. XXXII, c. 11), place le *sciadeus* et le *sciæna* à la suite l'un de l'autre, comme espèces distinctes. C'est le plus usité de ces noms, celui de σκίαινα, que les traducteurs modernes ont cherché à exprimer en latin par *umbra*, et en français par *ombre* ; mais on a appelé ainsi tant de poissons et de genres si différens, depuis les *ombres* ou *ombrines*, dont nous parlons maintenant, jusqu'à l'*ombre d'Auvergne* et à l'*ombre chevalier*, qui sont de la famille des saumons, que la traduction n'a rien éclairci. Malheureusement les articles des anciens

---

1. *Deipn.*, l. VII, p. 322. — 2. *De alim.*

5.

sur ces poissons n'ont rien de plus décisif que leur synonymie.

Aristote[1] ne dit qu'un mot du *sciœna ;* c'est qu'il a,
comme le chromis, le labrax et le phagre , des pierres
dans la tête, qui rendent le froid plus insupportable à
ces poissons qu'à d'autres.

Pline (l. IX, c. 16) a copié ce passage en laissant le mot
grec sans altération, et en général il n'emploie pas le nom
d'*umbra* pour désigner un poisson. C'est dans Ovide[2],
dans Columelle[3] et dans Ausone[4] qu'on le trouve ; mais
les deux premiers désignent par-là un poisson de mer,
le troisième un poisson de rivière, et sans qu'autre chose
que le sens propre du mot puisse indiquer une identité
quelconque avec le *sciœna* des Grecs. Columelle parle
d'*ombres d'Italie* et d'*ombres puniques.* Varron, qui cite
aussi ce nom d'*umbra* parmi ceux des poissons, ajoute
que l'espèce qui le porte, le doit à sa couleur[5], ce qui
peut faire croire que sa teinte était obscure.

C'est sur ces données que les ichtyologistes du seizième
siècle ont cru pouvoir chercher les ombres et les sciènes
de mer des anciens parmi les poissons du genre dont nous
traitons maintenant, et dont la grande espèce, ou le maigre, et l'espèce barbue portent encore sur diverses côtes
de la Méditerranée les noms d'*ombre* et d'*ombrine.*

Bélon et Salvien pensent que l'*umbra* est l'*ombrina* des

---

1. *Hist. anim.*, l. VIII, c. 19.
2. *Hal.*, v. 112. .... *Tum corporis* umbræ
    Liventis rapidique lupi percœque tragique.
3. L. VIII, c. 16. *Arenosi gurgites pelagios melius pascunt ut auratas ac dentices*
punicasque et indigenas umbras.
4. *Mosell.*, v. 90. *Effugiensque oculos celeri levis* umbra *natatu.*
5. *De ling. lat.*, l. IV. *Alia a coloribus, ut asellus,* umbra, *turdus.*

Romains actuels, ou le *maigre;* Rondelet, que c'est l'ombrine des Marseillais, ou *sciœna cirrhosa,* qui, dit-il, se nomme encore σκίον chez les Grecs modernes.

Peut-être le corb, à cause de sa couleur noire, y aurait-il plus de titres qu'aucun autre, vu surtout qu'il ne peut être le coracin, comme l'avait cru un des auteurs que nous venons de citer.

On expliquerait alors aisément la distinction établie par Columelle entre les ombres d'Italie et les ombres puniques. Ces dernières seraient le maigre, qui paraît essentiellement originaire de la côte d'Afrique, et qui ressemble tellement au corb quand il est petit, qu'on les vend alors l'un pour l'autre sur les marchés.

On a rapporté aussi au σκίαινα un passage d'Oppien [1], où le mot est écrit συαινα dans la plupart des manuscrits: il le dit timide, et assure qu'un plongeur peut le prendre à la main [2]; il ajoute qu'aussitôt qu'il est poursuivi, il cherche à cacher sa tête dans un trou de rocher ou parmi les herbes marines, et que, lorsqu'il ne voit plus, il croit n'être pas vu, le comparant à cet égard au bubale et à l'autruche. [3]

Ces indications se rapportent si peu aux poissons qui nous occupent, que nous devons croire que les critiques ont été trompés par la ressemblance des noms, et qu'il faut continuer d'écrire à cet endroit συαινα et de regarder le poisson ainsi nommé comme différent du σκίαινα.

Aristote parle d'un poisson nommé *chromis,* qui paraît aussi appartenir à ce genre. Tout ce que lui attribue ce

---

1. *Hal.*, l. I.ᵉʳ, v. 132. — 2. *Ibid.*, l. IV, v. 593 à 596. — 3. *Ibid.*, l. IV, v. 616 à 624.

grand naturaliste (des pierres dans la tête [1], une ouïe fine [2], la faculté de faire entendre un bruit, une sorte de grognement [3], et l'habitude de vivre en troupes et de ne pondre qu'une fois par an [4]) conviendrait même assez exactement au maigre. Ajoutez qu'Épicharme, dans Athénée (t. VII, p. 282), dit que le chromis, ainsi que le xiphias, sont au printemps les meilleurs des poissons; rapprochement et qualification qui vont bien au maigre, et à cause de sa grandeur et à cause de son bon goût.

Cependant, comme le *glaucus,* qu'Aristote distingue du chromis, a des rapports encore plus frappans avec le maigre, et comme Bélon nous dit qu'à Marseille l'ombrine porte encore quelquefois le nom de *chrom* ou de *chrau* [5]; comme elle prend celui de *chro* sur la côte de Gênes, au rapport de Gillius [6], il ne serait pas impossible que le *chromis* fût l'ombrine, ainsi que l'a pensé Bélon. On pourrait même regarder la chose comme prouvée, si ce poisson avait l'habitude de vivre en troupes et la faculté de rendre un son. Malheureusement je ne trouve dans aucun observateur de détails à ce sujet.

On aurait une preuve plus directe, si le *chremys* (χρεμὺς), dont Élien dit qu'il a une barbe [7], était bien certainement le même que le *chromis.* Il est vrai que cet auteur ajoute que cette barbe est plus longue que celle de la *mustèle,* et que Hesychius explique χρεμὺς par ὀνίσκος (*asellus*), ce qui nous rejetterait bien loin de l'ombrine.

On a cru que χρόμις, χρωμὶς, χρέμις, χρεμὺς, κρέμυς, et

____

1. *Hist. an.,* l. VIII, c. 19. — 2. *Ib.,* l. IV, c. 8. — 3. *Ib.,* l. IV, c. 9. — 4. *Ib.,* l. V, c. 9. — 5. *De aquat.,* p. 112 et 114. — 6. *De gallicis nomin. pisc.,* p. 22. — 7. *De anim.,* l. XV, c. 11.

même χρέμης et χρέμψ, ne sont que différentes manières d'orthographier le même nom[1], et cela peut être vrai de plusieurs de ces mots; mais il y a des éditions d'Aristote où χρομις et χρεμψ sont nommés distinctement dans la même phrase.[2]

Rondelet a avancé que le chromis était le castagnau (*sparus chromis*, L.); mais quoique Artedi ait adopté cette conjecture, personne ne trouvera qu'elle soit prouvée; et quand Rondelet aurait encore cité le passage d'Hicesius, où il est dit que le chromis est du même genre que le phagre, l'anthias, l'acarnane, l'orphus, le synodonte et le synagris, il n'aurait pas mieux établi sa proposition, puisque la plupart de ces poissons ne sont pas encore bien déterminés. Comment d'ailleurs aurait-on jamais pu dire d'un mauvais petit poisson, tel que le castagnau, qu'il est avec le xiphias, cette immense espèce, le meilleur de tous? Le rapprochement seul aurait été ridicule.

Ce nom de *chromis* se trouve aussi dans les Latins. Ovide parle du chromis, mais seulement pour dire qu'il est immonde; qualification assurément peu convenable au maigre. Mais ce qui pourrait faire croire qu'il n'a pas entendu la même espèce qu'Aristote, c'est que Pline, après avoir traduit dans un endroit (l. IX, c. 16) le passage d'Aristote sur l'ouïe du chromis, dit dans un autre (l. XXXII, c. 11) que c'est un des poissons dont personne qu'Ovide n'a parlé. Le chromis d'Ovide devait donc être différent de celui d'Aristote. Il ne faudrait pas non plus se laisser détourner par la faculté de faire un nid que Pline attribue au chromis, à ce qu'il croit d'après Ovide; il suffit

---

1. Schneider, *Synom. pisc. Arted.*, p. 98. — 2. *Hist. anim.*, t. VIII, p. 19.

de lire les vers de ce dernier pour voir qu'il n'a pas eu
cette pensée :

Atque immunda chromis; merito vilissima salpa;
Atque avium dulces nidos imitata sub undis.

(Hal., v. 122.)

Le second de ces vers ne se dit ni du chromis, ni du
salpa, mais d'une troisième espèce. Les anciens ont en effet
rapporté cela du *phycis,* et si Ovide ne l'a pas nommé,
c'est qu'apparemment il a eu de la peine à faire entrer
ce nom dans son vers. Nous verrons ailleurs que c'est un
gobius.

Bélon a encore voulu retrouver un de nos poissons
dans le *glaucus* des Grecs. C'est le corb qu'il décrit sous
ce nom, et l'ombrine qu'il représente ; mais peut-être
eût-il obtenu plus d'assentiment, s'il se fût attaché au
maigre. Le *glaucus* d'Aristote est de haute mer [1]; il disparaît en été, et demeure caché pendant environ soixante
jours [2] : il est également bon, plein ou vide [3]; ses appendices
pyloriques sont en petit nombre [4]; tous caractères qui pourraient s'appliquer à nos sciènes comme à beaucoup d'espèces fort différentes. Mais Athénée paraît plus concluant;
il a accumulé sur le *glaucus* une multitude de passages,
et l'idée qui domine dans le plus grand nombre, c'est que
la tête de ce poisson se servait à part et était fort estimée.
Archestrate demande qu'on lui achète la *tête du glaucus.*
On voit dans une pièce d'Eubulus apporter une *tête de*
glaucus qui, avec un loup, remplit un plat. Cette tête
est encore louée comme un grand et bon morceau par
Anaxandride. Amphis parle des portions de la tête charnue

---

1. *Hist. an.*, l. VIII, c. 13. — 2. *Ib.*, c. 15. — 3. *Ib.*, c. 30. — 4. *Ib.*, l. II, c. 17.

du *glaucus*. On la sert séparée dans Antiphane[1]. Toutes allégations qui supposent que le *glaucus* ou le *glauciscus* était quelque grand poisson, comme le maigre, dont la tête est aujourd'hui recherchée de la même manière. A quoi on peut ajouter que, selon Xénocrate[2], le *glaucus* ressemblait en tout au *labrax*, ce qui convient encore très-bien au maigre; et dans un autre endroit on vante également la tête du *glauciscus*.[3]

Les autres passages recueillis par Athénée où l'on voudrait trouver quelques traits de la conformation ou des habitudes de l'espèce, sont encore moins significatifs que le peu de mots que nous avons rapportés d'Aristote : *elle est grasse,* selon Épicharme; *elle traverse les algues tranquilles,* selon Numenius; *on la prend meilleure sur les fonds vaseux de la mer,* selon Archestrate; enfin, selon Nausicrate (l. III, p. 107), *sa vue annonce ce qui doit arriver*[4]. Rien de tout cela ne peut fournir une solution qui satisfasse un critique un peu sévère.

Numenius, dans Athénée, parle du *chromis* et du *glaucus* dans la même ligne; en sorte qu'il les regardait nécessairement comme différens.

Cependant, lorsque Rondelet cherche le *glaucus* dans la liche (*scomber amia*), et Gronovius dans le grélin (*gadus carbonarius*), on voit bien qu'ils n'ont pas deviné juste. Qui voudrait servir séparément la tête d'une liche, et qui oserait vanter celle d'un grélin comme un bon morceau?

Quant au *coracin,* que Rondelet et autres modernes ont

---

1. Toutes ces citations sont dans le septième livre d'Athénée, p. 295.
2. *Ap.* Orib., *Coll.*, l. II, c. 58, p. m. 227. — 3. *Ib.*, p. 279.
4. Toutes ces citations sont dans le septième livre d'Athénée, p. m. 295.

voulu retrouver dans le corb, il s'en faut de beaucoup,
ainsi qu'on va le voir, que nos recherches nous aient con-
duits au même résultat.

Les anciens parlent souvent d'un poisson qu'ils appelaient κορακῖνος et *coracinus*: selon les uns, parce qu'il était
noir comme un corbeau (κόραξ[1]); selon d'autres, parce
qu'il remuait sans cesse les yeux (ἀπὸ τᾶ κόρας κινεῖν[2]). On
reconnaissait même des coracins blancs, comme de noirs;
Athénée les distingue, et dit que les premiers étaient les
meilleurs[3]. Cependant il paraît que la première raison
était plus généralement admise. Aristophane, cité par
Athénée, appelle le coracin *poisson aux nageoires noires*
(μελανοπ7έρυγον[4]); et c'est sans doute ce dernier trait, joint
à la ressemblance du nom, qui a fait penser à Rondelet[5]
et à Bélon[6] que ce poisson est notre *corb*. Mais il s'en
faut de beaucoup que cette conjecture soit confirmée par
les autres passages où il est parlé de ce poisson; et c'est
bien à tort que quelques modernes ont cousu à l'histoire
du corb tout ce que les anciens ont rapporté de vrai et
de faux sur leurs divers coracins.

Aristote dit du sien que c'est un petit poisson, et
l'un de ceux qui croissent le plus rapidement[7]; que les
années sèches lui sont plus favorables, parce qu'en même
temps elles sont chaudes[8]; qu'il vit en troupes[9]; qu'il se
cache l'hiver, ainsi que l'*hippurus*, et qu'on n'en prend

---

1. Oppien, *Hal.*, l. I.ᵉʳ, v. 133.

2. Athénée, l. VII, p. 309. — 3. *Ib.*, l. VIII, p. 356. — 4. *Ib.*, p. 308. — 5. Rondelet, l. V, p. 128.

6. *Aquat.*, p. 108. Mais il faut remarquer qu'il a joint à son texte une figure
très-différente, qui semble de quelque spare.

7. *Hist. an.*, l. V, c. 10. — 8. *Ib.*, l. VIII, c. 19. — 9. *Ib.*, l. IX, c. 2.

jamais dans cette saison[1]; qu'il est meilleur lorsqu'il est plein[2]; qu'il porte long-temps, et pond ses œufs l'un des derniers et après le surmulet, et qu'il les dépose dans les rochers et parmi les algues.[3]

Ceux dont Athénée (l. VII, p. 3o8) a compilé les passages sur le coracin, lui donnent, les uns, comme Speusippe, de la ressemblance avec le *mélanure ;* les autres, comme Numenius, une couleur bigarrée, ou, comme Épicharme, une couleur de cire. Il était peu estimé. Amphis paraît le mettre de beaucoup au-dessous du *glaucus* pour le goût (l. VII, p. 3o9), ou plutôt en faire, comme d'un mauvais poisson, le sujet d'un proverbe : *Il faut être fou pour manger du coracin de mer quand on a un glaucus.*

On le mettait au diminutif avec les menidies, c'est-à-dire avec les petits poissons (l.VII, p. 3o9). On en faisait des salaisons et du garum[4]. On le prenait en grand nombre, et l'employait comme appât pour la pêche des aulopias ou anthias.[5]

Tels étaient les coracins de mer; et on peut voir aisément qu'aucune de leurs marques ne convient au corb, qui est assez grand, qui ne vit point en troupe, qui pèse souvent jusqu'à six livres, et dont la chair n'est rien moins que méprisable.

Il y avait aussi des coracins dans les rivières; car Élien les nomme parmi les poissons du Danube[6], et dit qu'on les prenait comme les autres, en faisant des trous dans la glace[7]. Strabon les place parmi ceux du Nil[8]; mais ces coracins du Nil étaient bien différens de ceux de la mer.

---

1. *Hist. an.*, l. VIII, c. 14 ; Pline l'a copié, l. IX, c. 16. — 2. *Ib.*, l. VIII, c. 3o. — 3. *Ib.*, l. VI, c. 17. — 4. *Geopon.*, l. XX, c. 25. — 5. Ælien, l. XIII, c. 17. — 6. *Ibid.*, l. XIV, c. 23. — 7. *Ib.*, l. XIV, c. 26. — 8. Géogr., l. XVII.

Athénée les vante extraordinairement pour la bonté de leur chair[1], et dans un autre endroit il dit que parmi les nombreux et bons poissons de ce fleuve les coracins sont au rang des meilleurs[2]. Martial en dit autant (l. XIII, ép. 85).

> *Princeps niliaci raperis coracine macelli*
> *Pellœæ prior est gloria nulla gulæ.*

Selon Pline, le coracin était meilleur en Égypte que dans aucun autre pays; et ce qui achève de prouver que le coracin d'Égypte différait des autres, c'est que Pline dit que c'était un poisson particulier au Nil[3], et qu'il assure que Juba, d'après l'existence du coracin dans un lac de la basse Mauritanie, avait prétendu que le Nil sortait de ce lac[4], bien que le même Pline déclare dans un autre endroit que le coracin, ainsi que le silure, le thon et la perche, vivent également dans l'eau douce et dans l'eau salée.[5]

C'était ce coracin d'Égypte que l'on employait en chirurgie. Sa chair passait pour utile contre la piqûre des scorpions[6]; salée ou frottée de miel, elle guérissait, disait-on, le charbon.[7]

Athénée assure que les riverains du Nil le nommaient πέλτη ou bouclier, et les Alexandrins ἡμίνηρος[8]. Mais le médecin Xénocrate nous apprend que c'était le coracin pris en hiver et salé qui se nommait ainsi[9]. En effet, dans un autre passage Athénée dit que le nom du coracin à Alexandrie était *platax*, à cause de son contour (καλᾶσι

---

1. Athénée, l. VII, p. 309, et l. VIII, p. 356. — 2. *Ibid.*, p. 312. — 3. Pline, l. XXXII, c. 5. *Coracini pisces Nilo quidem peculiares sunt.* — 4. *Ibid.*, l. V, c. 9. — 5. *Ibid.*, l. XXXII, c. 11. — 6. *Ibid.*, l. XXXII, c. 5. — 7. *Ibid.*, l. XXXII, c. 10. — 8. Athénée, l. III, p. 121. — 9. *Ap.* Orib., *Coll.*, l. II, c. 58.

πλάτακας, ἀπὸ τῦ περιέχοντος [1]), et ailleurs il dit en général qu'on appelait le coracin *platistacus* et *saperda*. [2]

Je n'ai pas eu plutôt recueilli et rapproché ces passages, que j'ai cru découvrir clairement le véritable coracin.

Nous savons que le meilleur poisson duNil est le bolty (*labrus niloticus*, Linn., et notre *chromis nilotica*). Il est comprimé; posé sur le côté, il paraît arrondi, et a fort bien pu par cette raison être nommé *platax* : il se trouve dans le Nil et dans le Sénégal; par conséquent il a bien pu être considéré comme propre à l'Égypte, et cependant avoir été vu dans quelque lac et dans quelque étang de la Mauritanie; enfin, il est congénère d'un petit poisson qui fourmille sur nos côtes, qui n'a jamais pu être estimé que comme appât ou comme salaison, et dont la couleur est brune ou noire; c'est le castagnau (*sparus chromis*, L., et notre *chromis castanea*). Je ne doute donc nullement que le coracin de mer ne fût le castagnau, et le coracin du Nil le bolty.

Après cela, voyez avec quelle raison on a pu vouloir composer l'histoire du corb des lambeaux de celle du coracin, épars dans les écrits des anciens.

J'étais déjà arrivé à ce résultat, quand j'ai vu dans Gillius [3] que le castagnau se nomme encore à Naples *coracino* et en Corse *corvolo*. Ce fait, auquel Gillius lui-même attachait peu d'importance, parce qu'il ne trouvait pas le castagnau assez semblable au mélanure, a donné à mes conclusions une confirmation aussi agréable qu'inattendue. L'objection même que se faisait Gillius tombe ; car

---

1. Athénée, l. VII, p. 309. — 2. *Ibid.*, l. VII, p. 308. — 3. *De gallicis nom. visc.*, c. 23.

Rondelet, à qui l'idée d'appliquer à ce poisson le nom de *coracin* n'était pas venue , et qui le nomme *chromis*, lorsqu'il le décrit, dit positivement qu'il ressemble au mélanure. Si Rondelet en a jugé ainsi, Speusippe a bien pu en faire autant.

CHAPITRE PREMIER.

Des Sciènes proprement dites, ou Maigres
(Sciæna, nob.).

———

Le MAIGRE D'EUROPE.

(*Sciæna aquila*, nob.; *Chéilodiptère aigle*, Lac.)

Ainsi que nous l'avons dit, nous réservons le nom de
sciènes [1] aux sciénoïdes à dorsale divisée, dont l'anale n'a
que' de très-faibles épines, et qui n'ont ni dents canines,
ni barbillons, mais seulement une rangée de fortes dents
pointues et à peu près égales, accompagnée à la mâchoire
supérieure d'une bande étroite de dents en velours. La
plus connue, ou le maigre, qui est en même temps la plus
grande et la plus remarquable des sciénoïdes de nos mers,
est aussi un des poissons qui prouvent le mieux combien
il aurait été nécessaire de débrouiller l'histoire des espèces
imparfaitement connues avant d'accumuler dans le système
ces innombrables espèces nouvelles, qui ne pouvaient s'y
bien placer que sous des types ou des enseignes certaines,
et comment, pour avoir suivi si long-temps une méthode
contraire, on a presque fait de ce grand catalogue un
labyrinthe inextricable.

———

1. Rien n'empêchera au reste ceux qui préfèrent les grands genres de Linnæus
d'étendre le nom de *sciène*, par exemple, à toutes les sciénoïdes à deux dorsales,
et de faire de nos noms génériques de simples noms de sous-genres, comme nous
l'avons proposé pour les percoïdes (t. II, p. 41). Ainsi on pourrait dire *sciæna*
(*otolithus*) *regalis, sciæna* (*corvina*) *nigra*, etc.

Le maigre est d'une grande taille, d'une structure singulière, fort commun sur certaines côtes, célèbre par la bonté de sa chair; il a été l'objet de droits particuliers, et a donné lieu à des aventures plaisantes : beaucoup d'auteurs l'ont décrit et représenté aussi bien qu'il se pouvait faire de leur temps, et cependant les naturalistes systématiques ne l'ont pas reconnu; ils ont négligé les anciennes descriptions que l'on en possédait, ou les ont rapportées à d'autres espèces, et ceux d'entre eux qui ont eu occasion de voir le poisson lui-même, ou qui en ont obtenu des figures, l'ont donné comme absolument nouveau.

Les ichtyologistes du seizième siècle l'ont tous fort bien connu. Salvien (p. 115) le représente sous son nom romain d'*umbrina,* que les Parisiens, dit-il, appellent *maigre,* et toute sa description s'accorde exactement avec les individus que nous avons eus sous les yeux. « Son museau, selon cet « auteur, est obtus; sa bouche médiocre et munie de « dents; sa tête assez grande; il porte sur le dos deux « nageoires et huit aiguillons; ses écailles sont larges et « obliques. Dans sa jeunesse il est tout argenté; mais avec « l'âge son dos et ses flancs prennent une teinte livide. Il « atteint souvent plus de soixante livres. »

Rondelet, qui a mieux connu que personne les poissons de la Méditerranée, et dont l'ouvrage serait encore si utile, s'il avait bien distingué ses propres observations de celles qu'il tire des anciens pour les y intercaler arbitrairement; Rondelet indique et représente notre poisson sans nulle équivoque (p. 135). Après avoir décrit le corb (*sciæna nigra,* Bl.) sous le nom de *coracin,* de *corb* ou *corbeau,* et l'ombrine (*sciæna cirrhosa,* L.) sous celui d'*umbra* ou de *daine,* et lui avoir même donné le nom de *maigre,* il

passe à une espèce plus grande, nommée, dit-il, *peis-rei*
(poisson royal) en Languedoc, et qu'il regarde comme le
latus des anciens. « Il est plus blanc, ajoute-t-il, que les
« deux précédens, soit par les écailles, soit par la chair; il
« manque du tubercule au menton qui caractérise le daine
« (*sciæna cirrhosa*, L.); il est moins large que le corb
« (*sciæna nigra*, Bl.); ses écailles sont argentées et obli-
« ques; ses dents sont marquées, et il a des pierres dans
« la tête. » Et comme Rondelet lui applique ensuite ce que
les anciens ont dit de la grandeur de leur *latus,* il lui attribue tacitement la même taille.

Il faut rappeler ici que le *latus* du Nil, dont parlent
Strabon et Athénée, est la variole (*perca nilotica*[1]); mais
le *latus* de la Méditerranée dont parlent ces mêmes auteurs, peut fort bien être notre vrai maigre, qui ressemble
assez au *perca nilotica,* pour que les anciens l'aient regardé
comme du même genre.

Bélon (p. 117 et 119) n'est ni moins précis ni moins
exact. Ainsi que Salvien, il regarde notre poisson comme
l'*umbra* des anciens. « Il pèse, dit-il, communément
« soixante livres, et a quelquefois quatre coudées de long;
« ses dents sont un peu serrées, fermes, aiguës, en quoi il
« diffère du *glaucus,* qui a seulement des aspérités aux
« mâchoires. Le *maigre* n'a point d'aiguillon à la nageoire
« anale (ce trait-ci n'est juste que par comparaison, l'ai-
« guillon de cette espèce étant en effet unique et fort pe-
« tit); sa caudale n'est ni fourchue ni ronde, mais comme
« anguleuse; ses écailles paraissent obliques. Dans l'Océan
« il les a plus obscures; dans la Méditerranée elles offrent

---

1. Voyez l'article de la *variole*, t. II, p. 65.

« l'éclat de l'or, de l'argent, et brillent, quand le poisson
« s'agite, des couleurs de l'Iris, etc. » Mais en même temps
que Bélon décrit si bien notre maigre sous le nom langue-
docien de *peis-rei*, il applique le nom génois de *fégaro* à
son *glaucus*, qui, d'après sa description, est notre corb,
ou *sciæna nigra*, L., bien que la figure qu'il en donne en
soit fausse et joigne aux lignes obliques du *sciæna cirrhosa*
une barbe plus longue que celle d'aucune sciène connue.

Le père Plumier connaissait fort bien ce poisson, et
nous en avons trouvé une bonne figure dans ses papiers,
sous le nom d'*aigle, nègre* ou *maigre* de l'Océan.

L'ouvrage de Willughby a commencé à apporter de la
confusion dans une histoire qui jusque-là n'en avait d'autre
que ces légères interversions de la nomenclature vulgaire.
Cet observateur, ou son éditeur Ray, ne parlent des *sciènes* qu'en hésitant, et sans pouvoir en fixer le nombre ni
les caractères; et ils confondent manifestement les espèces
distinguées par leurs prédécesseurs : c'est entre autres er-
reurs dans un jeune corb qu'ils croient retrouver le maigre.

Avec un peu d'attention l'on s'aperçoit aisément que
l'ouvrage de Willughby a servi de base à celui d'Artedi,
et par suite à la partie des poissons dans le Système de
Linnæus. Artedi partagea l'hésitation de Willughby sur la
distinction à faire entre le maigre et le corb; il réunit sous
une même espèce les articles qui regardaient ces deux poissons. Linnæus donna à cette espèce complexe le nom de
sciæna umbra, qui n'aurait dû appartenir qu'au maigre;
mais les caractères qu'il lui assigna, tels que les nageoires
noires, etc., furent ceux du corb, et dès-lors le maigre
demeura comme effacé des catalogues des naturalistes.

Duhamel eut beau en reproduire une description nouvelle et une figure exacte[1], ni Gmelin ni Bloch n'y firent aucune attention; et quoique ce dernier ait bien annoncé qu'il existe un *umbra* différent du corb, et qu'Artedi et Linnæus ont eu tort de confondre ces deux poissons, comme il ne donna point de figure de son *umbra,* qu'il n'en parla même plus dans son *Systema* (édit. de Schneider), cette espèce fut totalement oubliée.

Ce qui est plus singulier, c'est qu'elle a aussi été effacée du souvenir des gourmands. Bien connue à Paris au seizième siècle, sous le nom de *maigre,* que rapportent tous les auteurs de ce temps-là[2], elle ne l'y est plus aujourd'hui sous aucun; il en paraît à peine un ou deux individus par an chez les marchands de comestibles, et on les recherche si peu qu'il en a été vendu à Dieppe, et des plus grands, pour dix et douze francs. Cependant je puis attester par expérience que sa chair, quoique un peu sèche, est fort bonne à manger, de quelque manière qu'on l'apprête.

Comme on est d'ordinaire obligé de vendre le maigre par morceaux, et que la tête est la partie la plus estimée, les pêcheurs de Rome étaient autrefois dans l'usage d'offrir cette tête, ainsi que celle de l'esturgeon, aux trois magistrats nommés *conservateurs de la cité,* comme une sorte de tribut, de façon qu'on ne pouvait en manger que chez eux, ou par leur courtoisie. Paul Jove fait même à ce sujet un conte que je rapporte sans scrupule, parce qu'il montre en quel honneur le maigre était de son temps.

Un fameux parasite, nommé Tamisio, plaçait chaque

---

1. Pêches, 2.ᵉ part., sect. 6, p. 137, accompagnée d'une bonne figure (pl. 1, fig. 3) intitulée *maigre poisson-royal.*

2. Il y avait même donné lieu au proverbe ou au quolibet : *Il vient de la Rochelle, il est chargé de maigre.* (Voyez Furetière, article *Maigre.*)

jour son valet en embuscade au marché, pour être informé des maisons où allaient les bons morceaux. Ayant appris une fois qu'il était arrivé un maigre plus grand que de coutume, il se hâta de faire visite aux conservateurs, dans l'espoir qu'on le retiendrait et qu'il aurait sa part de la tête; mais il n'avait pas encore monté les degrés du Capitole, qu'il vit repasser cette tête, que les conservateurs envoyaient, couronnée de fleurs, au cardinal Riario, alors en grand crédit comme neveu du pape Sixte IV. Tout réjoui que ce friand morceau fût destiné à un prélat qu'il connaissait et à qui il pouvait sans crainte demander à dîner, Tamisio s'empressa de se mettre à la suite des gens des conservateurs; mais pour le malheur du parasite, Riario eut une autre idée. Il est juste, dit-il, que la tête d'un si grand poisson aille au plus grand des cardinaux; et sur ce mauvais jeu de mots il l'adressa à un de ses collègues, le cardinal Féderic de Saint-Sévérin, que les mémoires du temps présentent comme d'une taille démesurée. Nouvelle course pour Tamisio et nouvel accident. Saint-Sévérin, qui devait beaucoup d'argent au riche banquier Augustin Chigi, fut bien aise de lui faire une politesse; il lui envoya la tête sur un plat d'or. Cette fois il fallut la suivre au-delà du Tibre, où Chigi faisait bâtir le joli palais de la Farnesine, que les chefs-d'œuvre de Raphaël et du Sodoma ont rendu si célèbre. Mais Chigi encore ne la garda point; il fit renouveler les fleurs que le soleil avait fanées, et l'envoya à sa maîtresse, courtisane en vogue, qui demeurait près du pont Sixte. Ce fut là seulement que le pauvre Tamisio, vieillard gros et replet, après avoir couru toute la ville par une chaleur ardente, put se repaître à son aise de l'objet d'une si violente convoitise.

On conviendra qu'un poisson que les plus grands de Rome regardaient comme un présent magnifique, et qui faisait braver à un vieux gourmand le soleil d'Italie à midi, méritait bien une place dans les livres des ichtyologistes.

Rondelet copie aussi cette histoire; mais il la rapporte mal à propos à l'ombrine, qui n'est ni assez grande ni assez précieuse pour y avoir donné occasion.

Duhamel (*l. c.*) donne connaissance d'un fait qui expliquera peut-être l'oubli où le maigre est tombé à Paris. Selon lui, ces poissons avaient quitté, plusieurs années avant l'impression de son ouvrage, les côtes de l'Aunis pour aller peupler celles de la Biscaye, éloignées d'une centaine de lieues. N'auraient-ils pas un peu plus tôt émigré de la Manche vers les côtes de l'Aunis?

Les pêcheurs de Dieppe connaissent à présent ce poisson sous le nom d'*aigle,* qu'ils lui donnèrent en 1803, époque où ils en prirent neuf ou dix, et qu'ils lui conserveront tant que la tradition se maintiendra; mais s'ils sont plusieurs années sans en prendre, il n'y aurait rien d'étonnant qu'ils le nommassent ensuite autrement. C'est ce qui met tant d'incertitude dans les nomenclatures vulgaires, et ce qui jette tant de confusion dans l'histoire des espèces qui ne sont pas fixées par de bonnes figures et des descriptions détaillées.

L'un de ces *aigles,* ou *maigres,* fut porté à Rouen, d'où MM. Noël de la Morinière et Mésaize envoyèrent à M. le comte de Lacépède une courte notice, accompagnée d'une figure faite en grande partie de mémoire, ainsi que je l'ai appris depuis de l'un d'eux. M. de Lacépède, pour ne point laisser perdre ces renseignemens et les employer au moins comme pierre d'attente, en fit la base de l'article qu'il donna dans son Supplément (t. V, p. 685), et où il présenta cette espèce sous le nom de *chéilodiptère aigle.*

C'est à notre maigre qu'appartient aujourd'hui à Gênes le nom de *fégaro,* lequel n'a été jusqu'à présent mentionné que par Bélon, mais appliqué mal à propos par lui à une espèce barbue, comme l'ombrine, si même ce n'en est pas une variété. Je suis assuré du fait par M. Viviani, savant professeur d'histoire naturelle de cette ville, et par M. Duvaucel, mon beau-fils, qui m'a envoyé dans le temps une tête séparée de *fégaro,* parfaitement identique avec celle de notre maigre.

On nomme ce poisson à Nice *figou.* M. Risso l'a décrit et représenté, dans sa première édition, sous le nom de *persèque vanloo*[1], mais sans remarquer son identité avec ceux dont avaient parlé ses prédécesseurs, et en donnant à la première dorsale une configuration peu exacte. Depuis lors M. Risso, étant à Paris, a bien reconnu sa persèque vanloo dans deux maigres que feu Delalande, l'un des préparateurs du Muséum, venait de rapporter de Toulon; et dans sa deuxième édition (p. 411) il nomme l'espèce *sciæna aquila.*

On reconnaît dans les couleurs brillantes qu'il lui attribue, la justesse de l'observation de Bélon sur l'éclat que les écailles du maigre prennent dans la Méditerranée.

J'apprends par plusieurs témoignages dignes de foi, que le maigre porte encore à Rome le nom d'*umbrina,* comme au seizième siècle; mais je suis certain qu'il l'y partage aujourd'hui avec le corb, que j'y ai acheté sous ce nom, quoique du temps de Salvien il s'y nommât *corvo de*

---

1. Ichtyologie de Nice, p. 298, pl. 9, fig. 30.

fortiera. Peut-être cette transposition de nom existait-elle déjà du temps de Willughby, et a-t-elle occasioné son incertitude sur ces deux poissons.

Il paraît que dans la Méditerranée c'est surtout le long des côtes méridionales que le maigre se propage; vers les côtes septentrionales de cette mer on ne le voit guère que très-grand. A Gênes, où il n'est pas rare, il serait impossible d'en avoir un petit, à ce que me mande M. Viviani; mais M. Geoffroy Saint-Hilaire, notre collègue, en a rapporté un des côtes d'Égypte qui n'a qu'un pied de long. M. Ehrenberg en a aussi trouvé plusieurs de cette taille près d'Alexandrie. Peut-être cette circonstance expliquerait-elle la distinction que fait Columelle entre les ombres d'Italie et celles d'Afrique (*punicasque* et *indigenas umbras*): le maigre serait l'*ombre punique,* et le corb l'*ombre du pays.*

Le maigre adulte est assez commun sur les côtes de l'État-Romain, où l'on en prenait beaucoup, selon Paul Jove, aux embouchures des fleuves, avec des esturgeons, et où il passait surtout pour être excellent aux jours caniculaires, à ce que dit Salvien. Le plus grand nombre y était apporté cependant, selon Rondelet, des environs de Gaëte, de Naples et de l'extrémité des côtes de l'Italie; et cette particularité s'accorde encore assez bien avec la conjecture que le maigre est le *latus;* car dans des vers cités par Athénée (t. VII, p. 311) Archestrate dit *que c'est le détroit de Scylla qui possède surtout le noble latus, ce manger merveilleux.*

On voit par Cetti que le maigre habite avec le corb le long des côtes de Sardaigne, où l'ombrine est inconnue.

Il y en a le long des côtes d'Espagne sur l'Océan : le Cabinet du Roi en possède un petit provenant d'Adanson,

et qui avait été pris au cap Finistère ; les Espagnols l'y
nomment *corvinata*.

M. d'Orbigny nous en a envoyé aussi plusieurs très-
petits, pêchés dans le golfe de Gascogne, auprès de la
Rochelle. Duhamel assure qu'on en prend à l'embouchure
de la Loire; que dans l'Océan c'est un poisson de passage
qui reste peu de temps dans un même lieu ; qu'il vient
par bandes dans les mois de Mai, de Juin et de Juillet,
et qu'on en fait alors la pêche dans le Perthuis, entre l'île
de Ré et la rivière de Saint-Bénoît, où l'on va le chercher
sous l'eau jusqu'à dix ou douze brasses : il en reste quelques-uns jusqu'à la fin d'Août.

A mesure qu'on se porte vers le Nord, le maigre devient plus rare. Pennant n'en fait aucune mention dans sa
Zoologie britannique. Les pêcheurs de Fécamp, qui me
vendirent, en 1798, le premier que j'aie vu, ne le con-
naissaient point du tout. Il était également inconnu, en
1803, aux pêcheurs de Dieppe, qui lui imposèrent le nom
d'*aigle;* mais depuis lors ils en ont vu de temps en temps.
On en a pêché deux au mois de Septembre 1813, et nous
en avons un qui a été pris en 1822, et donné au Cabinet
du Roi par M. Amédée Jaubert, voyageur non moins célèbre par ses connaissances que par le courage avec lequel
il a supporté des traitemens barbares. L'année dernière,
1828, au mois de Novembre, il en a été pris un qui s'était
engagé dans les écluses de Dunkerque. On l'a envoyé à
M. Becquey, mon collègue au conseil d'État, directeur
général des ponts et chaussées, qui en a fait hommage au
Cabinet du Roi.

Quand ces poissons nagent en troupe, ils font entendre
un mugissement plus fort que celui des grondins; et il est

arrivé que trois pêcheurs, guidés par ce bruit, ont pris vingt maigres d'un seul coup de filet.

Les pêcheurs assurent que le bruit des maigres est assez considérable pour être entendu sous vingt brasses d'eau, et ils ont soin de mettre de temps en temps l'oreille sur les bords de la chaloupe, pour se guider d'après ce bruit ou ce chant, comme ils l'appellent; mais ils varient beaucoup sur sa nature. Les uns disent que c'est un bourdonnement sourd, les autres, que c'est plutôt un sifflement aigu. Aux environs de la Rochelle on lui a affecté le nom de *seiller,* comme on dit *braire* pour la voix de l'âne, et *aboyer* pour celle du chien. Quelques pêcheurs prétendent que les mâles font seuls entendre ce bruit au temps du frai, et que l'on peut les attirer en sifflant et sans employer d'appât.

L'un de ceux de Dieppe fut pris dans des filets tendus près du rivage. On le trouva dormant, comme il arrive souvent aux poissons pris de cette manière; mais, s'étant réveillé, il s'agita avec tant de violence qu'il fit tomber dans l'eau le pêcheur qui s'en était approché, et que cet homme fut obligé d'appeler du secours pour s'en rendre maître.

Duhamel dit aussi que le maigre est d'une force extraordinaire, et que, quand on le tire vivant dans une barque, il peut renverser d'un coup un matelot; c'est pourquoi on a coutume de l'assommer aussitôt qu'il est pris.

Cet auteur rapporte qu'à Royan on considère l'apparition du maigre comme l'annonce de l'arrivée des sardines, et l'on a la même opinion à Dieppe, touchant les harengs. Ce poisson est donc comme d'autres grandes espèces voraces qui suivent les bancs des poissons voyageurs, où elles trouvent en abondance une excellente nourriture.

Les pierres que le maigre a dans l'oreille, comme tous les autres osseux, mais qui sont chez lui, ainsi que dans le corb et dans l'ombrine, plus grandes à proportion qu'en aucun autre genre, ont été remarquées par les anciens, qui répètent plusieurs fois que l'ombre a des pierres dans la tête, et le peuple leur a attribué des vertus imaginaires, comme il en attribue à tous les objets singuliers. On les nommait autrefois, selon Bélon, *pierres de colique*, et on les portait au cou, enchâssées dans de l'or, pour guérir et même pour prévenir cette maladie; mais il fallait pour cela qu'on les eût reçues en don, et celles qu'on achetait perdaient leur vertu.

Klein a fort bien représenté les pierres d'oreille du maigre dans son Traité sur ces sortes de pierres en général (pl. 4, fig. DD); elles sont beaucoup plus grandes que celles de l'ombrine. Aldrovande[1] donne celles des deux espèces sur la même planche, et très-fidèlement, comme je m'en suis assuré.

Je viens maintenant à la description particulière du maigre.

Le maigre est un grand poisson qui ne se pêche guère au-dessous de trois pieds, et en atteint souvent cinq et quelquefois six; assez gros pour sa longueur, il présente à peu près la forme générale du bar. Sa tête jusqu'aux ouïes fait environ le quart de sa longueur totale. Sa plus grande hauteur, qui répond au milieu de sa première dorsale, fait un peu plus du cinquième de cette même longueur. Son profil descend obliquement, un peu convexe à la nuque, un peu concave au front, qui n'a pas beaucoup de convexité en travers. Son museau est mousse et un peu bombé; des écailles le garnissent,

---

1. *Mus. metallicum*, p. 796.

aussi bien que les joues et les opercules; mais il n'y en a point sur les os intermaxillaires, ni sur les maxillaires; ces derniers, comme dans le plus grand nombre des poissons, ne portent aucune dent et accompagnent les intermaxillaires jusqu'à la commissure des mâchoires, où ils s'élargissent. Les lèvres sont médiocrement charnues. La gueule est peu fendue, sa commissure n'allant que sous le tiers antérieur de l'œil. Une rangée de dents écartées, pointues et un peu crochues, mais peu considérables à proportion, garnit le bord de chaque mâchoire : il y en a de beaucoup plus petites entre les grandes à la mâchoire inférieure, et derrière elles à la supérieure; mais il n'en existe aucunes ni aux palatins, ni au vomer, ni sur la langue.

Le corb et l'ombrine ressemblent au maigre sur ce dernier point, mais ils en diffèrent par les dents de leurs mâchoires, qui forment une large bande de velours, garnie seulement dans les vieux corbs d'une rangée de dents plus fortes à l'extérieur.

Trois pores enfoncés se font remarquer de chaque côté sous la mâchoire inférieure, près de la symphyse.

Le diamètre de l'œil n'a guère que le sixième de la longueur de la tête : sa distance au bout du museau n'est que double de son diamètre; il est voisin du profil, et distant de l'autre de deux diamètres. Les orifices de la narine en sont trois fois plus près que du bout du museau : le postérieur est le plus grand et de forme ovale; l'antérieur est rond.

La membrane des ouïes est fendue jusque sous le bord antérieur de l'œil, et soutenue par sept rayons, dont les trois derniers sont d'une grosseur extraordinaire et non aplatis, mais arrondis. Le dernier de tous étant caché sous l'opercule, on ne l'a pas toujours compté, et c'est ainsi que l'on n'a quelquefois trouvé au maigre que six ou même que cinq rayons branchiostèges. Linnæus n'en donne que six aux sciènes en général, quoiqu'elles en aient sept, aussi bien que les perches et les scombres.

Les sous-orbitaires sont peu considérables et fort loin de couvrir les joues; ils ne se montrent point au travers de la peau et des écailles. Le préopercule a, comme je l'ai dit, son bord postérieur

5.   5

dentelé dans la jeunesse, et il ne reste à un certain âge d'autre vestige de cette dentelure que quelques lambeaux membraneux, si ce n'est toutefois vers l'angle où elle se conserve sous forme de déchirures. L'opercule se termine par deux pointes plates, mais assez aiguës, séparées par une échancrure arrondie.

La première dorsale a neuf rayons épineux, dont le troisième est le plus élevé et de moitié de la hauteur du corps; la seconde a plus du double de la première en longueur, est un peu moins haute, et varie depuis vingt-sept jusqu'à trente rayons, selon les individus; le premier seul est épineux. Il n'y a aucun intervalle entre ces deux nageoires, et même la membrane se continue de l'une à l'autre sur une hauteur d'une ligne ou deux. Les pectorales et les ventrales ont à peu près le sixième de la longueur : on compte seize rayons aux premières et six aux secondes, dont un épineux. Les rayons branchus des ventrales sont assez épais. L'anale est notablement petite à proportion de la deuxième dorsale. On n'y compte que neuf rayons, dont un seul épineux, et encore fort peu épais et comme caché dans le bord de la nageoire; caractère peu commun dans les acanthoptérygiens, et qui, à tout âge et dans tout état de conservation, distinguera aisément le maigre du corb, où l'on observe à l'anale deux épines très-fortes, surtout la seconde.

La caudale a dix-sept rayons branchus, et on peut la considérer comme rectiligne par son bord, quoique ses rayons extrêmes fassent un peu la pointe, et que ceux du milieu aient un peu de saillie. L'angle supérieur est souvent un peu plus proéminent. Cette nageoire a en longueur plus du huitième de celle du corps, et est séparée de la dorsale par un espace à peu près égal : sa distance à l'anale en a le double.

Le maigre peut coucher sa première dorsale, et, malgré la longueur de ses rayons, la cacher presque entièrement entre les écailles qui garnissent les côtés de sa base; caractère que Linnæus avait regardé comme propre aux sciènes, mais qui se retrouve dans une infinité d'autres acanthoptérygiens.

Les nombres de ses rayons doivent donc s'exprimer ainsi :

B. 7; D. 9 — 1/27 ou 28; A. 1/8; C. 17; P. 16; V. 1/5.

Les écailles se font remarquer dans ce poisson, ainsi que dans un grand nombre de ceux de la même famille, par leur obliquité, que Salvien et Bélon ont déjà observée; je veux dire que leur côté inférieur se porte plus en arrière que le supérieur, ce qui fait paraître leur bord comme dirigé obliquement à l'axe du poisson. Elles sont d'ailleurs plus larges que longues, ont le bord aminci et comme desséché : leur bord radical est finement strié, mais n'a ni dentelure ni éventail.

La ligne latérale reste à peu près parallèle au dos, se marque sur chaque écaille par une tubulure branchue, et se continue par des écailles semblables jusqu'au bout de la nageoire de la queue.

La couleur des maigres que j'ai vus frais était un gris argenté assez uniforme, un peu plus brunâtre cependant vers le dos, un peu plus blanc vers le ventre : la première dorsale, les pectorales et les ventrales d'un assez beau rouge, et les autres nageoires d'un brun rougeâtre; nouveau caractère qui distinguera aisément dans l'état frais le maigre du corb, quelle que soit leur taille, puisque le corb a les nageoires noires.

Telle est la description extérieure du maigre. Son intérieur présente, comme je l'ai dit, quelques particularités notables; et d'abord, quant au squelette[1], son crâne ressemble tout-à-fait à ceux des autres sciènes, par ces arcades élevées qui en rendent la surface caverneuse : sa composition n'a d'ailleurs rien de particulier; ses nasaux, ses sous-orbitaires et ses préopercules ont les mêmes enfoncemens que le crâne, et contribuent avec lui à donner à ce poisson la physionomie bombée qui lui est commune avec les autres sciènes. Les os pharyngiens qui, dans les ombrines, ont des dents rondes et disposées en pavé, ne les ont qu'en crochets ou en cardes dans le maigre ; les arcs branchiaux y sont garnis de petits groupes distincts de fines dents en velours. On

---

1. Il y a dans les Planches ichtyotomiques de M. Rosenthal (4.ᵉ cah., pl. 16) un squelette intitulé *sciæna aquila*, et que l'on pourrait être tenté de prendre pour celui du *maigre;* mais c'est celui du *cernier* (*polyprion cernium*). On ne comprend pas ce qui a pu causer une si forte erreur de nomenclature.

compte vingt-quatre vertèbres à son épine du dos, dont treize appartiennent à la queue; comme elles vont en diminuant, l'abdomen occupe une longueur qui est à celle de la queue comme trois à deux. Il y a onze paires de côtes; la douzième vertèbre du tronc a déjà ses apophyses transverses réunies en anneaux pour les vaisseaux. Les côtes ne se réunissent point en dessous; l'os huméral est aplati et de grandeur médiocre. Les os du bassin sont larges et attachés, comme dans tous les subbrachiens, à la symphyse des os huméraux; l'œsophage est très-large; l'estomac forme un grand sac à parois épaisses, ridées en dedans, et dont le fond est arrondi. Le pylore est à côté du cardia, et dix cœcums ou intestins pancréatiques entourent l'origine du canal intestinal. Celui-ci se replie deux fois, et, d'abord assez gros, il diminue subitement, et ses parois prennent de l'épaisseur un peu après le milieu de la longueur; la vessie urinaire est fourchue, et les vésicules séminales donnent dans un canal commun, où l'on voit des colonnes charnues, qui doivent contribuer puissamment à l'émission du sperme.

Ce que le maigre a de plus curieux, c'est sans contredit sa vessie natatoire; elle est fort large, et s'étend dans toute la longueur de l'abdomen; sa membrane propre est extrêmement épaisse, et son adhérence aux premières vertèbres est telle qu'on ne peut l'en arracher sans la déchirer. On ne lui aperçoit aucune communication avec le canal intestinal; mais elle reçoit des vaisseaux et des nerfs, qui se détachent de ceux qui vont aux intestins, et y pénètrent par une ouverture située à sa face inférieure et vers le premier sixième de sa longueur. Jusqu'ici elle n'offre rien qui ne se retrouve dans beaucoup de poissons; mais ce dont je n'ai vu d'autre exemple que dans le pogonias et dans quelques johnius, ce sont les productions branchues qui la garnissent. On en compte dans le maigre trente-six de chaque côté, qui communiquent par autant de trous avec l'intérieur de la vessie, et sont formées par sa membrane propre, et tapissées, comme elle, en dedans par la membrane interne. Chacune de ces productions est divisée en branches nombreuses, et peut se comparer à un buisson dépouillé de ses feuilles. Elles vont en augmentant de grandeur jusqu'à la cinquième; la sixième et la septième sont encore fort grandes. Ensuite elles vont en diminuant par degrés jusqu'aux dernières de toutes, qui ne sont plus que de petits cônes simples. Les plus grandes de ces productions ont leurs branches renflées et plus larges que leur tronc; elles pénètrent même entre les côtes et s'insèrent quelquefois dans l'épaisseur des muscles voisins, dont il faut détruire la chair pour les débarrasser. Je suppose que cette sorte d'hernie est produite lorsque la sécrétion de l'air dans la vessie excède la mesure de sa résorption, ce qui doit arriver quelquefois dans les poissons où la vessie n'a point de canal aérien. Les productions branchues qui suivent les plus grandes, sont toutes engagées dans un tissu cellulaire épais, de couleur rougeâtre et d'apparence glanduleuse. Dans le premier maigre que je disséquai, en 1798, il était d'une assez grande consistance. J'ai vu depuis que la fermeté de son tissu varie selon les individus; je laisse à juger aux physiologistes si ce tissu peut contribuer à la sécrétion de l'air, et si les organes branchus qui y sont engagés peuvent être considérés, ainsi que je l'avais pensé d'abord, comme des vaisseaux excréteurs qui porteraient l'air dans la vessie. Ce qui pourrait faire croire le contraire, c'est qu'ils ne sont pas liés d'une manière très-intime avec le tissu rougeâtre qui les enveloppe, et qu'on peut les en retirer sans les briser et sans qu'ils laissent échapper l'air que l'on y insuffle; mais peut-être qu'au moment de sa production, l'air est dans un état à passer par des pores, qui ne le transmettraient pas quand il est devenu fluide élastique, tel que nous le voyons dans la vessie. L'ombrine et d'autres sciènes ont bien à leur vessie des productions latérales, mais elles sont grosses, courtes, obtuses et sans aucunes branches, ce qui pourrait fournir un argument de plus aux adversaires de ma première opinion.

Au surplus, et quel que soit l'usage d'une structure si rare hors de la famille des sciénoïdes, le maigre a aussi dans l'intérieur de sa vessie l'organe sécréteur ordinaire que l'on trouve dans tous les poissons dépourvus de canal aérien; peut-être même est-ce dans cette espèce que l'on distingue le mieux la structure de cet organe.

Il est placé sur la face inférieure de la vessie, entre sa substance propre et sa membrane interne, et divisé en deux portions aplaties, alongées l'une et l'autre; cependant celle de droite dépasse de deux pouces en arrière celle du côté gauche. Leur couleur est d'un beau rouge, et leur surface présente des sillons irréguliers, comparables en petit aux circonvolutions du cerveau.

Une forte artère, qui est entrée dans la vessie, comme je l'ai dit plus haut, se continue entre les deux portions de cet organe rouge et lui donne beaucoup de branches, qui n'y pénètrent pas directement, mais seulement après avoir marché quelque temps à côté du tronc dont elles partent; lorsque leurs rameaux sont entrés dans l'organe, ces branches poursuivent leur marche latérale, et se ramifient dans la membrane propre de la vessie.

Quant à l'organe rouge lui-même, son tissu est aussi d'une nature particulière, et ce ne sont ni des lobules ni des grains, comme dans les glandes conglomérées, mais de petites lames ou de petits rubans, qui se rendent obliquement d'une de ses surfaces à l'autre, en laissant entre eux des vides ou intervalles très-marqués, et quelquefois abreuvés de sang. Je lui trouve quelque rapport de structure avec le tissu veineux des corps caverneux, tel que je l'ai observé dans l'éléphant. [1]

Des Poissons étrangers voisins du Maigre.

Le MAIGRE DU CAP.

(*Sciœna hololepidota,* nob.; *Labrus hololepidotus,* Lacép.)

Nous avons un maigre du cap de Bonne-Espérance tellement semblable à notre maigre de France, que c'est à peine si nous osons affirmer qu'il en diffère par l'espèce.

---

1. Voyez sur le maigre et sa vessie natatoire mon mémoire dans les Mémoires du Muséum, t. I, p. 1.

Sa forme générale, les rapports de ses parties, les nombres de ses rayons sont les mêmes; il nous paraît seulement avoir la tête un peu moins bombée, les dents un peu plus menues, et les rayons de la membrane branchiale plus plats et moins épais. Sa caudale est plus courte et coupée carrément. Il est aussi un peu plus court à proportion. La tache noire de l'aisselle est très-foncée.

Le foie est composé de deux lobes alongés et très-étroits : le gauche est beaucoup plus grand que le droit, auquel est suspendue une longue vésicule de fiel, qui atteint presque l'extrémité de la cavité abdominale. L'estomac est un long sac fort étroit, dont la portion inférieure au-delà du pylore est épaisse et musculeuse. La membraneuse est faiblement plissée. Le pylore s'ouvre très-près du diaphragme, dans la fourche des deux lobes du foie. On y compte neuf appendices longues et assez grosses. L'intestin fait deux replis de longueur médiocre.

La vessie natatoire est très-grande, et porte, comme celle du maigre d'Europe, des appendices branchues, mais un peu plus grêles et au nombre de trente seulement, de chaque côté; et il y a cette légère différence que les premières houppes sont les plus grandes.

Je ne trouve à son squelette que onze vertèbres abdominales et quatorze caudales. Toute son ostéologie ressemble d'ailleurs, autant qu'il est possible, à celle du maigre d'Europe.

Nous avons dû d'abord deux individus secs de cette espèce à feu M. Delalande, et M. Gaimard vient d'en rapporter un dans la liqueur.

Commerson avait laissé un beau dessin, parfaitement semblable à ce poisson dans toutes ses parties, et où seulement l'angle supérieur de la queue paraît un peu plus alongé que l'inférieur. Nous n'avons pu vérifier cette circonstance sur nos individus, dont la queue est usée ou cassée aux angles; mais nous croyons que l'individu de Commerson la devait également à un accident. C'est ce

dessin qui a donné lieu, dans l'ouvrage de M. de Lacépède (t. III, p. 517, et pl. 21, fig. 2), à l'établissement du
labre hololépidote. Dans aucun cas ce ne peut être qu'un
maigre.

Commerson avait pris ce poisson au fort Dauphin de
Madagascar; il en avait aussi fait une description, mais elle
ne s'est pas retrouvée parmi ses papiers, en sorte que nous
ne savons rien de ce qu'il avait observé sur ses habitudes
ou sur l'usage que l'on en fait.

Selon MM. Quoy et Gaimard, ce poisson est par son
abondance une des richesses de la ville du Cap. Chaque
jour il s'en prend des milliers à l'hameçon ou à la seine.
On le sale et on le sèche comme la morue. Il est d'un bon
goût et a la chair ferme.

Le Pama, *ou* Maigre du Gange.

(Sciæna pama, nob.; *Bola pama,* Buchan.)

Le *bola-pama* de M. Buchanan (p. 79, et pl. 32,
fig. 26) ressemble aux maigres par le rang de dents fortes
et pointues qu'il a autour de chaque mâchoire, et par
l'extrême petitesse de son épine anale; il se rapproche
un peu des otolithes, parce que sa mâchoire inférieure
n'a que deux très-petits pores à son extrémité; mais
il a des caractères bien distinctifs dans le nombre des
rayons mous de sa dorsale, qui va de quarante et un
à quarante-cinq, et dans la forme unique de sa vessie
natatoire.

C'est le poisson qui, lorsqu'il n'a que douze ou quinze
pouces, porte plus spécialement à Calcutta le nom dé-
tourné de *merlan* (*whiting*); mais il devient bien plus

grand que notre vrai merlan, et l'on en voit de quatre à cinq pieds. Il se pêche en grande abondance aux embouchures du Gange; mais il ne remonte pas plus haut que la marée. Lorsqu'il est bien frais, il fournit une nourriture légère et salubre.

Nous en avons reçu du Bengale un assez grand nombre d'individus de MM. Dussumier, Duvaucel, Raynaud et Bélenger.

M. Raynaud en a pris aussi dans l'Iraouadi, qui est le grand fleuve d'Ava, et il nous apprend que les Birmans, près de Rangoun, l'appellent *rabantin*.

Sa tête est grosse et renflée, principalement des côtés; son museau obtus, sa nuque bombée, et son œil plus petit qu'aux maigres et à la plupart des johnius; le plus grand diamètre de cet œil, qui est le longitudinal, n'est que le huitième de la longueur de la tête. Il est placé au quart antérieur. L'angle du préopercule est arrondi et se porte en arrière. Ses dentelures sont faibles. L'opercule osseux se termine en deux pointes plates. Un repli écailleux de la peau qui tient au sous-orbitaire, règne jusqu'aux intermaxillaires, et quand la bouche se ferme, il recouvre entièrement le maxillaire, quoique ce dernier soit très-élargi en arrière. Aussi le maxillaire n'a-t-il point d'écailles, et est-il à peine recouvert par une peau sensible. Il y a des écailles à la mâchoire inférieure, mais non aux lèvres; toutes celles du corps sont obliques. Les dents aux deux mâchoires sont sur une bande étroite de velours ras, et il y en a de plus une rangée de fortes et pointues, assez écartées, dont deux des antérieures sont un peu plus longues à la mâchoire supérieure, et les latérales à l'inférieure. Il y en a aussi au milieu deux un peu grandes, en sorte que l'on pourrait presque aussi bien en faire un otolithe qu'un maigre. Les pharyngiens supérieurs les ont coniques, et les inférieurs en velours. La première dorsale est triangulaire et n'a que des aiguillons assez grêles. L'anale n'en a que deux fort petits et presque cachés dans son bord, comme dans

les maigres et les otolithes. La caudale est rhomboïdale et fort
pointue.

D. 10 — 1/42[1]; A. 2/7; C. 17; P. 17; V. 1/5.

A l'état frais, selon M. Buchanan, ce poisson a le dos brun-
verdâtre avec des reflets dorés, et les côtés et le dessous argentés.
On voit des points noirs sur ses dorsales et sa caudale. La première dorsale est bordée de noir. Dans la liqueur il paraît entièrement d'un gris-brun un peu argenté.

L'estomac du pama est très-étroit, très-long, et se termine en
pointe conique assez aiguë. On compte à son pylore neuf appendices cœcales.

La vessie aérienne de ce poisson est une des plus remarquables
de toute cette famille, où il y en a tant de singulières. Elle est
grande, obtuse en avant, et terminée en pointe en arrière. A peu
de distance de la pointe naît de chaque côté une longue corne, qui
remonte le long du corps de la vessie jusque près du diaphragme
et sous le renflement du lobe antérieur du rein. A cet endroit elle
se divise en branches déliées, au nombre de trois ou quatre, qui
se subdivisent elles-mêmes. Ces branches sont sinueuses, rampent
jusque sous la peau, de manière qu'en soulevant l'opercule, on les
aperçoit comme des filets injectés au mercure sous l'opercule ou
sur les os de l'épaule.

La plus longue de ces branches, après avoir traversé le rein,
remonte sous le crâne le long du bord externe du renflement de
l'oreille, qui est très-grand dans cette espèce, se contourne dessus
et se termine dans l'enfoncement antérieur de ce renflement, mais
sans pénétrer dans l'oreille et sans avoir aucune communication
avec elle.

Aucune sciénoïde n'a le squelette de sa tête plus singulièrement
orné de ces arêtes ou plutôt de ces traverses légères, qui y représentent une sorte d'architecture gothique, et y interceptent des
cellules rhomboïdales ou triangulaires : on en voit non-seulement

---

1. Il y en a à quarante et un, à quarante-trois, à quarante-cinq.

de très-régulières sur le crâne, mais il y en a d'irrégulières sur le sous-orbitaire, qui est fort large, à cause de la petitesse de l'œil, et jusque sur le surscapulaire. Il y a douze vertèbres abdominales et douze caudales; mais les apophyses inférieures des premières caudales et les interépineux de l'anale sont dirigés si obliquement en arrière, que cette nageoire ne paraît répondre qu'à la quatrième vertèbre caudale.

CHAPITRE II.

Des Otolithes et des Ancylodons.

DES OTOLITHES.

Nos colons de Pondichéry donnent la dénomination moitié portugaise moitié française de *péche-pierre* à un poisson de ce sous-genre, à cause des grosses pierres qu'il a, comme ils disent, dans la tête, et qui sont les pierres de ses oreilles. Bien que ce nom n'indique qu'une circonstance d'organisation commune à toute la famille des sciènes, il nous a servi à former celui *d'otolithe* (pierre d'oreille), que nous donnons à ce sous-genre entièrement étranger.

Les *otolithes* ressemblent aux maigres par tous les détails de leur structure, et surtout par l'extrême petitesse de leurs épines anales, et partagent avec eux les caractères généraux et extérieurs des sciènes, la tête bombée, les os du crâne caverneux, la deuxième dorsale longue, etc.; mais ils se distinguent des maigres et de toutes les sciènes, par deux canines fortes qu'ils ont à la mâchoire supérieure. Leur mâchoire inférieure n'a jamais de pores, ou n'en montre que deux si petits qu'on a peine à les apercevoir : leur vessie natatoire, du moins dans tous ceux que nous avons disséqués, est remarquable par deux productions pointues en forme de bras ou de cornes, qu'elle a sur les côtés de sa partie antérieure, et qui se dirigent en avant; appendices analogues, quoique beaucoup plus

simples, aux productions branchues de la vessie des maigres et des pogonias, et surtout à celles du pama; mais
elles ne se divisent point, même à leur extrémité.

L'Otolithe rouge, *ou* Péche-Pierre de Pondichéry.

(*Otolithus ruber,* nob.; *Johnius ruber,* Bl.)

Le pêche-pierre, quand il a la gueule fermée, pourrait
être pris pour un petit maigre : il a toutes les proportions
du maigre d'Europe, ses écailles obliques, sa petite anale,
les nombres de rayons très-approchans :

D. 10 — 1/30; A. 1/7; C. 17; P. 16; V. 1/5.

Mais ses dents canines le caractérisent bien vite; il en a à la mâchoire supérieure deux très-grandes, très-fortes, entre lesquelles en
sont deux médiocres. Sur les côtés est une suite de petites dents
coniques, et plus en dedans une bande de dents en fin velours. A
la mâchoire inférieure il a aussi deux fortes canines, dont il se
perd assez souvent une; et sur les côtés, comme à la supérieure,
des dents petites et pointues; enfin, vers le dedans, une bande de
fin velours. A peine son préopercule est-il un peu crénelé : son
opercule finit en pointe plate avec une légère échancrure au-dessus.
Dans les jeunes sujets la caudale est rhomboïdale; avec l'âge elle
s'arrondit et devient même tronquée.

Ses écailles, à peu près lisses, ont à leur base neuf crénelures et
autant de stries, mais courtes, qui ne s'unissent pas en éventail.
Sa ligne latérale, légèrement courbée en *S*, se marque par une élevure ovale dans le milieu de chaque écaille, et des stries en rayons
sur ses bords.

Pour le bien distinguer des espèces suivantes, il faut remarquer
que la longueur de sa tête est trois fois et demie dans celle du
corps, et sa hauteur aux pectorales quatre fois et demie. Sa tête est
d'un quart moins haute que longue.

Les échantillons de ce poisson, qui nous ont été envoyés de la côte de Coromandel par MM. Sonnerat et Leschenault, portent encore une teinte rougeâtre. M. Leschenault, qui l'a vu à l'état frais, nous dit que sa couleur est rougeâtre sur le corps, et qu'il a la ligne latérale argentée; que les indigènes le nomment *panan;* qu'il parvient à quinze pouces de longueur; qu'on le pêche en abondance pendant toute l'année dans la rade de Pondichéry, et que sa chair est estimée.

M. Dussumier a aussi rapporté ce poisson de la côte de Malabar.

Il le décrit fauve sur le dos, avec des reflets métalliques, argenté sur les flancs et au ventre; les nageoires supérieures de la couleur du dos, les inférieures blanches. Nous observons sur la première dorsale un pointillé très-fin, qui lui donne une teinte noirâtre : il y en a aussi sur la seconde, mais moins marqué. Des individus plus petits avaient toutes les nageoires jaunes, et l'on y remarque le long de la base de la seconde dorsale une suite de taches formées par un pointillé plus rapproché.

C'est le *johnius ruber* de Bloch (édit. de Schn., p. 75, n.° 3, et pl. 17), qui, dit-il, se nomme *wooel-panna*[1], nom manifestement analogue à celui de *panan.* Sa figure, faite sur un individu conservé dans l'eau-de-vie, a été enluminée par conjecture, comme la plupart de celles de Bloch, et est beaucoup trop rouge.

---

1. Bloch dit que ce nom est malais; mais il ne savait pas que le malais et le malabare sont deux langues; et c'est de Tranquebar qu'il avait probablement reçu ce poisson par son ami le missionnaire John.

*L'*OTOLITHE ARGENTÉ.

(*Otolithus argenteus*, K. et V. H.)

Nous trouvons dans les peintures de poissons envoyées de Batavia par MM. Kuhl et Van Hasselt, la figure d'un otolithe bien caractérisé, assez voisin du pêche-pierre,

mais qui n'a que vingt-huit rayons mous à sa seconde dorsale, et dont la tête est moins haute à proportion; elle a deux cinquièmes de moins en hauteur qu'en longueur. Sa caudale est bien rhomboïdale.

D. 10 — 1/28; A. 2/7; C. 17; P. 18; V. 1/5.

Il est aussi autrement coloré. Son dos est violâtre; son ventre argenté, à reflets violets; ses nageoires gris-jaunâtres avec du gris violâtre vers les bords. Son iris est jaune.

Nous lui laissons le nom d'*otolithus argenteus* que ces jeunes naturalistes lui avaient donné; leur figure le représente long de six pouces et demi. Mais M. Dussumier vient de rapporter de la côte de Malabar des individus de dix et de quinze pouces, que nous croyons de même espèce.

Il les décrit verdâtres, nués de rougeâtre sur le dos, argentés en dessous; les nageoires paires et l'anale jaunes, la dorsale de la couleur du dos, la caudale teinte de rouge.

Ce poisson, à ce que lui ont dit les pêcheurs, atteint la taille du saumon. Nous en trouvons une belle figure dans le recueil des poissons de Malaca du major Farkhar, où elle est nommée *ikan-hampay.*

*L'*Otolithe tacheté.

(*Otolithus maculatus,* K. et V. H.)

Dans ces peintures de Batavia s'est trouvé un autre otolithe que MM. Kuhl et Van Hasselt ont nommé *otolithus
maculatus,*

et qui a en effet sur le dos, les flancs, la deuxième dorsale et la
caudale, une quantité de petites taches irrégulières, brunes. Le fond
de sa couleur est brun-jaunâtre vers le dos, blanc au ventre; ses
nageoires sont d'un gris jaunâtre, et il a les joues légèrement teintes
de violâtre.

On a représenté à ses dorsales neuf épines et trente et un rayons
mous, et on lui a donné une longueur de neuf pouces.

*L'*Otolithe changeant, *ou* Pottée-Kanasah *de Russel.*

(*Otolithus versicolor,* nob.)

Russel a décrit et représenté (pl. 109) un otolithe qui
a les mêmes dents que les trois précédens,

mais en diffère par le nombre des rayons mous de sa seconde
dorsale, qui n'est que de vingt et un. Son dos est d'un beau vert
changeant en bleu foncé et en doré; et au-dessous de la ligne latérale règne une couleur de perle. Ses nageoires sont légèrement
teintes de jaune. Sa queue est un peu rhomboïdale. Il est long
d'un pied.

D. 10 — 1/21; A. 1/8 ¹? C. 17²; P. 16; V. 1/5.

Les indigènes le nomment *pottee-kanasah.*

---

1. Russel dit 9; mais il n'aura pas remarqué la très-petite épine.
2. Russel dit 16; mais il n'y a guère dans cette famille de caudales à nombre pair.

*L'*Otolithe a deux épines.

(*Otolithus bispinosus*, nob.)

M. Raynaud a rapporté de Rangoun un petit otolithe semblable aux précédens pour la forme générale,

mais dont la caudale est plus pointue que dans aucun autre, et qui se distingue de plus par deux petites épines bien marquées, qu'il a à l'angle de son préopercule, indépendamment des dentelures ordinaires. Ses nombres de rayons diffèrent aussi.

D. 9 — 1/31; A. 2/10, etc.

Sa couleur paraît avoir été argentée, teinte de brun vers le dos, sans taches ni autres marques particulières.

Il est long de quatre pouces et demi.

*L'*Otolithe a canines courtes.

(*Otolithus æquidens*, nob.)

Le Cap possède un otolithe qui approche du maigre pour la taille, et que nous devons, comme tant d'autres poissons, à cet ardent collecteur, feu M. Delalande. Ses canines, moins grandes à proportion que dans la plupart des autres, pourraient empêcher de le reconnaître pour ce qu'il est, et toutefois il ne pourrait être confondu avec le maigre de la même mer, dont il diffère par des caractères très-marqués.

Sa tête est plus longue, moins bombée; son museau plus pointu; sa bouche plus fendue; sa mâchoire inférieure saille un peu en pointe en avant de la supérieure. Il y a des stries longitudinales à son maxillaire. Toutes ses dents sont à peu près égales, les canines exceptées, et semblables à des dents de cardes, disposées sur de larges bandes. Il n'y en a pas, comme dans les vrais maigres, un

5.

seul rang de grandes en dehors, suivi de dents en fin velours, à la mâchoire supérieure seulement. Ses pectorales sont plus longues et plus pointues qu'au maigre du Cap. Sa caudale est plus longue, échancrée en arc de cercle, et non coupée carrément comme dans ce maigre.

Les nombres des rayons sont aussi un peu différens.

D. 9 — 1/27; A. 1/9; C. 17; P. 16; V. 1/5.

Nous en avons un de plus de deux pieds et demi et un de trois pieds quatre pouces.

Son squelette a seize vertèbres abdominales et neuf caudales : les deux dernières abdominales pourraient au reste être regardées comme caudales ; car l'anneau formé par leurs apophyses transverses produit une apophyse descendante impaire, mais très-oblique, et qui n'atteint pas jusqu'au point où s'insère le premier interépineux de l'anale, qui lui-même est placé fort en arrière. Toutes les parties de sa tête et les os de son épaule sont plus tirés en longueur que dans le maigre.

L'OTOLITHE ROYAL.

(*Otolithus regalis*, nob.; *Johnius regalis*, Schn.; *Labrus squeteague*, Mitch.)

Les otolithes d'Amérique diffèrent de tous ceux des Indes dont nous avons connaissance, parce qu'ils manquent de canines à la mâchoire inférieure, et n'en portent qu'à la supérieure.

Le plus connu jusqu'à présent est le *weak-fish* des habitans de New-York, décrit par le docteur Mitchill[1] sous le nom de *labrus squeteague,* mais qui est incontestablement un otolithe. Il y a toute apparence que c'est aussi le poisson nommé par Bloch *johnius regalis,* que cet

---

1. Mémoires de New-York, t. I, p. 396, pl. 2, fig. 6.

auteur prétend s'appeler à New-York *king-fish* (poisson royal); mais il faut qu'il y ait eu quelque confusion de la part de son correspondant, ou que les noms aient changé, comme il n'arrive que trop souvent aux noms populaires. Selon Mitchill, c'est une ombrine (*l'ombrina nebulosa*) qu'on appelle aujourd'hui *king-fish*, et selon Schœpf[1], c'était de son temps un *phycis*.

Le *weak-fish* n'a pas d'ailleurs été inconnu à Schœpf; il le désigne sous ce nom et sous celui de *scuteeg* ou *scuppaug*, et en donne une description passable[2], mais sans savoir à quel genre le rapporter; ce qui en effet pouvait paraître assez difficile à qui n'avait que les caractères donnés dans le Système de Linnæus.

Le *weak-fish* ressemble beaucoup au *pêche-pierre* par la forme, les canines inférieures seules exceptées, dont le *weak-fish* manque; mais il en a deux très-fortes à la mâchoire supérieure ; l'une des deux se casse souvent : le reste de cette mâchoire n'en a qu'un rang de très-petites, mais distinctes et pointues. Il y en a aussi un rang autour de la mâchoire inférieure, et il est double en avant. Quelques-unes des latérales sont plus grandes que les autres. Les lèvres ni la mâchoire inférieure n'ont point d'écailles, mais on en voit des vestiges sur le maxillaire, et la tête en a jusqu'au bout du museau. Le préopercule a un bord membraneux légèrement strié et crénelé, et l'opercule osseux se termine par deux pointes plates, sensibles au travers de la membrane. Les deux dorsales sont bien séparées; la seconde, ainsi que la caudale et l'anale, est en grande partie couverte de petites écailles. Celles du corps sont médiocres, minces, si finement striées et dentelées, qu'on ne s'en aperçoit point au tact. La ligne latérale est droite et se continue jusqu'au bout de la caudale, qui est très-légèrement échancrée en croissant.

D. 9 — 1/29; A. 1/13; C. 17; P. 16; V. 1/5.

---

1. Écrits des naturalistes de Berlin, t. VIII, p. 142. — 2. *Ib.*, t. VIII, p. 169.

Tels que nous les avons dans la liqueur ou desséchés, nos *weak-fish* paraissent argentés, un peu plus brunâtres sur le dos, avec des lignes obliques et irrégulières de petites taches noirâtres tout le long de la partie supérieure. Leurs nageoires inférieures conservent une teinte rougeâtre.

Le docteur Mitchill, qui décrit l'espèce d'après le frais, dit qu'elle a la tête et le dos bruns, souvent teints de verdâtre; les côtés argentés avec des taches obscures, qui disparaissent en dessous et laissent toute la partie inférieure claire. Les ventrales et l'anale sont jaunâtres; les autres nageoires d'un brun pâle. Il y en a une variété plus belle, à taches noires mieux terminées et s'étendant même sur la seconde dorsale et sur la caudale. Ses nageoires inférieures sont brunes et non pas jaunes.

Nous avons disséqué plusieurs de ces *weak-fish*. Leur estomac forme un long cul-de-sac pointu; le pylore est tout près du cardia et n'a que quatre appendices de longueur médiocre; l'intestin est peu alongé, ne fait que deux replis, et va, en se rétrécissant, jusqu'à l'anus. La vésicule du fiel est un long tube qui se porte presque jusque vers la région de l'anus. La membrane propre de la vessie natatoire est d'une épaisseur extraordinaire, formée de fibres de couleur argentée et de peu de consistance. Ses cornes sortent vers le milieu de sa longueur, et se portent en avant jusque sous la première vertèbre; elles sont assez épaisses en arrière, et intérieurement elles se prolongent chacune en un sillon qui règne jusque vers l'extrémité postérieure de la vessie. Les parties latérales de ce viscère sont surtout très-robustes.

Le squelette du *weak-fish* a à la surface de son crâne, de ses sous-orbitaires et du limbe de son préopercule, les mêmes enfoncemens caverneux que ceux des maigres. Le crâne est renflé en dessous pour loger les grosses pierres des oreilles. La crête sagittale s'élève peu, mais se porte en arrière en angle un peu aigu. Il y a quatorze vertèbres pour l'abdomen et onze pour la queue, ce qui est précisément l'inverse des serrans. Les troisième et quatrième vertèbres s'élargissent un peu en dessous pour donner attache à la vessie natatoire. Les douzième, treizième et quatorzième ont leurs apophyses transverses réunies en anneaux. Les côtes sont grêles et leurs appendices à peu près nulles.

Le *weak-fish* est le poisson le plus abondant à New-York, et celui dont on tire le plus de parti sur la table, surtout quand la saison n'est pas très-froide. D'ordinaire il atteint quinze pouces, mais on en a vu de vingt-sept, et qui pesaient plus de six livres. Il accompagne si constamment le bar rayé, que M. Mitchill avait été tenté de lui donner le nom spécifique de *comes*. On le prend partout où on prend le bar, mais dans les eaux salées seulement; il ne remonte point dans les rivières ni dans les étangs d'eau douce. On le pêche à la ligne, et quelques-uns pensent que son nom de *weak-fish* (poisson faible) vient de ce qu'il ne tire pas beaucoup sur l'hameçon ; d'autres, de ce que son usage très-continuel est affaiblissant pour les hommes qui ont besoin de travailler. Les pêcheurs lui attribuent de certains bruits sourds, un peu semblables à celui du tambour, que l'on entend quelquefois sous l'eau, et seulement dans la saison où il est abondant; ce qui lui donnerait un rapport de plus avec le maigre. On peut faire avec sa vessie natatoire cornue d'aussi bonne colle de poisson qu'avec celle de l'esturgeon.

Le nom de *squeteague* est celui que lui donnent les Indiens narragansets. Les Mohégans l'appellent *checous*. Les colons français de la Nouvelle-Orléans le possèdent aussi, et lui ont transféré le nom de *truite,* à cause de ses taches.

Ce poisson ne doit pas être particulier à l'Amérique septentrionale; nous l'avons aussi reçu de la Martinique par M. Plée.

*L'*Otolithe verdatre.

(*Otolithus virescens*, nob.)

Le Musée de Berlin possède un otolithe de Surinam,
voisin du *regalis*

par le nombre des rayons de ses dorsales, mais qui en diffère par
celui des rayons de son anale, qui n'est que de sept au lieu de
treize, et par sa caudale rhomboïdale et même pointue.

Son dos est olivâtre ; ses flancs et son ventre argentés ; ses
écailles beaucoup plus petites qu'au *regalis*, toutes finement ciliées.
Il a le sous-orbitaire très-brillant. Son opercule se termine en
pointe assez aiguë.

D. 10 — 1/28 ; A. 1/7 ; C. 17 ; P. 17 ; V. 1/5.

La longueur de l'individu est de près de onze pouces.

*L'*Otolithe tou-rou.

(*Otolithus toe-roe*, nob.)

Il y a le long des côtes de l'Amérique du sud une belle
espèce d'otolithe,

qui se reconnaît à sa couleur argentée uniforme, avec quelques
reflets bleuâtres à l'opercule, et au nombre des rayons mous de
sa deuxième dorsale, qui n'est que de vingt. Sa caudale s'avance
en pointe dans son milieu, ce qui lui donne une forme rhomboïdale comme dans le *virescens*.

Ce poisson acquiert une grandeur au moins double de l'*otolithus regalis ;* il a le museau un peu plus court et plus obtus, et la
mâchoire inférieure un peu moins avancée. Ses canines sont aussi
moins grandes à proportion ; mais du reste il lui ressemble par tous
les détails. Ses dents du rang antérieur sont plus fortes que les autres
et assez inégales. Sa tête est quatre fois dans sa longueur totale. L'é-
pine de son anale fait moitié de la longueur du premier rayon mou.

D. 10 — 1/20 ou 11 — 1/19 ; A. 2/8 ; C. 17 ; P. 16 ; V. 1/5.

Ses intestins ressemblent beaucoup à ceux de l'*otolithus regalis*. Il a les mêmes quatre appendices au pylore, la même vésicule du fiel en forme de long tube, la même vessie natatoire épaisse et cornue; mais ses cornes naissent très-près de l'extrémité postérieure, et restent intimement unies au corps de la vessie jusque près de son autre extrémité, où elles se détachent, et font chacune un double repli comme une corne d'antilope. Cette vessie occupe toute la longueur de l'abdomen; son épaisseur et les fibres argentées qui la constituent sont surtout extraordinaires sur les côtés. Ses faces antérieure et postérieure sont beaucoup plus faibles.

Son squelette a aussi quatorze vertèbres abdominales et onze caudales. Les arceaux qui interceptent les fossettes de son crâne, sont très-grêles, principalement dans la région des tempes.

C'est le *lutjan cayenne* de M. de Lacépède (t. IV, p. 196 et 245), qui avait reçu ses individus de Cayenne par Leblond. Nous en avons aussi reçu de cette colonie par Martin et M. Poiteau, de Surinam par MM. Leschenault et Doumerc, et du Brésil par M. Delalande. Cet otolithe passe pour un bon manger sur toutes ces côtes. A Surinam on le connaît sous les noms de *toeroe-toeroe* (tourou-tourou) et de *shell-vish* ou aigrefin, ainsi que nous l'apprend l'étiquette de celui qui a été envoyé au Musée des Pays-Bas. Il s'en est trouvé dans les collections laissées par M. Plée, qui avaient été pris dans le lac de Maracaïbo, où on nomme l'espèce *curbina*, comme le corb s'appelle en Espagne; c'est le poisson le plus commun de ce lac : on le sale pour l'apporter au marché. M. Plée en a vu qui pesaient six à sept livres. Le prince Maurice a laissé une figure intitulée *pira-coaba* (*lib. princ.* I, p. 323), qui nous paraît représenter cette espèce, ou une espèce très-voisine; elle y est dite atteindre trois pieds et demi de longueur. Les éditeurs de Margrave n'ont pas fait usage de cette figure et ont donné le nom de *pira-coaba* au polynème (p. 176) : ils ont aussi un *pira-quiba* (p. 180); mais c'est l'échenéis.

L'OTOLITHE STRIÉ, *ou* GUATUCUPA.

(*Otolithus guatucupa*, nob.)

Il était aisé de voir que le *guatucupa* de Margrave (*Bras.*, p. 177) est un otolithe, car sa figure en offre toutes les formes, les canines de la mâchoire supérieure, la petite anale, etc. Margrave cependant ne lui attribue dans le texte que de petites dents (*dentes minimos*); mais notre tou-rou perd quelquefois ses crochets, et le même accident pouvait être arrivé à l'individu décrit par Margrave. Il me paraissait donc que l'on pouvait rapporter son poisson au tou-rou, et je n'étais retenu que par la forme différente de la caudale. Enfin nous venons de recevoir le guatucupa lui-même de Montévidéo par M. d'Orbigny.

C'est un bel otolithe, qui a la tête plus alongée que le tou-rou; elle n'est que trois fois et demie dans sa longueur totale. Sa ligne du profil est plus droite. Sa mâchoire inférieure dépasse davantage la supérieure. Ses dents du rang externe sont plus fines et plus nombreuses. Son aiguillon anal est plus court; il n'a que le tiers du premier rayon mou. Ses canines, sans être bien fortes, sont très-marquées. Sa seconde dorsale surpasse peu la première en longueur, aussi a-t-elle deux rayons de moins que dans le tou-rou. Enfin, ce qui est le plus apparent, sa caudale est coupée carrément et non rhomboïdale.

D. 10 — 1/18; A. 1/8; C. 17; P. 17; V. 1/5.

Tout ce poisson est argenté, teint vers le dos d'un doré un peu verdâtre. Des lignes brunâtres qui suivent le milieu des écailles, descendent obliquement du dos en avant et se perdent vers le ventre. Les nageoires sont d'un brun verdâtre.

Notre individu est long de vingt-sept pouces.

Le *guatucupa* a le foie peu volumineux. Le lobe gauche est étroit, et du double plus long que le droit, qui est un peu plus large. Il verse la bile dans une vésicule étroite, mais très-longue, qui se porte en arrière, presque à la moitié de l'abdomen. Le canal cholédoque est gros, court, et débouche dans l'intestin derrière les cœcums; il se renfle un peu.

L'œsophage est large et plissé; il se continue en un sac étroit assez long, dont les parois sont épaisses et très-musculeuses à la face externe. La veloutée est chargée de rides et de plis longitudinaux.

La branche montante est très-courte; et son diamètre n'est pas plus grand que celui de l'intestin. Il y a quatre appendices cœcales de longueur moyenne, et dont le diamètre égale presque celui de l'intestin. L'intestin fait trois replis, aussi longs chacun que l'abdomen; il se rétrécit beaucoup vers le rectum. Les laitances sont longues, peu grosses et séparées presque jusqu'à leur entrée dans le cloaque.

La vessie aérienne est très-grande; et occupe toute la partie supérieure de l'abdomen; elle est arrondie en avant, et se termine en arrière par une pointe aiguë et un peu veineuse. Sur la partie antérieure de la vessie il y a deux cornes assez longues, qui n'aboutissent pas dans le crâne. La vessie n'a d'ailleurs aucunes autres divisions.

Les reins sont peu considérables, et débouchent dans une très-petite vessie urinaire munie d'un petit cul-de-sac.

La figure de Margrave n'est prise ni du recueil du prince ni de celui de Mentzel; cependant le poisson est représenté dans les deux collections; il n'y porte pas de nom : le prince assure seulement du sien qu'il égale en grandeur le saumon.

5.

8

Pison, qui a (p. 62) la même figure que Margrave, dit que les Portugais nomment ce poisson *corvina*, et les Hollandais *schelvish*, c'est-à-dire aigrefin, apparemment par la même raison que les johnius ont été appelés *whitings* (merlans) par les Anglais. On en prend toute l'année en grand nombre, et il fournit une nourriture excellente.

Linnæus cite la figure de Margrave sous son *labrus chromis*, espèce qu'il a établie sur le *drum* ou tambour de la Caroline de Garden, et à laquelle il joint encore le *drummer* de la Jamaïque de Brown. Mais il est manifeste que ces trois poissons ne sont pas les mêmes : le son que font entendre les deux derniers, leur est commun avec beaucoup d'autres espèces de cette famille, et ne peut à lui seul être un motif de rapprochement ; et, en effet, le drum de Garden est le pogonias, et celui de Brown très-probablement une ombrine.

L'Otolithe a petite épine anale.

(*Otolithus leiarchus*, nob.)

Nous avons donné le surnom de *leiarchus* à un otolithe de l'Amérique du sud, qui nous a été envoyé du Brésil par Delalande, et de Cayenne par Poiteau,

dont l'épine anale est encore plus petite que dans les autres ; mais qui, sauf cette particularité, ressemble beaucoup au *weak-fish*. Cependant ses écailles sont aussi un peu plus petites ; il en a de cent dix à cent vingt sur une ligne longitudinale. Sa mâchoire inférieure est un peu plus avancée, et ses dents de la rangée externe sont plus grandes et plus pointues à proportion des internes. Il a deux pointes marquées à l'opercule ; mais c'est à peine si la dentelure de son préopercule est sensible. Sa caudale est coupée carrément. Il est argenté et paraît avoir eu le dos teint de brunâtre.

Nos individus ne passent pas dix pouces.

D. 9 — 1/23 ; A. 1/11 ; C. 17 ; P. 17 ; V. 1/5.

*L'*Otolithe a petites écailles.

(*Otolithus microlepidotus*, nob.)

M. Valenciennes a décrit et dessiné au Musée de Berlin un otolithe de Surinam,

dont les nombres de rayons se rapprochent de ceux du *leiarchus* (D. 9 — 1/24 ; A. 2/9, etc.), et qui a les écailles encore plus petites. On lui en compte plus de cent soixante sur une ligne entre l'opercule et la caudale, et près de quarante dans la hauteur ; mais ce qui est remarquable, c'est que celles de l'opercule sont au moins doubles des autres. Son chanfrein est un peu concave ; sa mâchoire inférieure remonte au-devant de l'autre ; son opercule est peu pointu ; sa deuxième dorsale et son anale sont fort couvertes de petites écailles ; sa caudale est arrondie. Il est argenté, glacé de verdâtre, principalement sur le dos. Ses mâchoires brillent d'un bel éclat d'argent.

L'individu est long de plus de seize pouces.

*L'*Otolithe nébuleux.

(*Otolithus nebulosus*, nob.)

Une autre espèce d'otolithe, dont nous ignorons l'origine, encore assez semblable au leiarchus,

mais à museau un peu plus pointu, a des taches rondes et nuageuses semées sur le dos, et des taches longitudinales ou en travers des rayons sur la deuxième dorsale. Ses canines sont comme dans les espèces d'Amérique. Sa caudale est rhomboïdale.

D. 9 — 1/25 ; A. 1/11 ; C. 17 ; P. 16 ; V. 1/5.

DES ANCYLODONS.

Le *lonchurus ancylodon* de Bloch (édit. de Schneider, p. 102, et pl. 25) n'est au fond qu'un otolithe à queue pointue, et distingué des autres seulement par l'extrême longueur de quelques-unes de ses dents et la brièveté de son museau; mais les cavités de son crâne, la nudité de son palais, la longueur de sa seconde dorsale, décèlent trop clairement sa famille naturelle pour que l'on puisse s'y tromper; et ces indices extérieurs sont confirmés par ceux que fournissent les viscères, la vessie de l'ancylodon ayant deux cornes, et son pylore quatre appendices, comme dans les otolithes. Bloch a associé ce poisson sous le nom générique de *lonchurus* (queue en forme de lance), et uniquement à cause de la forme pointue de sa caudale, à un autre poisson de la famille des sciènes (son *lonchurus barbatus*), qui a les dents égales et qui porte deux barbillons; caractères distinctifs bien supérieurs pour l'importance à ce caractère commun d'une caudale pointue, qui se retrouve d'ailleurs plus ou moins dans un assez grand nombre d'otolithes, de corbs et de johnius. Nous avons donc cru devoir faire des ancylodons un genre particulier, et les placer ici à la suite des otolithes.

*L'*ANCYLODON A DENTS EN FLÈCHES.

(*Ancylodon jaculidens*, nob. *Lonchurus ancylodon*, Bl. Schn., pl. 25.)

Bloch avait son ancylodon de Surinam; M. Poiteau et MM. Leschenault et Doumerc nous l'ont envoyé de Cayenne, où il n'est pas rare.

Sa forme est celle d'un otolithe, à museau un peu plus court, et à mâchoire inférieure un peu plus ascendante que les autres.

Ses dents en velours sont si peu nombreuses et sur des bandes si étroites, qu'elles ne paraissent presque pas; mais il en a à chaque mâchoire une rangée de pointues, écartées, un peu élargies dans le milieu, en sorte qu'elles ont l'air de flèches; sur le devant de la mâchoire supérieure il en a deux rangées, et entre les deux sont au milieu de la mâchoire deux dents beaucoup plus longues que les autres, ou deux longs crochets. A la mâchoire inférieure les trois premières dents de chaque côté, surtout la seconde et la cinquième, sont les plus longues, sans égaler cependant la longueur des crochets.

La langue est libre, obtuse et lisse. Les dents pharyngiennes sont en très-fin velours, excepté les mitoyennes d'en haut, qui sont un peu en carde. Il y a sept rayons branchiostèges. Le sous-orbitaire est étroit comme le voulait la brièveté du museau. Le préopercule osseux se prolonge en une membrane striée, qui se colle sur les autres pièces operculaires, en sorte qu'on ne voit pas son bord, et qu'on n'aperçoit son limbe qu'autant que ses cavernosités se montrent au travers de la peau. L'opercule osseux se termine par deux petites pointes, qui disparaissent dans la membrane qui le prolonge. Il n'y a point d'écailles aux mâchoires, ni au sous-orbitaire, ni au maxillaire; et je n'en vois pas au crâne, mais la joue et toutes les pièces operculaires sont écailleuses. La mâchoire inférieure manque de pores.

La première dorsale a neuf épines très-grêles et peu élevées; elle finit au pied de la seconde, qui a une épine et vingt-huit rayons mous, dont le dernier est fourchu. Cette nageoire est presque entièrement couverte de petites écailles. La petite épine de l'anale est très-faible et suivie d'un rayon simple, quoique articulé, et de neuf rayons mous, dont le dernier est fourchu. Cette nageoire répond à la dernière partie de la seconde dorsale. La caudale est pointue et a dix-sept rayons. Les écailles de la ligne latérale se continuent entre son neuvième et son dixième rayon jusqu'à son extrémité. Il y a seize ou dix-sept rayons aux pectorales, qui sont assez pointues. Les ventrales sortent un peu plus en avant qu'elles, et ne les égalent pas en longueur.

B. 7; D. 9 — 1/28; A. 1/10; C. 17; P. 16; V. 1/5.

L'aisselle des pectorales est nue; un léger repli de la peau y forme un petit sinus. Il y a aussi une petite avance triangulaire et écailleuse dans celle des ventrales.

Ce poisson est couvert de petites écailles minces, lisses, entières, qui n'ont que leur partie radicale striée en éventail. La ligne latérale, formée d'écailles un peu plus grandes, munies de tubes qui se suivent, est presque parallèle au dos : elle se courbe seulement un peu vers le bas sous la seconde dorsale.

Sa couleur est argentée, avec une teinte d'un gris brunâtre vers le dos, et sur ce gris des points un peu plus bruns, formant des lignes serrées, obliques, nombreuses, mais très-peu sensibles. Les nageoires sont jaunâtres. Il y a de très-petits points bruns sur la deuxième dorsale et sur la caudale.

Un de nos individus est long de près d'un pied : les autres sont plus petits.

Le squelette de l'ancylodon a quinze vertèbres abdominales et onze caudales. Son crâne, sa mâchoire inférieure et son préopercule sont caverneux, mais non son sous-orbitaire. Il a d'aussi grandes pierres d'oreille qu'aucun otolithe. Ce qu'il y a de plus particulier dans son ostéologie, ce sont ses côtes fines comme des cheveux.

Ainsi que nous l'avons dit, ses intestins et sa vessie natatoire sont comme dans les otolithes.

L'Ancylodon a petites dorsales.

(*Ancylodon parvipinnis*, nob.)

Nous avons un poisson envoyé de Cayenne par M. Poiteau, qui ressemble à plusieurs égards aux otolithes et encore plus aux ancylodons; mais qui s'écarte des uns et des autres par la séparation absolue de ses deux nageoires, et par la petitesse de l'une et de l'autre. Nous n'avons pas cru, cependant, nécessaire d'en faire un genre particulier.

Son museau est court; sa mâchoire inférieure ascendante quand la bouche est fermée; ses dents en velours sont à peine sensibles; mais il y en a une rangée de pointues, parmi lesquelles les deux mitoyennes de la mâchoire supérieure forment de longs crochets. Il y en a aussi trois ou quatre de chaque côté à l'inférieure, plus longues que les autres; mais celles du milieu y sont faibles. Les pharyngiennes sont en velours. Le préopercule est continué par une membrane, comme dans l'ancylodon. Deux pointes plates et faibles terminent son opercule osseux. Sa première dorsale est petite, et n'a que sept épines très-faibles et courtes, dónt la septième surtout veut être cherchée avec le doigt; la deuxième en est fort séparée par un espace écailleux, et est plus courte que dans les autres otolithes, tandis que l'anale est plus longue. Ces deux nageoires se répondent l'une à l'autre et sont finement écailleuses, ainsi que la caudale, dont la coupe est carrée.

D. 7 — 1/17; A. 2/18; C. 17; P. 18; V. 1/5.

Les écailles sont minces et petites comme dans l'ancylodon; la couleur est argentée, avec une teinte gris d'ardoise du côté du dos. Il paraît que le haut de l'opercule est teint de noirâtre; les nageoires paraissent jaunâtres.

Les intestins sont, comme dans les ancylodons et les otolithes, munis de quatre appendices au pylore; et la vessie natatoire a deux cornes longues et grêles.

Le squelette a dix vertèbres abdominales et quatorze caudales. Ses côtes sont grêles, mais pas autant que dans l'autre ancylodon.

Nos individus ne passent pas six ou huit pouces.

CHAPITRE III.

Des Corbs, des Johnius et des Léiostomes (*Corvina*, nob.).

—

DES CORBS.

Les *corbs* diffèrent des maigres et des otolithes par la grosseur et la longueur de leur épine anale, et des otolithes en particulier, parce qu'ils n'ont point de canines; l'absence de barbillons les distingue des ombrines et des pogonias. D'ailleurs, la disposition de leurs dents leur est particulière; en velours aux deux mâchoires, elles sont précédées à la mâchoire supérieure par un rang plus fort que les autres, et formé de dents pointues, mais égales.

Le Corb, Cuorp, *ou* Corbeau *des Provençaux*, Corvo di fortiera *des Italiens*.

(*Corvina nigra*, nob.; *Sciæna nigra*, Linn. Gm.)

L'espèce commune de la Méditerranée a la forme oblongue, légèrement comprimée; le museau obtus; la bouche au bout du museau et à peu près horizontale, mais peu fendue; la ligne de son dos plus convexe que celle du ventre; le profil descendant depuis la nuque fort obliquement et presque en ligne droite. Sa plus grande hauteur, au droit des pectorales, n'est pas tout-à-fait trois fois et demie dans sa longueur totale, et son épaisseur est presque trois fois dans sa hauteur. La longueur de sa tête égale presque sa hauteur; l'œil en occupe le second quart. La bouche n'est fendue que jusque sous son bord antérieur. Les orifices de la narine sont plus près de l'œil que du bout du museau; l'antérieur est le plus petit et a un petit rebord saillant. On voit quatre pores sous le bout de la mâchoire inférieure, et il y en a six ou sept plus petits sur deux rangs au bout arrondi du museau. Les dents sont en velours sur de larges bandes aux deux mâchoires. Le rang externe est plus fort. Il n'y en a point au palais ni à la langue, si ce n'est une âpreté entre les naissances des branchies; mais aux pharyngiens il y en a au milieu de grosses en forme de cônes obtus, et en avant et en arrière elles sont en cardes. La bouche est peu protractile, les lèvres peu épaisses; le sous-orbitaire, sans dentelures, ne recouvre qu'à moitié le maxillaire quand la bouche est fermée. L'opercule osseux se termine par deux pointes plates. Le préopercule, à peu près rectangulaire, mais à angle arrondi, est dentelé au tact plutôt qu'à la vue. Son limbe, la joue, le sous-orbitaire, l'intervalle des yeux, toutes les pièces des opercules, sont écailleuses, et même le bout large du maxillaire. Il n'y a de nu que les lèvres, la membrane de la gorge et celle des branchies. Cette dernière n'est pas très-fendue en dessous. On y compte sept rayons un peu aplatis. Ni l'os surscapulaire ni l'huméral ne sont dentelés. La pectorale est médiocre et peu aiguë; elle a seize rayons, dont le premier est simple et assez fort. Le coracoïdien forme une lame un peu libre dans son aisselle. Les ventrales sortent de très-peu plus en arrière que les pectorales, et sont plus longues et plus pointues. Leur aiguillon est fort, mais de moitié plus court que le premier rayon mou, qui est le plus long. Il n'y a ni sur ni entre elles d'écaille de forme particulière.

La première dorsale commence au-dessus de la pectorale, et se sépare de la seconde seulement par une profonde échancrure. Ses rayons sont assez grêles; il y en a dix, dont le premier est très-court; ils croissent ensuite jusqu'au sixième et au septième, et forment ainsi une pointe aiguë; ensuite ils se rabaissent, et le dixième est presque aussi court que le premier. Le onzième se relève pour commencer la deuxième dorsale; celle-ci a vingt-cinq rayons mous, dont le vingt-cinquième fourchu. Ils sont à peu près égaux, et son angle en arrière est arrondi. La hauteur de la première est moitié de celle du corps, et la longueur de sa base égale sa hauteur. La hauteur de la seconde ne fait que le tiers de la plus grande hauteur

5.

du corps. Sa longueur est de moins du tiers de la longueur totale. L'anale est plus haute du double que la seconde dorsale, et, située à peu près sous son milieu, n'occupe guère que le tiers de sa longueur. Sa première épine est très-courte; mais la seconde est longue et très-forte. Le premier rayon mou, qui est le plus long, la dépasse néanmoins d'un tiers; il y a huit de ces rayons, dont le dernier, fourchu, pourrait être compté pour deux. La portion de queue sans nageoire en arrière de la dorsale est encore à son bord supérieur du neuvième de la longueur totale : le bord inférieur en arrière de l'anale est du sixième. La caudale fait le cinquième de la longueur totale; elle est coupée carrément et a dix-sept rayons. Les écailles s'avancent plus sur eux vers les bords qu'au milieu; mais sur la ligne moyenne il y en a une suite qui continue la ligne latérale et règne jusqu'au bout.

B. 7; D. 10 — 1/25; A. 2/8; C. 17; P. 16; V. 1/5.

La grandeur des écailles est médiocre; il y en a environ soixante sur une ligne depuis les branchies jusqu'à la caudale, et une trentaine sur une ligne verticale près des pectorales. Leur bord est un peu âpre, finement dentelé, et retient le doigt quand on le dirige d'arrière en avant. Leur partie radicale est tronquée net, sans crénelure, et a douze stries en éventail. La ligne latérale est parallèle au dos, et ne se marque que par un point proéminent à chaque écaille.

La couleur du corb est un brun foncé, qui devient un peu plus pâle et prend des reflets argentés à la partie inférieure. Rondelet dit qu'au sortir de l'eau il a un éclat tirant sur le doré et sur le pourpre. Bélon ajoute que les jeunes ont des lignes obliques comme celles de l'ombrine barbue; mais je n'en ai pu apercevoir aucune trace. A la loupe on voit sur toutes les écailles une infinité de petits points noirs très-fins. Les nageoires sont du même brun, excepté les ventrales et l'anale, qui sont noires. La caudale a un liséré noir à son extrémité et à son bord inférieur.

Le corb ne passe guère quinze pouces, et en atteint rarement dix-huit. Son plus grand poids est de six livres, selon M. Risso.

Son estomac est un cul-de-sac de longueur médiocre et à fond obtus. Le pylore est près du cardia et a huit appendices peu alongées. Le canal intestinal fait deux replis; il s'élargit à quelque distance de l'anus. La vésicule du fiel est longue, grêle et renflée dans son fond. La vessie natatoire est grande, argentée, opaque, assez robuste, sans cornes ni autres appendices; elle occupe toute la longueur de l'abdomen, est plus large en avant et finit en pointe en arrière.

Son squelette a onze vertèbres au tronc et quatorze à la queue, comme ceux de la plupart des serrans. Sa crête sagittale est assez haute. Les espaces caverneux de son crâne sont formés par des traverses assez larges et robustes. [1]

Ce poisson est commun sur toutes les côtes de la Méditerranée. Nos pêcheurs le nomment *corb* ou *corbeau*, quelquefois aussi *vergo* et *durdo;* c'est probablement ce dernier nom que Brünnich a cru entendre prononcer *dorade*. A Nice on l'appelle *cuorb;* à Iviça, *corba;* en Sardaigne, *ombrina di scoglio,* pour le distinguer du maigre, dit *ombrina di canale :* en Italie on l'appelle *corvo di fortiera;* c'est du moins ce dernier nom que Salviani lui donne. M. Rafinesque le nomme simplement *umbrina;* mais, à ce que je crois, parce qu'il l'a aussi confondu avec le maigre.

On en prend dans les étangs salés comme dans la mer; mais il ne paraît pas qu'il remonte dans les fleuves. Bélon, qui l'a décrit sous le nom de *glaucus,* bien qu'il ait mis sous le même nom une figure qui appartient à l'ombrine, assure qu'on trouve dans son estomac de petits crabes, des crevettes, des scolopendres et des fucus. Il vient au

---

1. M. Rosenthal donne une bonne figure du squelette du corb (Tables ichtyotomiques, pl. 17, fig. 1), sous le nom de *sciœna umbra.*

printemps, selon M. Risso, déposer ses œufs et sa laite sur les galets calcaires du rivage. Sa chair est moins estimée que celle de l'ombrine barbue et du maigre, et cependant on le vend souvent pour ce dernier dans les marchés.

Salviani, Rondelet et Gesner en ont donné d'assez bonnes figures : le premier, sous le nom de *corvo di fortiera* (fol. 117); le second, sous celui de *coracinus niger* (p. 128, fig. 2[1]); le troisième, sous celui de *tinca marina* (*Paralip.*, p. 14). Il y en a aussi une passable dans Willughby (pl. 5, 20). Celle de Bloch (pl. 297) serait assez exacte, sans les dents, trop grandes, qu'il lui donne à la mâchoire supérieure, et s'il avait plus multiplié les points noirs des écailles.

Des Poissons étrangers analogues au Corb.

Parmi les poissons étrangers de cette famille, qui ont les mêmes dents que le corb, et qui manquent, comme lui, de barbillon, il en est qui lui ressemblent encore, qui le surpassent même par la force et la grandeur de leur seconde épine anale; ce sont les *corbs étrangers proprement dits;* mais il en est aussi où cette épine, bien qu'encore forte et poignante, et bien supérieure à celle des maigres et des otolithes, est cependant sensiblement plus faible que dans les vrais corbs : ce sont proprement là les *johnius* primitifs de Bloch, dont la différence est, comme on voit, si peu de chose, qu'à peine mériteraient-ils de faire une subdivision dans ce genre; et même le corb d'Europe formerait une sorte de lien entre ces deux sub-

---

1. La première, ou son *coracinus albus*, est peut-être d'un adulte.

divisions, car son épine anale, un peu plus grande que dans la plupart des johnius, ne l'est pas autant que dans la plupart des autres corbs étrangers.

Le Corb des Canaries.

(*Corvina canariensis*, nob.)

Feu Adanson avait rapporté des Canaries, et l'on conserve au Cabinet du Roi, un petit *corb*

très-semblable au nôtre, même pour les couleurs, mais dont toutes les nageoires, surtout la caudale, ont leurs rayons plus alongés; la caudale à elle seule fait le cinquième de la longueur totale. L'épine anale est plus faible, et il n'y a que trois pores à la mâchoire inférieure.

D. 9 — 1/26; A. 2/6; C. 17; P. 15; V. 1/5.

Adanson l'appelait *peignet*.

Le Corb blanc des Indes.

(*Corvina albida*, nob.)

M. Leschenault a envoyé de Pondichéry un corb encore très-semblable au nôtre, à la couleur près,

qui est blanchâtre, même aux nageoires. Ses dents sont plus fines; ses épines dorsales plus courtes et plus fortes; son épine anale surtout, bien plus forte et presque aussi longue que les rayons mous; la dentelure de son préopercule plus marquée : il y a cinq pores à sa mâchoire inférieure. Sa caudale est arrondie ou même un peu pointue.

D. 9 — 1/25; A. 2/7; C. 19; P. 16; V. 1/5.

Sa vessie natatoire est garnie de chaque côté d'appendices frangés; mais nous n'avons pas pu les compter, à cause du mauvais état de l'individu que nous avons disséqué.

M. Leschenault dit que ce poisson, à l'état frais, est gris-clair sur le dos et blanc sous le ventre; qu'il parvient à la longueur de deux pieds; qu'on le pêche abondamment pendant toute l'année dans la rade de Pondichéry, et qu'il est bon à manger. On le nomme à Pondichéry *sapé-katelé*, et ce nom de *katelé, katchelée* ou *katalai*, que Bloch a pris pour malais, paraît être en malabare, ou, pour parler plus exactement, en tamoule, le nom générique des corbs et des johnius, comme celui de *bola* en bengali.

M. Bélenger nous a envoyé la même espèce de Mahé sur la côte de Malabar. On la nomme en ce lieu *marca-charao*. On la mange.

Le Corb soldado.

(*Sciæna miles*, nob.; *Holocentre soldado*, Lac.)

Feu Sonnerat en avait rapporté de Pondichéry une autre espèce, encore très-semblable à la précédente et à notre corb,

mais dont le museau et la région de la joue sont sensiblement plus courts à proportion que dans l'un et l'autre. Ses épines dorsales sont plus grêles; mais la deuxième de l'anale est au moins aussi longue et aussi forte que dans l'*albida*. On compte quatre pores à sa mâchoire inférieure. Sa caudale est rhomboïdale. Les nombres de ses rayons sont un peu différens.

D. 10 — 1/28; A. 2/7; C. 17; P. 16; V. 1/5.

C'est le *tella-katchelée* de Russel (pl. 117).

Sa couleur, selon ce naturaliste, est sur le dos d'un brun changeant en gorge de pigeon; elle s'éclaircit sur les côtés et devient en dessous celle d'une belle nacre; la dorsale est obscure, ainsi que le haut de la caudale. Le bas de la caudale et les autres nageoires sont jaunâtres. Il atteint dix-huit ou vingt pouces.

C'est un individu de cette espèce, provenu de l'ancienne collection du Stadhouder, que M. de Lacépède (t. IV, p. 344 et 373) a décrit sous le nom d'*holocentre soldado*. Nous croyons aussi l'avoir reconnue dans un poisson que MM. Kuhl et Van Hasselt ont envoyé de Java au Musée des Pays - Bas, et qu'ils avaient appelé *sciæna argentea*.

Le Corb cuja du Bengale.

(*Corvina cuja*, nob.; *Bola cuja*, Buchan.)

Le *bola cuja* de Hamilton Buchanan (pl. 12, fig. 27) nous paraît se placer très-près des corbs précédens, et en différer cependant par l'espèce.

Ses épines anales sont des plus fortes; sa nuque est très-élevée; sa caudale arrondie. Le dessin lui donne quelque chose d'un peu concave au chanfrein, deux rangs de dentelures, mais très-peu marquées, au préopercule, et deux pointes plates et obtuses à l'opercule. L'auteur ne lui attribue qu'une rangée de dents pointues et égales aux mâchoires.

D. 10 — 1/28; A. 2/7; C. 17; P. 17; V. 1/5.

C'est un grand et beau poisson, qui devient long de quatre et cinq pieds, et qui est d'une couleur argentée, brillante, à dos teint de verdâtre et marqué de séries obliques et serrées de taches noirâtres; sur les flancs ces séries ne se composent que de petites lignes et s'approchent par degrés de la direction longitudinale. La première nageoire a quelques taches noires irrégulièrement semées; et la seconde en a des séries longitudinales, mais aussi assez peu régulières.

Les pêcheurs du Gange considèrent ce poisson comme du genre du *vacti* ou de nos varioles; mais M. Buchanan le rapproche avec plus de raison de ses autres *bola,* à cause de son palais sans dents et de la longueur de sa

seconde dorsale. C'est à cette espèce ou à la précédente
que nous paraît se rapporter le mieux le *woellei katalei*
ou *johnius serratus* de Bloch (éd. de Schneider, p. 76);
mais le caractère en est trop incomplet pour en assurer
la synonymie.

Le Corb demi-deuil.

(*Corvina semiluctuosa,* nob.)

Nous avons reçu de la côte de Malabar par M. Dussumier un corb très-semblable à ce *cuja* pour la forme,
mais dont le corps est partout rayé obliquement de brun-noir sur
un fond argenté. Les raies noires sont serrées et suivent chacune
le milieu d'une rangée d'écailles. Il y en a près de quarante au-
dessus de la ligne latérale, et vingt ou vingt et une au-dessous.
Celles-ci s'approchent davantage de la direction horizontale. C'est
à peine si l'on aperçoit quelques vestiges de crénelures au bord
membraneux du préopercule. L'opercule finit par deux pointes
plates séparées par un arc rentrant. C'est une des espèces où la
dorsale est le plus faiblement échancrée. La caudale est arrondie ou
un peu rhomboïdale. La deuxième épine de l'anale est très-forte;
la pectorale est demi-ovale, médiocre. La ventrale se termine en un
petit filet. Les nageoires sont toutes entièrement d'un brun noir.

D. 10/31; A. 2/7; C. 17; P. 18; V. 1/5.

Notre plus grand individu approche de dix pouces.

Un autre, long seulement de six, a le chanfrein un peu plus
convexe. Une bande transparente règne en longueur sur le milieu
de la partie molle de sa dorsale, laquelle n'a que vingt-huit rayons.

Cependant pour tout le reste sa ressemblance est telle
que je n'ose en faire une espèce.

Tous les deux ont été pris dans la rade de Goa. Ils sont
bons à manger. M. Bélenger a aussi trouvé cette espèce
dans la rade de Pondichéry.

Le Corb de Lesueur.

(*Corvina oscula*, nob.; *Sciæna oscula*, Les.)

Les poissons de ce genre ne vivent pas seulement dans la mer; les grands lacs d'eau douce de l'Amérique septentrionale en possèdent deux fort remarquables. Le premier, presque semblable pour la forme à celui de la Méditerranée, a été décrit et représenté sous le nom de *sciæna oscula* dans le Journal des sciences naturelles de Philadelphie, de Novembre 1822, par M. Lesueur, qui a bien voulu nous en envoyer des échantillons.

Sa nuque est encore plus bombée que celle du corb; ses dents plus fines; ses épines dorsales plus courtes et plus fortes; la deuxième de l'anale aussi très-forte. On lui voit cinq pores sous la mâchoire inférieure. Ses dents pharyngiennes sont en gros pavés ronds, aussi fortes à proportion que dans le pogonias. M. Lesueur, qui l'a vu frais, dit que la couleur de la tête, du museau et de la caudale, est d'un gris bleuâtre, qui tire sur le noir entre les yeux, et devient plus gris vers le dos et les pectorales. Les écailles du dos, de la queue et des opercules, ont des reflets jaunâtres, et il y a des teintes rougeâtres sur la joue. Le dessous du corps est blanc; les nageoires sont d'un gris pâle.

D. 9 — 1/28; A. 2/8; C. 17; P. 18; V. 1/5.

M. Lesueur dit :

D. 9 — 30; A. 2/7; C. 18; P. 19; V. 1/5.

Nous en avons où le nombre de la deuxième dorsale est de vingt-neuf et de trente et un.

La longueur ordinaire de ce poisson est de seize pouces, sur quatre et demi de haut.

Il est peu estimé, du moins dans certaines saisons; car M. Lesueur en a trouvé que les pêcheurs avaient abandonné sur les bords du lac Ontario.

5.   10

L'estomac du *sciæna oscula* est court, élargi et arrondi en cul-de-sac. Il y a sept grosses appendices au pylore. L'intestin est extrêmement large, presque autant que l'estomac : ses parois sont très-minces. Dans les deux individus que j'ai disséqués, je l'ai trouvé rempli d'une grande quantité de débris de coquilles fluviatiles, comme des cyclades, des paludines, etc., brisées, ce que l'animal peut faire aisément au moyen de ses dents pharyngiennes en pavés arrondis. La vessie aérienne est très-grande, argentée, sans aucune appendice, et elle n'offre rien de particulier.

Le Corb de Richardson.

(*Corvina Richardsonii,* nob.)

M. Richardson a bien voulu nous communiquer un autre grand corb du lac Huron, qui a quelque rapport de forme avec le *corvina oscula,*

mais dont le profil descend plus rapidement, et qui de plus se distingue de tous les autres corbs, parce qu'il n'a que dix-huit rayons mous à sa seconde dorsale, et une seule épine grosse et forte à son anale. Le dernier rayon de la deuxième dorsale s'unit au dos de la queue par une production membraneuse; mais ce qui est à remarquer, c'est que l'on trouve sous la peau, à son arrière, dix interépineux qui ne portent pas de rayons. Les crénelures de son préopercule sont fort petites; son opercule se termine en deux lobes, eux-mêmes finement crénelés, plutôt qu'en deux pointes. Le sous-opercule et l'interopercule ont aussi leurs bords crénelés. Les épines de la première dorsale sont fortes, mais courtes. La première l'est excessivement. Sa caudale est carrée ou un peu arrondie. Il y a trois pores sous le bout de la mâchoire inférieure.

D. 9 — 1/18; A. 1/7, etc.

L'individu que nous avons eu sous les yeux, est long de vingt-deux pouces, et paraît avoir été argenté, plus ou moins nuancé de brun vers le dos.

Les Anglais des bords du lac Huron le nomment *sheeps-head* (tête de mouton), nom qui, à New-York et ailleurs, s'applique à un sargue ; les naturels le nomment *mala-chegané*. Il passe pour un excellent poisson, dont la chair est ferme, mais qui a besoin de bouillir long-temps.

Nous avons cru pouvoir lui donner le nom de celui qui l'a découvert.

Le CORB PORTE-MASSUE.
(*Corvina clavigera*, nob.)

Le plus remarquable des corbs étrangers que nous ayons eu occasion d'observer, nous a été apporté, avec beaucoup d'autres poissons intéressans, par M. Roger, gouverneur de la colonie française du Sénégal. Nous l'appellerons le *corb porte-massue* (*corvina clavigera*), parce que son caractère le plus distinctif consiste dans la forme du rayon épineux de la seconde dorsale, qui n'est pas, comme à l'ordinaire, un aiguillon pointu diminuant uniformément de la base au sommet, mais qui, au contraire, partant d'une base mince, se renfle sur une partie de sa longueur comme une massue, et se termine en pointe peu acérée.

Ce poisson ressemble d'ailleurs pour la forme au corb ordinaire, si ce n'est que sa queue est un peu plus alongée ; aussi a-t-il jusqu'à trente-trois rayons mous à sa seconde dorsale. La première en a dix, dont le premier est très-court ; le second, le plus long et le plus fort, est strié sur sa longueur. Dans l'anale le premier rayon est aussi très-court ; le second est énorme en grosseur et profondément strié. Il n'y en a point de troisième épineux, mais seulement six mous. La caudale nous paraît rhomboïdale, et a dix-sept rayons.

B. 7 ; D. 10 — 1/33 ; A. 2/6 ; C. 17 ; P. 17 ; V. 1/5.

Les dents sont en velours sur une bande étroite. Le rang exté-rieur à la mâchoire supérieure est composé de dents plus séparées, pointues, de très-peu plus fortes que les autres. Les dentelures du préopercule sont fort menues, mais vers l'angle elles forment des dents plates et elles-mêmes un peu dentelées. Tout le corps paraît d'un plombé obscur, et les nageoires sont noirâtres. L'individu qui nous a été envoyé est long de près de dix-huit pouces; ainsi l'espèce doit devenir assez grande.

D. 10 — 1/33; A. 2/6; C. 17; P. 15; V. 1/5.

Son estomac est étroit, alongé en boyau, pointu en arrière, charnu. Le pylore est entouré de neuf appendices cœcales, dont plusieurs ont un assez gros diamètre. La vessie natatoire est ample, large, simple, sans appendices, de la longueur de tout l'abdomen, à parois fort épaisses, argentées. Le péritoine, au-delà des ven-trales, devient très-épais; dans tout le reste de l'abdomen il est très-mince, et a partout une couleur argentée.

Le Corb de Nigritie.

(*Corvina nigrita*, nob.)

La même rivière produit un corb qui ressemble par-faitement au précédent par les formes, la physionomie et les nombres des rayons,

mais qui n'a qu'une épine grêle et assez courte à la seconde dorsale; dont la deuxième épine anale est plus longue, un peu moins forte, et à peine sensiblement striée, et la deuxième épine dorsale aussi grêle et aussi lisse que les suivantes. La fine dentelure de son préo-percule est plus uniforme. Dans la liqueur il paraît d'un brun doré, argenté en dessous. Sa première dorsale est brune, lisérée de noir, et a entre ses rayons une série longitudinale de taches nuageuses noires. La deuxième dorsale en a une double série.

Notre individu est long de dix à onze pouces.

Des observations ultérieures auront à constater s'il appartient à une espèce distincte, ou si ce n'est pas une simple variété de sexe du précédent. Les différences de son anatomie paraissent cependant contraires à cette opinion.

Ce *sciæna nigrita* a un long estomac conique, huit appendices au pylore; l'intestin est étroit et ne fait que des plis très-rapprochés. Le foie est gros et trilobé. Il y a un large lobe moyen recouvert par l'œsophage, et qui s'avance jusque sur le pylore. Les lobes latéraux sont longs et trièdres.

La vessie aérienne est grande, alongée, et prolongée en une longue pointe très-déliée. De chaque côté de la partie antérieure naît une petite corne très-courte, qui se divise bientôt en cinq petites branches, dont les deux internes donnent deux branches très-courtes et dichotomes; les trois autres, également divisées, se prolongent en filamens déliés et nacrés, qui sont retenus par un tissu cellulaire graisseux, épais sur les côtés de la vessie. Les plus longs de ces filamens atteignent presque l'extrémité postérieure de la vessie.

———

A la suite de ces corbs à préopercule à peine festonné ou finement dentelé, on peut en placer un petit groupe où le bord de cet os est armé de petites épines très-marquées. Nous en possédons six espèces, dont trois sont américaines, une indienne, et deux d'origine inconnue.

Le Corb blanc-d'argent.

(*Corvina argyroleuca,* nob.; *Bodianus argyroleucus,* Mitch.)

La première a été décrite par le docteur Mitchill (p. 417, et pl. 6, fig. 3) sous le nom de *bodianus argyroleucus,* et on l'appelle à New-York *perche d'argent* (*silvery-perch*). Elle a en effet à peu près la tournure d'une perche par sa hauteur, la légère concavité de son chanfrein et les dents de son préopercule; et d'après son extérieur, on pourrait être tenté de la placer dans ce genre;

mais elle manque de dents au palais, ainsi que toutes les sciènes. Sa bouche est fendue au bout du museau; sa mâchoire inférieure est marquée de quatre pores. Ses dents maxillaires sont en velours ou en fins crochets, et sur des bandes fort étroites. A l'angle de son préopercule sont deux petites pointes ou fortes dents écartées, et l'inférieure dirigée vers le bas; le bord montant n'en a que de petites; le bord inférieur est à peine crénelé. L'opercule osseux finit par deux pointes plates et obtuses. Les écailles sont assez grandes, âpres aux bords. La première dorsale n'a pas des épines très-fortes; mais la deuxième de l'anale l'est autant qu'au corb. La caudale a son bord un peu convexe entre les deux angles.

D. 11 — 1/22[1]; A. 2/9; C. 17; P. 17; V. 1/5.

Ce poisson est entièrement argenté, avec une légère teinte de bleu d'acier sur le dos; selon le docteur Mitchill, il a des lignes longitudinales résultant de reflets plus ou moins bruns. Ses nageoires sont toutes plus ou moins jaunes, surtout la caudale et l'anale. Ses viscères ressemblent à ceux de notre corb. Il n'y a à sa vessie ni cornes ni appendices; elle est très-pointue en arrière. Son pylore a huit cœcums. Son estomac est long et ample, et n'a de plis que vers l'œsophage.

Son squelette n'a pas de crâne aussi caverneux que celui du corb commun. Du reste il a le même nombre de vertèbres, onze abdominales, quatorze caudales, et lui ressemble en général beaucoup.

Nous l'avons reçu des États-Unis par MM. Lesueur et Milbert, et de la Martinique par M. Plée. Il ne paraît pas

---

1. C'est par une faute d'impression que l'ouvrage du docteur Mitchill ne donne que onze rayons mous à cette espèce. Sa figure en montre vingt-deux.

qu'il devienne très-grand; M. Mitchill ne lui donne que huit pouces.

Nous serions disposés à le prendre pour le *perca punctata* de Linnæus[1], ou *yellow-tial* de Garden, qui a les mêmes nombres de rayons.

Le CORB GROGNANT.

(*Corvina ronchus*, nob.)

La seconde espèce était de l'ancien Cabinet du Roi, et nous avons long-temps ignoré son origine; mais elle s'est trouvée dans les dernières collections de M. Plée, qui l'avait prise à Maracaïbo. On la nomme dans ce pays *el ronco* ou *el roncador.*

A Saint-Domingue, selon M. Ricard, on la nomme *gronde,* qui, ainsi que *ronco,* tient sans doute au bruit qu'elle fait, et s'emploie aussi pour des espèces voisines. On l'y estime autant que les meilleurs poissons de cette côte.

Nous croyons encore l'avoir reconnue dans un dessin fait à la Havane, et qui nous a été communiqué par M. Poey sous le nom de *berrugato.* C'est, dit cet observateur, un poisson de huit pouces de long, qui se trouve dans les rivières. *Berrugato* est proprement un des noms de l'ombrine; il se rapporte au barbillon court ou *verrue* que l'ombrine a sous la symphyse.

Le Cabinet de Berlin a plusieurs individus de ce *ronchus,* venus de Surinam.

---

1. J'entends par là l'espèce désignée dans le *Systema* (12.ᵉ édit., p. 482) sous le nom de *perca punctata,* et différente du *perca punctata* de la page 485, qui est un serran.

Cette espèce ressemble beaucoup à la précédente, surtout par les dents qui arment son préopercule. Les deux ou trois de l'angle, et surtout la troisième, sont fortes : celle-ci est dirigée vers le bas et même un peu en avant; mais l'épine anale est beaucoup plus forte, au moins autant que dans le corb soldado. La nageoire même est un peu taillée en faux.

D. 10 — 2/23 ou 24; A. 3/8; C. 17; P. 18; V. 1/5.

Nous en avons des individus depuis six jusqu'à onze pouces de longueur.

Le foie du *corvina ronchus* est fort petit. L'estomac forme un cul-de-sac pointu, assez long, à parois peu épaisses. L'œsophage est court. La branche montante s'insère presque sous le diaphragme, elle est très-courte. Il y a six cœcums courts et grêles. L'intestin, qui est aussi très-étroit, ne fait que deux replis médiocres.

La vessie natatoire est grande, alongée, échancrée en avant, pointue en arrière; elle n'a pas de cornes proprement dites.

Les arcades saillantes et détachées de son crâne ne sont pas très-nombreuses, et il est médiocrement bombé en dessous. La crête mitoyenne de l'occiput est considérable et renforcée par deux arêtes latérales et longitudinales. Il y a vingt-quatre vertèbres. Le premier interépineux de l'anale s'attache à la onzième, et finit fort en arrière. Il y a trois interépineux sans rayons avant la dorsale.

Le Corb acoupa.

(*Corvina trispinosa*, nob.; *Bodianus stellifer*, Bl.? *Chéilodiptère acoupa* et *Bodian étoilé*, Lac.?)

Le troisième de ces corbs, à préopercule presque épineux, vient du Brésil et de Cayenne. On le nomme dans cette dernière colonie, selon M. Poiteau, qui nous l'a envoyé, *acoupa* ou *grosse-tête*.

Sa tête est plus large et son museau plus court qu'aux autres corbs; ce dernier ne descend même pas, et c'est à peine s'il est bombé au bout; aussi sa bouche est-elle un peu ascendante. Son préopercule a l'angle arrondi et armé de trois petites épines pointues assez fortes; ses dents sont en fin velours; sa caudale est rhomboïdale. La deuxième épine anale est moins forte qu'au *ronchus*, et à peu près dans la proportion de l'*argyroleuca*. Sa couleur paraît aujourd'hui un brun doré uniforme, qui devient argenté vers le ventre.

D. 10 — 2/21; A. 2/9; C. 17; P. 21; V. 1/5.

L'estomac de l'*acoupa* est un sac étroit, de longueur médiocre, obtus. Il y a cinq appendices au pylore en deux groupes très-séparés; deux à droite, trois à gauche. Le duodénum prend immédiatement après un renflement considérable. L'intestin se rétrécit bientôt presque subitement, et ne fait que deux plis rapprochés. La rate est remarquablement grande et s'étend depuis le pylore jusqu'auprès de l'anus.

La vessie natatoire, assez grosse, pointue en arrière, ne se porte pas plus avant que la troisième vertèbre, et a de chaque côté de son bord antérieur un très-petit pédicule, qui se divise en deux cornes; une antérieure, se logeant de chaque côté en arrière du crâne, sous le surscapulaire; la postérieure, déliée, dirigée en arrière, et se terminant en pointe très-fine, au deuxième tiers de la longueur de la vessie.

Il nous paraît très-vraisemblable que c'est ce poisson que Bloch a représenté (pl. 231, fig. 1) sous le nom de *bodianus stellifer*. La forme est bien sûrement celle d'une sciène, et les détails et les nombres des rayons sont les mêmes que dans celle-ci. A la vérité, Bloch dit son poisson du Cap, et ne lui donne que quatre rayons aux branchies; mais comme il l'avait eu dans un encan hollandais, et probablement desséché, on peut n'avoir pas beaucoup d'égard à ces assertions.

Nous ne pouvons guère douter non plus que le *chéilodiptère acoupa* envoyé de Cayenne à M. de Lacépède par

Leblond, et si incomplètement décrit[1], ne soit encore notre poisson actuel, bien qu'on lui donne trois rayons de moins à la seconde dorsale.

Le CORB FOURCROY.

(*Corvina Furcræa*, nob.; *Perca Furcræa*, Lac.)

Nous devons placer ici un poisson de l'ancien Cabinet du Roi que M. de Lacépède (t. IV, p. 398 et 424) a décrit sous le nom de *persèque Fourcroy*, mais qui a tous les caractères des sciénoïdes.

D'après sa deuxième épine anale, longue et forte, c'est un corb proprement dit; les petites dentelures de son préopercule, bien distinctes, quoique plus courtes que dans l'*acoupa* et le *roncador*, le rapprochent cependant de leur groupe; mais ce qui le distingue amplement, c'est que ses dents sont sur une bande étroite en velours ras, presque imperceptibles, et que l'on ne lui en voit point de plus fortes au premier rang, comme dans les autres corbs et *johnius*.

Son museau est avancé, obtus, et n'a pas en dessous les petits lobes que l'on remarque dans presque tous les corbs, les ombrines, etc. Sa bouche s'ouvre sous ce museau, et est un peu protractile. On ne voit à sa mâchoire inférieure que de très-petits pores fort rapprochés. Son œil est grand, et a le tiers de la longueur de la tête en diamètre longitudinal; le diamètre vertical est d'un tiers moindre. Les dentelures ou petites épines du préopercule sont aiguës et bien séparées. Les ventrales se terminent en petit filet court. La caudale est rhomboïdale et même pointue, presque entièrement écailleuse. La deuxième dorsale l'est à moitié. La pointe de l'anale dépasse un peu la deuxième épine. Ses formes d'ailleurs

---

1. Lacépède, t. III, p. 546.

sont en tout celles des corbs, sauf son museau et la grandeur de son œil.

D. 10 — 1/26 ou 27; A. 2/6; C. 17; P. 17; V. 1/5.

Ce poisson paraît d'un vert doré. Notre individu est long de sept pouces.

L'estomac du *sciæna furcræa* est médiocre, cylindrique, arrondi à l'extrémité qui se porte vers le haut de l'abdomen. L'intestin ne fait que deux plis courts. Il n'y a que quatre cœcums assez courts.

La vessie aérienne est grande, argentée, obtuse en avant, et prolongée en arrière en une pointe grêle, très-longue, qui se porte sous la queue au-delà de l'anale. De chaque côté de la partie antérieure naît une petite corne qui se divise en deux : l'une, très-courte, dirigée vers le diaphragme; l'autre, très-longue, un peu flexueuse, dirigée en arrière, retenue le long de la vessie par un tissu cellulaire graisseux assez lâche.

Le Corb a museau échancré.

(*Corvina biloba,* nob.)

Le Cabinet du Roi possède, aussi d'ancienne date, une très-petite sciénoïde, voisine de la précédente,

ayant de même une forte deuxième épine à l'anale, des dentelures fines, mais bien marquées, au préopercule, des dents presque imperceptibles. Sa tète est plus longue à proportion; et ce qui la distingue surtout, c'est que son museau a deux renflemens arrondis, qui le font paraître un peu échancré. Son œil est fort grand; sa mâchoire inférieure, très-petite, ne laisse pas voir de pores; sa caudale est rhomboïdale et assez pointue.

D. 9 — 1/27; A. 2/5; C. 17; P. 17; V. 1/5.

L'individu n'est long que de trois pouces et demi, et paraît un très-jeune poisson.

Les parois de sa vessie aérienne sont minces, transparentes et à peine fibreuses. La vessie ne se prolonge en arrière qu'en une très-courte pointe. Les cornes se replient vers l'arrière de l'abdomen ; elles sont plus grosses et plus courtes que celles de la sciène Fourcroy, et l'on ne voit que des vestiges de leur branche antérieure.

L'estomac est un peu plus court, et les quatre cœcums un peu plus longs que dans le *furcrœa*.

On en ignore l'origine.

Le CORB A AISSELLE NOIRE.

(*Corvina axillaris*, nob.)

M. Dussumier et M. Bélenger nous ont rapporté de la côte de Malabar un petit corb remarquable par sa forme courte et sa grosse tête, et qui vient naturellement se placer ici.

Sa hauteur n'est que trois fois et un quart dans sa longueur ; la longueur de sa tête égale la hauteur du corps et dépasse sa propre hauteur. Ses dents sont en fin velours, mais plus prononcées qu'au *furcrœa*. Son museau, court et arrondi, nullement proéminent, manque de petits lobes comme celui du *furcrœa*. Son préopercule a deux petites épines vers l'angle, dont l'inférieure est double de l'autre, et quatre ou cinq au bord inférieur, petites, mais pointues et séparées. L'opercule finit en deux pointes plates. Les dents sont en velours sur une bande étroite. Il y a quatre pores à la mâchoire inférieure. La caudale est arrondie. L'épine anale est striée et de force médiocre.

D. 10 — 1/28 ; A. 2/7, etc.

Tout le corps est argenté, teint de brunâtre vers le dos. Il y a une tache noirâtre au-dessus de l'aisselle de la pectorale. La première dorsale est noirâtre. Les autres nageoires sont grises.

Notre individu n'a que trois pouces.

Nous lui trouvons neuf appendices cœcales, très-courtes et très-minces, au pylore. Son estomac est médiocre. La vessie natatoire est grande, arrondie en avant, terminée en pointe longue et aiguë :

elle donne en avant de chaque côte une corne simple, courte et pointue. Le péritoine est très-noir.

Le Corb argenté.

(*Corvina argentata*, nob.; *Sparus argenteus*, Houtt.)

C'est au petit groupe actuel que doit se rapporter le poisson décrit incomplétement par Houttuyn sous le nom de *sparus argenteus*[1] (le spare argenté de M. de Lacépède, t. IV, p. 28 et 91).

Plus large et moins haut que l'*auratus* (qui paraît une vraie dorade), ce poisson, dit Houttuyn, est cependant plus haut que large. Au premier coup d'œil il ressemble à un *églefin*, même par la tache noire derrière l'opercule, lequel est, ainsi que toute la tête, entièrement écailleux.

D. 9/26; A. 1/9; C. 18; P. 16; V. 9.

Il doit y avoir une erreur dans le dernier nombre; tout le reste de la description, quoique l'auteur ne parle pas de l'échancrure entre les deux parties de la dorsale, se rapporte manifestement à un corb plutôt qu'à un spare.

L'individu était long de huit pouces, sur deux et demi de haut.

DES JOHNIUS.

Les *johnius* de Bloch, ainsi que nous l'avons dit, se lient aux corbs par une série à peine interrompue, et ont seulement la seconde épine anale plus faible, plus courte que les rayons mous qui la suivent; caractère par lequel ils se rapprochent un peu des maigres. Aussi M. Buchanan réunit-il les espèces de ces trois groupes, qu'il a prises

------

1. Mémoires de Harlem, t. XX, 2.ᵉ part., p. 319.

dans le Gange, dans son genre *bola;* genre qu'il n'aurait sans doute pas créé, s'il avait eu l'occasion de saisir leur affinité avec nos sciènes et particulièrement avec nos corbs d'Europe.

Ces johnius font une partie considérable des alimens que la mer et les rivières fournissent aux habitans de l'Inde; et comme leur chair est blanche, légère et de peu de goût, les Anglais du Bengale leur ont transporté le nom de *merlan* (*whiting*). Les espèces en sont assez nombreuses. *Bola* est leur nom générique au Bengale; le long des côtes d'Orixa et de Coromandel on les désigne par celui de *katalai, katelé* ou *katchelé,* auquel on joint une épithète particulière pour chaque espèce, et qui s'applique aussi à des corbs et à des ombrines.

Le Johnius coïtor.

(*Corvina coitor,* nob.; *Bola coitor,* Ham. Buchan.)

On pourrait presque à titre égal placer à la fin des corbs proprement dits, ou à la tête des johnius, le *bola coitor* de M. Hamilton Buchanan, sa deuxième épine anale étant un peu plus courte que dans les premiers, et cependant plus longue et plus forte que dans les autres[1]; elle est à peu près dans la proportion de celle du corb d'Europe, des deux tiers de la longueur de ses rayons mous.

C'est un poisson des Indes, dont la forme est un peu plus alongée de la partie postérieure que dans notre corb, et qui a le museau

---

1. M. Hamilton Buchanan, dans sa figure (Poissons du Gange, pl. 27, fig. 24), représente cette épine un peu plus grande qu'elle n'est dans nos individus. M. Buchanan croit son coïtor voisin du n.° 111 de Russel, sinon le même (il écrit 110 par erreur); mais ce n.° 111 est plutôt le *sina.*

un peu plus long. Sa hauteur aux pectorales est du quart de sa longueur totale, et égale à la longueur de sa tête, dont le chanfrein est légèrement concave. Sa caudale pointue, ses ventrales un peu en filets, et tout son ensemble, le feraient assez ressembler au corb Fourcroy; mais son museau n'est pas tout-à-fait aussi proéminent. Il a d'ailleurs l'œil beaucoup plus petit que dans le *furcræa*, et ne faisant guère plus du cinquième de la longueur de sa tête. Ses dents sont, comme dans les corbs et la plupart des johnius, en velours, avec un rang de plus fortes à la mâchoire supérieure. Les dentelures de son préopercule sont peu prononcées. Sous le bout de sa mâchoire inférieure s'aperçoivent quatre pores très-peu marqués; le bout de son museau n'en a point, et les lobes de la petite membrane qui le termine sont fort petits.

B. 7; D. 10 — 1/27 ou 28; A. 2/7; C. 17; P. 17; V. 1/5.

Sa ligne latérale se marque par des traits un peu branchus. Il paraît tout entier d'un gris-brun un peu doré ou argenté. A l'état frais il est argenté, et a le dos teint de brun verdâtre. On voit quelques taches nuageuses brunes sur ses dorsales. Nos individus sont longs de sept et huit pouces, et c'est la taille ordinaire de l'espèce; mais elle atteint quelquefois un pied.

Son estomac est un sac pointu, assez long et un peu rétréci par un étranglement près de la pointe. Le pylore s'ouvre à la face inférieure, peu en arrière du diaphragme. Il y a six appendices cœcales. Le duodénum est dilaté à son origine, et remonte entre les deux lobes du foie, qui doit être peu volumineux. Après s'être replié deux fois, l'intestin se dilate. On voit même à l'extérieur la valvule très-épaisse qui ferme l'entrée du rectum.

La vessie natatoire de ce poisson est aussi compliquée que celle du maigre, et construite à peu près sur le même plan. Sa tunique externe est formée de fibres transversales; la seconde a les fibres longitudinales. Ces deux membranes ont l'éclat du vif-argent. La vessie est arrondie et dilatée sous le diaphragme : bientôt après elle est fort étranglée, et s'élargit ensuite pour prendre une forme régulière et conique; elle se rétrécit vers l'extrémité postérieure, et se termine par une pointe fort aiguë. Sur les côtés on compte dix appendices, enveloppées dans un tissu cellulaire très-graisseux et assez dense, dont les neuf premières servent de base à des houppes composées de huit à neuf branches très-déliées et formant de jolis arbuscules. La dernière appendice est alongée et simplement bifide.

Nous avons reçu des échantillons de cette espèce de l'embouchure du Gange par M. Dussumier, et de celle de l'Iraouadi par M. Raynaud. Selon M. Hamilton Buchanan, on en trouve dans le Gange aussi haut que Kanpur et dans la Jumna jusqu'à Agra : elle est plus commune dans les parties où la marée remonte; mais plus haut sa chair devient meilleure, surtout dans les endroits pierreux.

Le JOHNIUS DE DUSSUMIER.

(*Corvina Dussumieri,* nob.)

M. Dussumier a rapporté de la côte de Malabar une espèce qui tient de près au coïtor,

mais qui est moins alongée de la partie postérieure, et a la tête plus courte à proportion de sa hauteur; elle le paraît surtout de la partie du museau, parce que l'œil est un peu plus grand. Son chanfrein est plus large et non concave. La membrane d'entre les sous-orbitaires n'a que des vestiges de lobes. On ne voit point de pores au bout de son museau; mais il y en a cinq gros sous la mâchoire inférieure. La supérieure a une rangée externe de dents pointues et séparées les unes des autres. Le bord postérieur du préopercule descend en se dirigeant obliquement en arrière. Sa caudale est plus arrondie que pointue. Son épine anale est moitié moindre que dans le coïtor.   D. 10 — 1/28 ; A. 2/7, etc.

Dans la liqueur ses dents paraissent d'un argenté teint de gris roussâtre; selon les notes de M. Dussumier, à l'état frais il serait fauve, avec des teintes violettes et dorées, et il aurait les nageoires jaunâtres.

Nos individus sont longs de six pouces.

Sauf les proportions de la tête, qui est plus courte et a les sous-orbitaires postérieurs plus larges, le squelette de ce johnius ressemble beaucoup à celui du corb, et a de même quatorze vertèbres à la queue; mais je ne lui en trouve que dix à l'abdomen.

Le Johnius de Bélenger.

(*Corvina Belengerii*, nob.)

M. Bélenger a envoyé de la même côte une troisième espèce, plus rapprochée du coïtor

par l'alongement de sa partie postérieure et par son chanfrein un peu étroit; mais dont la tête est bien plus courte à proportion, et quatre fois et demie dans la longueur totale. Le museau est plus court même que dans le *Dussumieri*, et l'œil plus grand; son diamètre est trois fois et demie dans la longueur de la tête. Son épine anale approche de celle du *coitor* pour la force; les lobes de sa membrane du bout du museau sont peu saillans; il n'y a point de pores. La mâchoire inférieure en a cinq petits. La rangée extérieure des dents à la mâchoire supérieure est assez serrée, et ne surpasse pas beaucoup celles qui forment la bande de velours. Sa caudale est rhomboïdale.

D. 9 — 1/30; A. 2/7, etc.

Notre individu est long de sept pouces, et paraît argenté, teint de brun noirâtre : il y a une petite ligne de reflet sur chaque écaille.

La vessie aérienne du *johnius Belengerii* a près de son adhérence de la colonne vertébrale, à la troisième vertèbre, un étranglement si fort, qu'elle paraît comme double. Elle est ovoïde et terminée en pointe : de chaque côté elle a des petites houppes ramifiées, plus courtes et moins nombreuses que dans les espèces voisines, le *coitor* ou le *catalea;* mais nous n'avons pu les compter exactement, à cause du mauvais état de conservation du seul individu que nous ayons disséqué.

5.

Le Johnius de Kuhl.

(*Corvina Kuhlii*, nob.)

MM. Kuhl et Van Hasselt ont envoyé le dessin d'un poisson de la rivière de Labouane, dans l'île de Java, qui ressemble beaucoup à cette espèce du Malabar.

Ses formes sont les mêmes, et le dessin lui montre seulement le museau un peu plus alongé et pareil à celui du *coitor*, dont cette espèce de Kuhl ne diffère presque que par la faiblesse de son épine anale. Son dos est violâtre; ses flancs argentés, nuancés de doré et de rose. Sa première dorsale paraît bleuâtre; la deuxième est aussi bleuâtre, mais avec un bord jaunâtre. Les autres sont simplement jaunâtres.

D. 10 — 1/27; A. 2/7, etc.

Sa longueur est de six pouces.

Le Johnius sin.

(*Corvina sina*, nob.)

Un poisson que nous avons reçu de Pondichéry par M. Leschenault sous le nom de *sin-katelé,*

a le museau plus court et plus arrondi que les précédens. Ses dents de la première rangée sont plus fortes, pointues et écartées; et les autres sont sur une bande plus étroite. Son épine anale approche de celle du *coitor*. Sa mâchoire inférieure est marquée de quatre pores. La dentelure de son préopercule est à peine sensible. La membrane du bout du museau est courte et n'a point de lobes marqués.

D. 10 — 1/28; A. 2/8; C. 17; P. 17; V. 1/5.

Il arrive à la taille d'un pied.

M. Leschenault le dit à l'état frais d'un grisâtre un peu vineux. Sa ligne latérale ne se distingue pas par la couleur comme dans le *carutta.*

Sa chair est moins estimée.

L'espèce se trouve aussi à la côte de Malabar, d'où M. Bélenger nous l'a envoyée sous le nom de *cora*, et M. Langsdorf l'a rapportée du Japon, où elle se nomme *kuschi*.

Le JOHNIUS LOBÉ.

(*Corvina lobata*, nob.)

Une jolie espèce, rapportée par M. Dussumier de la côte de Malabar,

a sur le dos cinq demi-bandes larges, un peu obscures, mais d'une nuance très-légère, et qui dépassent à peine la ligne latérale. Le fond de sa couleur est argenté. Ses nageoires sont jaunâtres. Le devant de la première dorsale, les bords de la seconde et de la caudale, une partie de l'anale et le bout des ventrales, sont noirâtres. Le deuxième rayon ventral se prolonge en un petit filet. Le deuxième aiguillon anal est assez fort. La caudale est rhomboïdale. La lèvre membraneuse au-devant du museau se divise en quatre petits lobes bien marqués. Les quatre pores ordinaires sont à la mâchoire inférieure. Le museau est bombé, mais ne dépasse pas beaucoup la bouche. Les crénelures du préopercule, si elles existent, ne sont pas sensibles à la vue. La longueur de la tête égale la hauteur du corps, et est quatre fois et demie dans sa longueur; elle surpasse sa propre hauteur d'un cinquième. Les rayons mous de sa deuxième dorsale varient de vingt-huit à trente et un.

D. 9 ou 10 — 1/28 ou 31; A. 2/7, etc.

Nos individus sont longs de quatre à cinq pouces.

La vessie aérienne est renflée et comme divisée en deux boules à sa partie antérieure. Ces renflemens s'avancent jusque sous l'épaule; ils portent deux pédicules divisés et ramifiés en arbuscules assez gros, mais élégans. En arrière de son point d'attache la vessie est étranglée; elle se renfle ensuite un peu vers le milieu pour prendre une forme elliptique régulière, et se terminer en pointe vers le fond de l'abdomen : elle a de chaque côté dix pédicules courts, déliés et finement ramifiés en arbuscules très-élégans, et dont le blanc d'argent se détache agréablement sur le péritoine, qui est très-noir.

Le foie est peu volumineux ; l'estomac est court, étroit ; et il y a au pylore huit appendices divisées en deux groupes, cinq à droite et trois à gauche.

Le JOHNIUS CARUT.

(Corvina carutta, nob. ; *Johnius carutta,* Bl.)

Nous avons vu dans les mains de M. Charles Coquebert un individu donné par Bloch lui-même de son *johnius carutta* (pl. 356) ou du *carutta katalaï,* ou *katalaï noir* de Tranquebar, et nous en avons reçu de semblables de Pondichéry par M. Leschenault ; on y nomme l'espèce *karoun-katelé*[1]. M. Dussumier vient aussi de nous en rapporter de la côte de Malabar.

Le museau de cette espèce est court et très-bombé. Son profil descend très-peu. La longueur de sa tête est quatre fois et un tiers dans sa longueur totale. Le diamètre de son œil est quatre fois dans la longueur de la tête. Ses dents sont en velours aux deux mâchoires, et sur une bande plus large à l'inférieure. A la supérieure le rang externe est de très-peu plus fort. On n'aperçoit qu'à peine des vestiges de crénelure au préopercule, dont le bord montant est bien vertical. Les pointes de l'opercule sont peu ou point sensibles. Il y a quatre pores à la mâchoire inférieure. La petite membrane entre les sous-orbitaires a de chaque côté un petit lobe étroit ; son milieu est tronqué. La première dorsale s'élève un peu en pointe, et ses épines, ainsi que celles de l'anale, sont assez fortes. Le brun vineux du dos et des flancs tranche assez fortement sur le blanc du ventre.

---

1. Peut-être la différence de ces mots *karoun* et *carutta* ne tient-elle qu'à une faute de copiste, comme il y en a de si fréquens exemples pour les noms tirés de langues inconnues à ceux qui les écrivent.

La ligne latérale se détache en blanc sur ce brun. La caudale est rhomboïdale ou arrondie.

D. 10 — 1/28; A. 2/8; C. 17; P. 16; V. 1/5.

Il n'atteint guère qu'un pied.

M. Leschenault nous dit qu'on en prend beaucoup et toute l'année dans la rade de Pondichéry, et qu'il est fort bon.

Ce *carutta* remonte dans les rivières comme plusieurs espèces voisines, quoique John ait écrit le contraire à Bloch. On en prend aussi toute l'année à Tranquebar; mais c'est au mois de Décembre qu'il y est le meilleur.

Le Johnius caroun.

(*Corvina carouna,* nob.)

Nous en avons reçu une espèce du Malabar par M. Dussumier, qu'il nous serait presque impossible de distinguer de la précédente autrement que par les couleurs.

Sa ligne latérale n'a point de blanc; tout son corps paraît argenté, légèrement teint de verdâtre vers le dos; ses nageoires sont jaunâtres, excepté la première dorsale, qui est brunâtre. Je trouve cinq pores sous le bout de la mâchoire inférieure, et trois plus petits au bout de son museau. Ses dents sont aussi très-fines et presque égales.

D. 10 — 1/27 ou 28; A. 2/7, etc.

Nos individus sont longs de six pouces.

Le squelette diffère peu de celui du *Dussumieri;* mais il a onze vertèbres à l'abdomen.

Le Johnius à grandes taches.

(*Corvina maculata,* nob.)

Jusqu'ici tous ces johnius ont de vingt-sept à trente
rayons à la seconde dorsale. Nous allons maintenant en
décrire qui n'en ont que de vingt-deux à vingt-quatre. Un
des plus faciles à caractériser est le *johnius maculatus* de .
Bloch (édit. de Schneider, p. 75), nommé à Tranquebar,
selon lui, *pulli-katalei.* M. Leschenault nous l'a envoyé de
Pondichéry sous le nom de *varii-katelé;* et c'est le *sari-
kulla* de Vizagapatam, donné par Russel (pl. 123).

On le distingue à cinq bandes transversales, brunes ou noires,
qui descendent jusque vers le milieu de sa hauteur, ou même un
peu plus bas; mais qui sont quelquefois interrompues et dégénèrent
alors en taches. Il y en a une derrière les ouïes, une autre sous la
dorsale épineuse; les trois dernières sont sous la deuxième dorsale.
Ses nageoires sont jaunâtres, excepté la première dorsale, qui est
grise, et a près de son bord une bande noire. Son museau est un
peu saillant. Son maxillaire se dilate un peu vers le bout. Le premier rang de ses dents est assez fort. Les crénelures de son préopercule se distinguent assez bien, ainsi que les deux pointes plates
de son opercule. La seconde surtout est assez marquée. Sa caudale
est rhomboïdale.

D. 10 — 1/23; A. 2/8; C. 17; P. 16; V. 1/5.

Nous en avons vu un individu de Tranquebar, donné
par Bloch lui-même à M. Charles Coquebert; en sorte que
nous sommes certains de l'espèce.

M. Leschenault nous apprend que ce poisson parvient
à environ un pied de longueur; qu'on le pêche en abondance pendant toute l'année dans la rade de Pondichéry,
et qu'il est bon à manger.

Un johnius rapporté de la côte de Malabar par M. Dussumier pourrait bien n'être que le jeune de ce *maculatus*.

Ses bandes sont interrompues; sa dorsale molle a trois taches vis-à-vis des trois bandes qui lui correspondent; l'épineuse est presque toute noire. Il y a du noir aux ventrales, à l'anale et à la caudale, qui est très-pointue. Son corps paraît bien moins élevé que ne le représente la figure de Russel; car sa hauteur est quatre fois et demie dans sa longueur, et cette figure ne l'y montre que trois fois et demie.

L'individu est long de quatre pouces.

Le JOHNIUS PONCTUÉ.

(*Corvina catalea*, nob.; *Lutjan diacanthe*, Lac.)

Il y a dans la même mer une espèce très-semblable pour les formes à celle que nous venons de décrire,

mais qui n'a de distinction de couleur que des petites taches ou des points noirâtres, plus ou moins tranchés, semés sur le dos, et sur les dorsales et la caudale.

Cette dernière nageoire est rhomboïdale. Les ventrales et l'anale sont noirâtres. L'épine anale est assez forte, quoique de moitié plus courte que les rayons mous. Les dents du rang externe, à la mâchoire supérieure, sont fortes et écartées. Les bandes de velours sont étroites. Il y en a d'un peu plus fortes dans la bande de la mâchoire inférieure. Son maxillaire se dilate subitement en arrière. L'on voit cinq petits pores à sa mâchoire inférieure.

D. 10 — 1/24; A. 2/6; C. 15; P. 17; V. 1/5.

Notre description est faite sur des individus de huit et neuf pouces.

Cette espèce nous a été rapportée de Pondichéry par feu Sonnerat, et de la côte de Malabar par M. Bélenger; c'est le *katchelée* de Russel (pl. 116). Cet auteur assure que les pêcheurs de Madras considèrent ce poisson comme la femelle d'un autre, qu'il représente (pl. 115) sous le nom de *nella-katchelée,*

et qui, avec des formes un peu plus épaisses et les mêmes nombres de rayons, est d'un gris sombre, teint de bleuâtre vers le dos, et a seulement dans la jeunesse quelques taches peu marquées sur la dorsale.

Ce *nella-katchelée* arrive à deux pieds et demi de longueur : il est estimé. On le prend à l'hameçon dans la profondeur. C'est vers le milieu de Février qu'il commence à se montrer près de Madras.

M. Leschenault nous a envoyé de Pondichéry, sous le nom de *kouré-katelé,* un individu

de deux pieds et quatre pouces, que nous rapportons à cette espèce. On y voit encore quelques faibles vestiges de taches, et son maxillaire a la même forme subitement dilatée ; mais on compte deux rayons de moins à sa dorsale.

D. 9 — 1/22 ; A. 2/7 ; C. 17 ; P. 18 ; V. 1/5.

Cet observateur ajoute qu'on en voit quelquefois de quatre pieds ; que sa couleur est grise, panachée de blanc ; qu'il n'est pas commun à Pondichéry, mais qu'on y en prend toute l'année.

C'est bien certainement sur un individu de la variété ponctuée qui appartenait à l'ancienne collection du Stadhouder, que M. de Lacépède a établi son *lutjan diacanthe* (t. IV, p. 195 et 244).

La vessie aérienne du *johnius ponctué* est tout-à-fait analogue à celle du maigre. Alongée, ovoïde en avant, et terminée en arrière par une pointe assez déliée, elle porte de chaque côté vingt appendices, dont les dix-huit premières sont divisées en branches fines, nombreuses, qui composent de très-élégans arbuscules. Les deux dernières sont simples.

Nous n'avons pas vu les autres intestins.

Le CHAPTIS.

(Corvina chaptis, nob.; *Bola chaptis,* Buch.)

Le *bola chaptis* de M. Hamilton Buchanan (p. 77, et
pl. 10, fig. 25) doit avoir de grands rapports avec ce *catalea.*

M. Buchanan le dit argenté, avec un dos verdâtre, légèrement
teint de pourpre et réflétant un peu l'or. Il y a des taches et un
bord noir à la dorsale et à la caudale. Des élévations au milieu de
chaque écaille forment des lignes obliques, comme on en voit dans
beaucoup d'autres espèces de cette famille.

L'auteur lui donne vingt-cinq rayons mous à la dorsale;
il dit qu'il est peu estimé et ne croît guère que jusqu'à un
pied de longueur; mais il ajoute qu'il y en a dans le dis-
trict de Jessore une variété qui atteint trois pieds et n'a
que vingt-quatre rayons mous à la dorsale. C'est cette
variété, si c'en est une, qui doit particulièrement ressembler au *nella-katchelée.*

*L'*ANÉI.

(Corvina anei, nob.; *Johnius anei,* Bl., pl. 357; *Bola coibor,*
Buchan., p. 78?)

Autant qu'on en peut juger par une figure de Bloch,
son *johnius anei* (pl. 357), ou l'*anei katalei* de Tranquebar, doit être placé ici.

Bloch le représente argenté, avec une teinte rougeâtre sur le dos
et sur les nageoires, la première dorsale exceptée, qui est noirâtre,
et il lui donne pour nombres de rayons :

D. 8 — 1/24; A. 2/7; C. 18; P. 14; V. 1/5.

Sa tête est un peu courte, et ses pectorales assez longues et pointues.

5. 13

Il ne serait pas impossible que ce fût aussi le *bola coibor* de Buchanan (p. 78), qui a pour nombres :

D. 9 — 1/24 ; A. 3/7, etc.,

dont les flancs brillent d'un éclat doré, et dont le ventre et les nageoires inférieures sont d'un jaune foncé. M. Buchanan n'en a vu qu'un, long de quatre pieds ; mais on lui a dit qu'il y en avait de bien plus grands.

Le JOHNIUS A TÈTE PLATE.

(*Corvina platycephala*, K. et V. H.)

MM. Kuhl et Van Hasselt ont dessiné à Java un johnius qu'ils ont nommé *sciæna platycephala*, et qui a de grands rapports avec le *catalea*.

Ses nombres sont indiqués comme à peu près les mêmes.

D. 11/23 ; A. 2/7, etc.

Ses dents sont aussi fortes. Il est argenté, teint de brun verdâtre sur le dos. Sur la tempe est une bande claire ou dorée dans le brun. Le bord de chaque écaille du dos est marqué d'une teinte brun noirâtre. Aux flancs et au ventre il y a un point brun sur le milieu de chaque écaille, et ces points sur le ventre tirent au bleu. Les nageoires sont teintes de noirâtre ; les ventrales et l'anale moins que les autres. Les écailles de la ligne latérale sont dentelées et striées en rayon.

La figure représente ce poisson long d'un pied.

Le JOHNIUS DU SÉNÉGAL.

(*Corvina senegalla*, nob.)

M. Roger, gouverneur du Sénégal, nous a apporté de cette colonie un poisson très-approchant du *kouré-katelé* de M. Leschenault, et en général des espèces ou variétés dont nous venons de parler,

par la grande et subite dilatation de son maxillaire; par les nombres de ses rayons; et par les taches noires qui forment trois séries
sur ses dorsales. Il est argenté ou plombé, et assez brillant. Sa tête
a des rapports de forme avec celle du précédent. Son chanfrein est
un peu concave sur le bas du crâne et entre les yeux, et redevient
un peu bombé sur le museau. A la mâchoire supérieure il a de
chaque côté quatre ou cinq dents coniques un peu plus fortes que
les autres, et vers le milieu, un peu en arrière, deux, qui lui donnent un rapport assez marqué avec les otolithes; mais son épine
anale et la forme de sa vessie natatoire nous paraissent devoir le ra-
mener près des corbs ou de certains johnius. Les fortes dents de sa
mâchoire inférieure sont sur les côtés, et plus en arrière qu'à la
supérieure. Il y en a quatre ou cinq, et tout en avant douze ou
quatorze, mais moindres et plus serrées; les dents en velours sont
sur une seule ligne entre les autres et peu visibles. Des stries fines
se dessinent sur l'argenté de la joue. On a peine à voir les pores du
bout de la mâchoire, tant ils sont petits. Les dentelures du préopercule sont aussi très-peu sensibles. L'opercule a, comme à l'ordinaire, deux pointes plates. Dans sa moitié antérieure la ligne
latérale est un peu convexe vers le dos; elle se prolonge par une
suite de petites écailles sur la caudale, qui est rhomboïdale, mais
un peu oblique. L'épine anale est de moyenne force.

Notre individu ne laisse point voir de taches sur son dos; il
n'en a qu'à ses nageoires. Il est long de quatorze à quinze pouces.

D. 10 — 1/22; A. 2/7; C. 17; P. 15; V. 1/5.

Son estomac est en forme d'un grand cul-de-sac. Il occupe toute
la longueur de l'abdomen. Il n'a point de plis intérieurs; ses parois
sont très-minces, presque membraneuses. Il contenait les restes de
deux petits poissons, qui pouvaient être des athérines ou des
anchois.

Le pylore s'ouvre tout en haut près du diaphragme.

Nous n'avons vu que quatre cœcums courts; mais les intestins
étaient en mauvais état.

La vessie natatoire, sans cornes ni appendices, comme dans le corb ordinaire, est en ellipse alongée, aussi longue que l'estomac, plus renflée que lui, médiocrement épaisse, du plus bel éclat d'argent.

Au-dessous de l'os du bassin, le péritoine est argenté, assez épais, et forme près de la vessie natatoire une sorte de membrane ligamenteuse, composée d'une multitude de cordonnets ou grosses fibres arrondies et parallèles, qui se séparent facilement par la macération.

Le JOHNIUS OEILLÉ *ou* BRULÉ.

(*Corvina ocellata*, nob.[1])

Un poisson qui se place naturellement à la suite des johnius et à la tête des espèces américaines de cette subdivision, est celui que M. Mitchill (*l. c.*, p. 411) nomme *beardless-drum* (tambour sans barbe), par opposition au *pogonias* (tambour barbu), dont il a à peu près la taille, et dont il approche pour la forme générale. Cependant il est moins épais; par conséquent sous ce rapport il ressemble davantage aux johnius, dont il a en général toutes les formes. Nous venons de le recevoir de M. Lesueur, qui l'a pris dans le lac Pont-Chartrain, près la Nouvelle-Orléans, ce qui nous donne la facilité d'en compléter la description.

Chaque mâchoire porte une bande de dents en velours, et la supérieure en a de plus un rang extérieur de coniques écartées, peu nombreuses et peu développées. Le museau est obtus et légèrement bombé. Il y a cinq pores sous la mâchoire inférieure. Son préopercule est distinctement crénelé, à dents très-petites et pointues, et son opercule osseux se termine en deux pointes. M. Mitchill ne compte que six rayons aux branchies, mais il y en a bien

---

1. *Sciœna imberbis*, Mitch.; *Lutjanus triangulum*, Lac.; *Perca ocellata*, Linn.; *Centropome œillé*, Lac.

réellement sept. Il n'y a aucun barbillon. Les nombres des rayons aux nageoires sont, selon M. Mitchill :

D. 10 — 26 ; A. 10 ; C. 17 ; P. 17 ; V. 1/5.

Pour moi je les compte :

D. 10 ou 11 — 1/25 ou 26 ; A. 2/7 ou 8, etc.

La première dorsale se cache dans la fente du dos, comme dans toutes les sciènes. Le premier aiguillon de l'anale est fort petit ; le second de force médiocre, mais d'un tiers plus court que le premier rayon mou. Les écailles du corps sont obliques. La ligne latérale se continue sur le milieu de la caudale, qui est à peu près coupée carrément.

Ce poisson est fort éclatant. Ses joues, ses opercules, les environs de ses pectorales, sont surtout d'un blanc jaunâtre, brillant d'un bel éclat métallique. Ce qui le fait reconnaître au premier coup d'œil, c'est qu'il a de chaque côté de la queue, sur là base des rayons supérieurs de la caudale, une tache noire qui ressemble à l'empreinte qu'un fer rouge aurait laissée sur du bois, ce qui fait qu'on l'appelle aussi le *tambour-brûlé* (*branded-drum*). Dans un de nos individus c'est un ocelle bien rond, noir, entouré d'un cercle plus pâle. Mais M. Lesueur nous écrit qu'il y a quelquefois deux de ces taches noires de chaque côté, et nous avons des individus qui en portent une d'un côté et deux de l'autre, toujours entourées d'un liséré pâle.

Nous avons de ces johnius œillés depuis un pied jusqu'à deux pieds quatre pouces, et il y en a encore de plus grands.

Le johnius œillé a un foie très-considérable ; le lobe droit est surtout très-épais, et il se porte en arrière au-delà des deux tiers de la longueur de la cavité abdominale, qui est très-alongée.

L'estomac est un vaste sac à fond arrondi, qui dépasse un peu la pointe du lobe droit du foie. La branche montante naît très-peu en arrière du diaphragme ; elle est courte et très-charnue, comme la face inférieure de l'estomac, d'où elle sort. Il y a au moins sept appendices cœcales ; mais ici l'intestin n'était pas très-bien conservé. M. Mitchill en compte sept ou huit.

Nous n'avons pas pu juger exactement de la forme de la vessie aérienne, qui doit avoir des appendices d'une forme assez particulière. Elle est grande, alongée, terminée en pointe. Sa membrane fibreuse est peu solide; l'interne est très-mince. Il paraît y avoir deux cornes courtes sur l'avant de la vessie. Un peu en arrière, sur le côté, naît une corne, qui se divise bientôt en deux autres plus renflées que celle d'où elles naissent, et qui se portent, l'une en avant, l'autre en arrière, le long du bord de la vessie. Ces deux cornes sont enveloppées dans une masse graisseuse peu solide, et qui est retenue par des brides transversales, fournies par la membrane fibreuse de la vessie. En arrière de cette corne il nous paraît y avoir cinq à six petites appendices aveugles, obtuses, également engagées dans la masse graisseuse.

Ces observations s'accordent avec celles du docteur Mitchill, qui dit que cette vessie donne vers le thorax deux appendices vermiculaires, et qu'elle a, comme celle du pogonias, des productions qui pénètrent des deux côtés de l'épine entre les côtes.

Son squelette est à peu près celui du corb, sauf les différences de proportions déjà apparentes à l'extérieur. Il a de même onze vertèbres abdominales et quatorze caudales.

Le docteur Mitchill a vu un de ces poissons long de trois pieds, et qui pesait seize livres. Sa hauteur était de huit pouces : un autre avait trois pieds six pouces. C'est, dit-il, un excellent manger.

M. Lesueur nous donne des détails semblables. L'espèce se voit à la Nouvelle-Orléans depuis la longueur de huit pouces jusqu'à celle de trois pieds : on l'y nomme le *poisson rouge*, et c'est un des meilleurs que l'on y connaisse.

Il suffit de regarder la figure du *lutjan triangle* de M. de Lacépède (t. III, pl. 24, fig. 3), et de lire la description faite sur cette figure (t. IV, p. 181 et 217), pour être convaincu, et par la forme, et par les nombres de rayons, et par la tache de la queue, que c'est le même poisson. Elle est faite d'après un jeune individu, car son préopercule a des dentelures qui disparaissent dans les vieux, et que M. Mitchill n'a pas vues dans les grands individus qu'il a observés. M. de Lacépède, par suite de quelques-uns de ces déplacemens qui ont malheureusement été si fréquens dans ses notes, dit que cette figure est de Commerson; mais elle ne se trouve point parmi celles qu'a laissées ce naturaliste, et à la seule manière on peut juger qu'elle est de M. Bosc : ce qui ne laisse d'ailleurs aucun doute, c'est que M. Bosc nous en a communiqué l'original qu'il avait dessiné à la Caroline.

Il est bien aisé de voir que ce poisson est aussi celui que Linnæus a décrit d'après Garden, et nommé *perca ocellata*, dont M. de Lacépède (t. IV, p. 254 et 279) a fait son *centropome œillé*. Sa description, quoique briève, est claire et caractéristique. Selon Garden, on appelle ce poisson à la Caroline *bass*, c'est-à-dire *bar*.

D'après le nom de *tambour*, que M. Mitchill donne à ce johnius, nous devons supposer qu'il fait entendre un bruit, comme le pogonias et comme notre maigre d'Europe lui-même.

Le Grondé de Saint-Domingue.

(*Corvina dentex*, nob.)

L'Amérique produit un autre poisson de ce genre dont tous les caractères sont ceux des johnius des Indes, et qui a le museau peu saillant, comme le *catalea*, et à chaque mâchoire, indépendamment de ses dents en velours, un rang extérieur de dents longues, grêles, pointues et écartées, au nombre de six ou sept de chaque côté. Les dentelures de son préopercule s'aperçoivent à peine ; son opercule finit en pointe plate, et sa caudale est coupée carrément.

D. 12 — 2/22 ; A. 2/9, etc.

Il est argenté, teint de gris sur le dos, et a des lignes longitudinales, mais très-peu marquées et formées par un peu de gris sur chaque écaille. Ses nageoires sont grises, un peu pointillées de brun. Il y a du noirâtre sur la base et dans l'aisselle de sa pectorale.

Notre individu est long de cinq pouces.

Ce grondé a le foie petit, l'estomac alongé, cylindrique. La branche montante est courte : il y a sept appendices cœcales au pylore. L'intestin, de longueur et de grosseur médiocres, ne fait que deux replis.

Les ovaires étaient remplis d'œufs extrêmement petits. La longueur du foie égale les deux tiers postérieurs de celle de l'abdomen.

La vessie natatoire est très-grande ; elle occupe toute la région dorsale de l'abdomen, et se porte en arrière plus loin que l'anus. Ses parois sont argentées et très-brillantes ; mais nous ne lui avons pas vu d'appendices.

Ce poisson nous a été apporté de Saint-Domingue par M. Ricord, qui nous assure qu'il est très-commun dans la baie du Port-au-Prince, et qu'on l'y estime peu. Il y porte le nom de *grondé,* qui lui est commun dans ce pays avec d'autres sciènes, et qui vient sans doute du son que font entendre les grandes espèces de ce genre.

DES LÉIOSTOMES.

Certaines sciénoïdes d'Amérique, qui pourraient se rapprocher des johnius de Bloch par la petitesse de leur épine et par la faiblesse des dentelures de leur préopercule, ont des dents tellement fines aux mâchoires, que divers observateurs ne les ont pas aperçues; ce qui avait déterminé M. de Lacépède, toujours confiant dans les assertions des autres, à faire de l'une d'elles un genre particulier, sous le nom de *leiostomus* (bouche lisse). Les dents de leurs pharyngiens au bord postérieur sont en pavé. L'épine de leur anale est faible et petite; leurs écailles sont ciliées; leur vessie natatoire a des cornes comme dans les otolithes, mais plus petites et plus grêles. Nous croyons en avoir reconnu deux espèces.

Le Léiostome a épaule noire.

(*Leiostomus humeralis*, nob.)

L'une des deux se distingue par une tache noire et ronde au-dessus de la base de la pectorale.

Son museau est obtus; la ligne de son dos est convexe : il y a quatre pores vers le bout de sa mâchoire inférieure. Sa couleur générale est d'un bel argent légèrement teint de brun roussâtre; et des bandes grises, au nombre de quatorze ou quinze, descendent du dos et se dirigent un peu en avant, finissant au-dessous de la ligne latérale. Celle-ci est presque droite. Toutes les nageoires sont jaunes. La dorsale et l'anale sont finement pointillées de noir. La caudale est coupée en croissant. Son bord, ainsi que celui de la dorsale, est noirâtre.

D. 10 — 1/30; A. 2/13; C. 17; P. 19; V. 1/5.

Ce poisson devient long de huit pouces.

C'est le *labrus obliquus* du docteur Mitchill (p. 405). Nous l'avons reçu de New-York par les soins de M. Milbert, et de Philadelphie par M. Lesueur. C'est aussi, à ce que nous croyons, un des poissons confondus sous le

5.   14

perca undulata de Linnæus, mais non la figure de Catesby (t. II, pl. 3, fig. 1) que Linnæus cite; car elle représente plutôt notre *micropogon ondulé*.

Le LÉIOSTOME A QUEUE JAUNE.

(*Leiostomus xanthurus*, Lacép.)

L'autre espèce, très-semblable à la précédente,

a seulement la nuque un peu plus convexe; et dans l'état où nous l'avons, elle est d'un brun doré qui devient argenté vers le ventre, sans bandes ni taches. Ses nageoires sont jaunes ou d'un brun jaunâtre.

Ses dents en velours, très-ras et sur une bande fort étroite, avaient pu ne pas être vues, et l'on a dit de ce poisson, comme du précédent, mais avec aussi peu de justesse, qu'il est sans dents.

D. 11 — 1/32 ou 34 ; A. 2/13 ; C. 17 ; P. 21 ; V. 1/5.

Son squelette, aussi bien que celui du précédent, a le sous-orbitaire et le préopercule beaucoup moins caverneux que plusieurs autres sciénoïdes : on y compte onze vertèbres abdominales et quatorze caudales.

C'est le *yellow-tail* de la Caroline, ou *léiostome queue-jaune* de M. de Lacépède (t. IV, p. 439, et pl. 10, fig. 1). M. Bosc, qui avait fourni à M. de Lacépède le dessin et la note dont il a tiré son article, a bien voulu nous donner le poisson lui-même, et nous nous sommes ainsi assurés de l'espèce.

Cette espèce n'est pas bornée à l'Amérique septentrionale : nous l'avons reçue de la Martinique par M. Plée.

Le nom de *queue-jaune* (*yellow-tail*) se donne à des poissons assez différens dans les colonies anglaises ; il conviendrait au précédent au moins autant qu'à celui-ci.

A Philadelphie, selon Schœpf, c'est une sériole (*scomber chrysurus*, Bl.) qui le porte ; à la Jamaïque il semble appartenir à un serran, autant du moins que l'on peut déchiffrer l'indication qu'en donne Brown (*Jam.*, p. 449) : enfin, Linnæus l'attribue à son *perca punctata*[1], dont M. de Lacépède a fait son *diptérodon queue-jaune* (t. IV, p. 174). Mais comme on voit par la correspondance de Garden que c'était de ce médecin et de la Caroline que Linnæus avait reçu le *perca undulata* et le *punctata*, Linnæus pourrait bien avoir fait une transposition, et avoir donné au second le nom vulgaire du premier.

---

1. Par ce *perca punctata* j'entends le *perca* n.° 4 de la douzième édition, qu'il faut bien distinguer du *perca* n.° 20 de la même édition, nommé aussi *punctata*, devenu *perca punctulata* dans Gmelin, et qui est un serran. Gmelin, par une faute d'impression inconcevable, a laissé ce premier nom de *perca punctata*, mais y a joint l'article du *perca labrax*, dont le nom est omis, en sorte que l'une des deux espèces a disparu. Ce n'est que par un travail sans relâche que l'on parvient à démêler toutes ces confusions.

CHAPITRE IV.

De quelques petits genres de Sciénoïdes à deux dorsales qui ne peuvent rentrer dans aucuns des précédens.

Après tous les groupes que nous venons de décrire, et qui composent la série régulière des sciènes à deux dorsales sans barbillons, il nous reste encore quelques poissons de cette famille qui échappent à tous les caractères assignés aux précédens, et qui deviendront probablement chacun le type d'un groupe particulier, auquel nous avons dû donner un nom générique. On les appellera, si l'on veut, des *sciènes anomales;* mais en se souvenant que la nature ne reconnaît rien d'anomal dans ce qui existe, et qu'il n'y a d'anomalie que relativement aux abstractions incomplètes de notre esprit.

DES LARIMES (*Larimus*, nob.).

Nous appellerons de ce nom, qui se trouve dans Oppien sans signification précise, des sciénoïdes à deux dorsales, à dents en velours, dont le chanfrein n'est pas bombé et le museau fort court : leur préopercule est légèrement dentelé.

Le Larime a court museau.

(*Larimus breviceps*, nob.)

L'espèce ressemble presque en tout aux corbs;
mais, loin d'avoir le museau renflé et proéminent, elle l'a plat et

extrêmement court, autant et plus court que dans le barbier (*serranus anthias*) ou d'autres percoïdes pareilles; en sorte que son
œil, qui est assez grand, se trouve dans la moitié antérieure de la
longueur de la tête. Néanmoins les mâchoires sont caverneuses, et
il n'y a pas de dents au palais. La longueur de la tête fait à peu
près le quart de la longueur totale, et la hauteur du corps la surpasse encore un peu. La fente de la bouche va en descendant en
arrière. Les ouvertures de la narine sont tout près du bord antérieur
de l'œil. On ne voit aucun pore à la mâchoire inférieure. Les dents
sont en velours sur une bande fort étroite, ou même sur une seule
ligne. Le sous-orbitaire ne se distingue pas plus que dans les
autres sciènes, et donne de même abri à une partie du maxillaire. Toute la tête, excepté les lèvres et le maxillaire, est écailleuse. Il y a des écailles même à la mâchoire inférieure, mais non
à la membrane des ouïes, qui est très-fendue et a sept rayons, dont
les supérieurs plats, les inférieurs très-petits. Le préopercule a le
limbe large et presque sans dentelure sensible. L'opercule osseux
se termine par deux pointes, mais cachées, obtuses et si faibles
qu'on a peine à les sentir. La première dorsale est triangulaire, et
n'a pas moitié de la hauteur du corps; elle compte dix rayons
épineux, disposés comme à l'ordinaire. La deuxième en a un épineux et vingt-huit mous. Des écailles montent entre ses rayons
jusqu'à moitié de sa hauteur.

D. 10 — 1/28; A. 2/7; C. 17, etc.

Les pectorales sont longues et pointues; les ventrales larges et
presque égales aux pectorales en longueur. L'anale, moins longue
que haute, n'a que sept rayons mous; mais sa seconde épine est
forte comme dans les corbs. Cette nageoire est placée sous le milieu
de la seconde dorsale, et fort en arrière de l'anus, qui est juste
entre l'anale et les ventrales, sous le commencement de la deuxième
dorsale. La caudale est rhomboïdale; elle a une ligne d'écailles sur
son milieu. Celles du corps sont assez grandes. Il y en a environ
quarante-cinq sur une ligne longitudinale et quinze sur une verticale : il s'en porte quelques-unes entre les bases de la dorsale et

de l'anale. La ligne latérale est parallèle au dos, et au tiers supérieur, comme dans la plupart des sciènes. Tout ce poisson est argenté. Son dos, teint de gris-brun, a des lignes obliques brunâtres, qui descendent en avançant. Vers la queue et sur le flanc, ces lignes deviennent longitudinales; elles s'effacent un peu plus bas, et il n'y en a point à la partie inférieure. La membrane de la première dorsale est noirâtre, avec une tache triangulaire blanche à sa base dans chaque intervalle des rayons.

Nos individus sont longs de sept à huit pouces.

Ce poisson a le foie petit et réduit à un seul lobe placé à gauche de l'œsophage, sous lequel il passe un peu pour soutenir à droite la vésicule du fiel, qui est petite et alongée. L'œsophage se prolonge en un long cul-de-sac étroit, qui forme l'estomac. Les parois en sont minces et plissées longitudinalement. Il y a onze appendices cœcales placées autour du pylore; elles sont petites et courtes.

La vessie aérienne est simple, très-grande; elle se porte au-delà de l'anus, et se termine par un filet pointu très-fin. Sa première tunique est épaisse, fibreuse et argentée.

Les reins sont gros et occupent les deux tiers de la longueur de la vessie natatoire.

J'ai trouvé dans l'estomac des pattes et des palpes de crustacés de la famille du *cancer palemon* et *cancer crangon*.

Dans le squelette on observe autant d'arêtes détachées et formant des espèces d'arcades, que dans les sciènes à museau proéminent: il y en a sur le front, le crâne, le sous-orbitaire et le limbe du préopercule. La base de son crâne est aussi très-renflée. Le nombre des vertèbres est de vingt-quatre; le premier interépineux de l'anale, remarquable par sa grandeur et sa position oblique, attache sa pointe à la dixième, quoique l'anale ne commence que vis-à-vis de la quatorzième. Il y a trois interosseux sans rayons en avant de l'anale. Les côtes sont grêles et courtes.

C'est M. Delalande qui nous a rapporté les premiers larimes du Brésil; mais nous en avons reçu récemment plusieurs de Saint-Domingue par M. Ricord. On les nomme dans cette île *argentés,* à cause de leur couleur, qui, dans l'état frais, est aussi brillante, selon ce voyageur, que celle du mercure le plus pur. M. Ricord ajoute que l'espèce atteint un pied de longueur; que sa chair est mauvaise, et que les pauvres seuls en mangent.

DES NEBRIS (*Nebris*, nob.).

Ce nom générique désignera des sciénoïdes à deux dorsales, à dents en velours, à profil droit ou à peu près, à museau court, et à mâchoire inférieure montante, dont le préopercule a le limbe membraneux et simplement strié, et dont les nageoires sont toutes plus ou moins écailleuses.

Le Nebris a petits yeux.

(*Nebris microps,* nob.)

Ce poisson a été envoyé de Surinam au Musée de Berlin.

Il ressemble à quelques égards au larime; mais son museau est moins court, et surtout son œil est beaucoup plus petit; il a à peine le dixième de la longueur de la tête.

La longueur du corps contient sa hauteur quatre fois et deux tiers, et la longueur de la tête quatre fois. La tête a en hauteur les deux tiers de sa longueur, et en épaisseur les trois quarts de sa hauteur. L'œil est au tiers antérieur et au quart supérieur. La bouche est fendue et va en descendant jusqu'au droit du bord postérieur de l'œil. Les deux orifices de la narine sont près de son bord antérieur. Les dents sont en velours ras sur des bandes étroites aux deux mâchoires. Il n'y en a aucunes au palais. Celles des pharyngiens sont en velours ras. La langue est très-libre, large et lisse. Le maxillaire est très-élargi, arrondi en arrière et sans écailles, ainsi que les lèvres; mais tout le reste de la tête est écailleux. On voit au travers de la peau les arêtes osseuses des sous-orbitaires et du préopercule. Le bord de celui-ci est arrondi et augmenté d'une membrane flexible, striée et très-finement dentelée. L'opercule osseux n'a qu'une pointe plate, mais assez aiguë. La membrane des ouïes est fendue jusque entre les commissures des lèvres. La pectorale est pointue et du cinquième de la longueur totale; elle a dix-sept rayons. Les ventrales sont d'un tiers plus courtes, et n'ont qu'une épine faible. La première dorsale, placée au-dessus de la pectorale, et du tiers de la hauteur du corps seulement, n'a que des épines faibles, au nombre de huit. La seconde, près de quatre fois plus longue, a une épine faible et trente-un rayons mous. L'anale n'a aussi que deux épines courtes et faibles, et neuf rayons mous; elle répond entre le deuxième et le troisième tiers de la seconde dorsale. La caudale, rhomboïdale, est comprise cinq fois et demie dans la longueur du corps, et est séparée de la deuxième dorsale par un intervalle à peu près égal.

B. 7; D. 8 — 1/31; A. 2/9; C. 17; P. 17; V. 1/5.

Les écailles sont petites : on en compte plus de quatre-vingts entre l'ouïe et la caudale, et une trentaine sur une ligne verticale. Elles sont de moitié plus longues que larges, finement pointillées et ciliées à leur partie visible. Leur bord radical est presque entier, et leur éventail a douze rayons peu marqués. Celles de la ligne latérale, qui est droite, sont marquées d'un sillon entre deux élevures sur toute leur longueur; elles se continuent sur le milieu de la caudale jusqu'à son extrémité. Les nageoires verticales en sont garnies, mais de très-minces. Il y en a même sur les nageoires paires.

Ce poisson paraît avoir été entièrement argenté. Dans la liqueur il est d'un gris-brun uniforme. La longueur de l'individu est de dix pouces.

Nous ne connaissons de ses viscères que sa vessie natatoire, qui est fort particulière, ovale, alongée en arrière en une pointe très-aiguë : il part de son extrémité antérieure et arrondie deux cornes qui se dirigent en arrière, et, arrivées aussi loin que sa pointe, se recourbent en devenant plus grêles, et se portent en avant parallèlement à leur première direction. Quand elles ont dépassé leur première origine, elles font un écart en dehors et s'attachent au côté du crâne, mais sans y pénétrer.

DES LÉPIPTÈRES (*Lepipterus*, nob.).

Ce nom désignera d'autres sciénoïdes à dents en velours, à museau prolongé, à chanfrein plutôt concave, dont les nageoires verticales sont fort écailleuses. Nous n'en avons qu'une.

Le Lépiptère du Saint-François.

(*Lepipterus Francisci*, nob.)

Ce poisson semble aussi se rapprocher des corbs par ses dents en velours et sa grosse épine anale ; mais c'est un corb à chanfrein alongé et même un peu concave, et qui de plus, par les écailles qui recouvrent sa seconde dorsale et sa caudale, conduit aux èques et aux polynèmes. Sa tournure générale le ferait prendre aisément pour notre otolithe rhomboïdal ; mais avec un peu d'attention on l'en distingue promptement.

C'est un poisson alongé, à tête longue et, comme nous venons de le dire, à chanfrein un peu concave. Sa hauteur n'est que le sixième de sa longueur ; et sa tête en fait presque le quart, mais elle est d'un tiers moins haute que longue. Le sous-orbitaire, couvert par les écailles qui ne permettent pas de le distinguer de la joue, forme un rebord sous lequel la mâchoire supérieure se retire, comme dans les ombrines. La bouche est peu fendue, et n'a aux deux mâchoires que des dents en très-fin velours. Toutes les pièces operculaires sont écailleuses comme le crâne et le museau. Le préopercule a quelques dentelures peu marquées vers son angle, qui est arrondi. L'opercule osseux finit par une seule pointe plate. La pectorale est médiocre, pointue ; la ventrale sort un peu plus en arrière

5.   15

qu'elle, et la dépasse. La première dorsale naît sur le milieu de la pectorale; elle a dix rayons épineux, assez faibles et peu élevés, et dont le premier est très-court. La seconde en a un épineux et trente-trois mous; elle est à peu près d'égale hauteur partout : il ne reste que peu de nu derrière elle. La caudale est arrondie. Toutes les deux sont complétement écailleuses, au point même que, dans la caudale, on a peine à compter les rayons. L'anale n'occupe qu'un petit espace en longueur sous le milieu de la deuxième dorsale; elle est deux fois plus haute que longue. Sa première épine est très-courte; mais la seconde, comprimée et arquée comme un sabre, est plus large et plus forte que dans aucune autre sciène : il y a ensuite sept rayons mous et quelques écailles entre eux. Les écailles du corps sont lisses, finement et légèrement striées sur les bords. Il n'y a qu'une lame un peu libre, mais non écailleuse, formée par le coracoïdien dans l'aisselle de la pectorale. La ligne latérale est à peu près parallèle au dos, et marquée par des tubes simples, mais continus.

$$\text{D. } 10 - 1/33; \text{ A. } 2/7.$$

Ce poisson, long de dix-neuf ou vingt pouces dans notre échantillon, est entièrement de couleur d'argent, avec des lignes obliques grises ou bleuâtres, très-nombreuses tout le long du dos. Il y a des suites de lignes brunes dans les intervalles des rayons de la première dorsale, et des points bruns sur ceux de la seconde. Les autres nageoires n'ont point de taches.

C'est une des nombreuses acquisitions procurées à l'histoire naturelle par M. Auguste de Saint-Hilaire. Il l'a pris dans la rivière de Saint-François, au Brésil.

Je ne trouve pas qu'il réponde à aucun des poissons dont a parlé Margrave.

DES BORIDIES (*BORIDIA*, nob.).

Les boridies ont, avec les caractères des corbs, de grosses dents mousses aux mâchoires.

La Boridie a grosses dents,

(*Boridia grossidens*, nob.)

seule espèce que nous connaissions, tient peut-être autant des spares que des sciènes; on pourrait l'appeler un spare à deux nageoires, et elle lie incontestablement ces deux familles.

Son caractère principal consiste en ce que ses deux mâchoires sont armées de trois ou quatre rangées de dents grosses, courtes et mousses, dont les six ou huit antérieures à chaque mâchoire sont coniques et un peu plus longues que les autres. Il n'y en a point au palais, et nous n'avons pas celles du pharynx.

Sa forme est oblongue, comme celle d'un bogue ou d'une menide; son museau obtus et bombé; son œil grand, sa bouche peu fendue; la longueur de sa tête égale à sa hauteur, et comprise à peu près quatre fois et demie dans sa longueur totale: ses écailles grandes, lisses et à bords entiers. Il n'y en a point au museau, ni au sous-orbitaire, ni aux mâchoires. Le préopercule a l'angle arrondi, et est légèrement crénelé tout autour. L'opercule est arrondi et sans pointe. La première dorsale, triangulaire, a son premier rayon très-court, le second haut comme les deux tiers du corps; ils diminuent ensuite jusqu'au dixième, qui touche à l'épine de la deuxième dorsale. Celle-ci n'a que treize rayons mous, dont le dernier fourchu. La caudale est à moitié fourchue et a dix-sept rayons, en grande partie écailleux. L'anale a trois rayons mous, dont le premier très-court, les deux autres de longueur médiocre, mais assez forts; ils sont suivis de onze rayons mous. La pectorale est médiocre et de seize rayons; la ventrale naît un peu plus en arrière qu'elle et la dépasse. Elle a dans son aisselle une suite longitudinale d'écailles pointues et carénées. La ligne latérale, parallèle au dos, au tiers supérieur de la hauteur, n'est marquée que par des tubes simples et continus.

D. 11 — 1/14; A. 3/11; C. 17; P. 16; V. 1/5.

Notre individu, rapporté du Brésil par feu Delalande, est long de quatorze pouces, et paraît grisâtre, plus pâle vers le ventre. A la loupe on s'aperçoit qu'il est semé presque partout de petits points noirâtres, serrés.

Nous n'avons pas eu ses viscères.

DES CONODONS.

C'est un cinquième de ces petits genres de sciénoïdes, qui se distingue de tout le reste de la famille par une rangée de dents coniques aux deux mâchoires.

Le Conodon des Antilles.

(*Conodon antillanus*, nob.)

L'espèce s'est trouvée dans la collection de feu Broussonnet comme originaire de la Jamaïque, et sous le nom de *perca nobilis*.

Ses formes sont à peu de chose près celles de la boridie, ou mieux encore d'un *pristipoma hastatum* qui aurait la dorsale échancrée presque jusqu'à sa base. Sa bouche, peu fendue, a à chaque mâchoire une rangée de dents coniques, dont les six antérieures sont plus fortes et plus longues que toutes les autres. Les six d'en bas sont plus épaisses que les six d'en haut. Le nombre total est de dix-huit ou vingt. En dedans de ces dents coniques il y en a une bande en velours. La langue est large, obtuse et très-libre; ses bords sont tranchans, sa surface lisse. Les dentelures du préopercule sont fortes, mais peu nombreuses, et écartées. Il n'y en a que huit au bord montant au-dessus de l'angle, où en est une plus forte, et qui peut passer pour une véritable épine. L'angle est arrondi, et sa courbe se continue avec celle du bord inférieur, qui a dix petites dentelures. Les aiguillons de la dorsale et de l'anale sont forts, surtout le second de l'anale, qui est plus fort qu'à aucun corb, et strié. Le quatrième du dos, qui est le plus long, est à peu près de moitié de la hauteur du corps. Le premier et le onzième sont courts. La dorsale molle ne tient pas tout-à-fait autant d'espace que l'épineuse; elle a, ainsi que l'anale, des séries étroites d'écailles entre les rayons. La pectorale, demi-ovale, assez pointue, est de plus du cinquième de la longueur. La ventrale sort un peu plus en arrière, l'égale en longueur et se termine par un petit filet. Son aiguillon est d'un tiers moins long que le premier rayon mou. La caudale est taillée un peu en croissant. Il y a deux très-petits pores au bout de la mâchoire inférieure, et une fossette derrière la symphyse.

D. 12/12 ou 11 — 1/12; A. 3/7.

Ce poisson paraît avoir été argenté, avec sept bandes verticales brunâtres, qui descendent jusqu'aux deux tiers de la hauteur. Ses nageoires sont brunes. Les aiguillons paraissent avoir été argentés.

Il est long de près de huit pouces.

Il se nourrit de petites clupées, ainsi que nous nous en sommes assurés par les débris dont l'abdomen était plein; mais, les viscères étant détruits, nous n'avons pu voir que la vessie aérienne, qui est grosse, ovoïde, assez renflée, amincie vers l'arrière de l'abdomen. Sur la partie antérieure il y a deux petites cornes courtes, coniques, droites et simples.

DES ÉLÉGINUS.

La famille des percoïdes a quelques genres, notamment celui des *gristes*, dont le préopercule est entier. Il en existe aussi de tels parmi les sciénoïdes, et l'un des plus remarquables est celui dont nous allons parler, que l'on peut caractériser en outre par une bouche petite, une anale longue, de très-larges pectorales et des ventrales jugulaires.

L'ÉLÉGINUS DES MALOUINES.

(*Eleginus maclovinus*, nob.)

L'espèce qui nous a offert ces caractères habite la mer des Malouines, où elle est très-abondante. Les marins de l'expédition de *la Coquille* en ont pris en grand nombre à l'entrée de la rivière Bougainville. Sa chair était blanche, lamelleuse, molle, mais d'assez bon goût.

Il ne nous paraît pas qu'il soit question de ce poisson dans aucun des auteurs qui nous ont précédés.

Sa forme est alongée, un peu ronde; sa tête un peu déprimée. Sa hauteur aux pectorales est six fois dans sa longueur totale; son épaisseur au même endroit n'est que d'un quart moindre que sa hauteur. La longueur de sa tête est du quart de sa longueur totale; sa hauteur un peu plus de moitié de sa longueur, et sa largeur entre les opercules peu différente de sa hauteur. Le diamètre de l'œil n'est guère que du septième de la longueur de la tête, et il en occupe le troisième septième et le second quart de la hauteur. La bouche ne s'ouvre que jusque sous le milieu de la distance de l'œil au bout du museau; les mâchoires sont obtuses, garnies d'une bande étroite de dents en velours ou en fines cardes. Un sous-orbitaire carré cache dans l'état de repos le maxillaire, qui a dans le milieu de son bord supérieur un élargissement considérable. Le bord montant du préopercule est situé à distance égale de l'œil et de l'extrémité de l'opercule. Son angle est arrondi. On ne voit à cet os aucune apparence de dentelure. L'opercule se termine en pointe plate et obtuse. Les deux membranes branchiostèges s'unissent l'une à l'autre, et s'attachent à l'isthme en dessous, vis-à-vis le milieu du bord horizontal du préopercule. Je n'y trouve que six rayons. Il n'y a aucune armure à l'épaule. La pectorale est attachée assez bas, de forme triangulaire, et a vingt-deux rayons. Le troisième et le quatrième sont les plus longs. Le premier, de moitié plus court, est simple comme à l'ordinaire. Une grande partie de sa base est garnie de petites écailles. Les ventrales sont attachées un peu plus en avant que les pectorales, et n'ont qu'un quart de moins en longueur. Leur épine est faible. Celles de la première dorsale, au nombre de huit, sont aussi très-faibles; et les plus grandes, qui sont la deuxième et la troisième, ont à peine moitié de la hauteur du corps sous elles. La deuxième dorsale est un peu plus élevée. On y compte vingt-cinq rayons mous, sans épine. L'anale répond à cette seconde dorsale par les dimensions, et a vingt-deux rayons mous, mais précédés d'une épine faible. La caudale est carrée, du septième à peu près de la longueur du corps, et séparée par un espace égal de la dorsale et de l'anale. On y compte une vingtaine de rayons, mais il n'y en a que treize qui puissent être appelés entiers.

B. 6; D. 9 — 25; A. 1/22; C. 13; P. 22; V. 1/5.

Les écailles sont minces, plus longues que larges, finement marquées de stries concentriques, excepté l'éventail, qui a vingt rayons. Il y en a soixante-seize sur une ligne de l'ouïe à la caudale, sur laquelle il s'en étend encore de petites. Tout le dessus de la tête, la joue et les pièces operculaires en sont garnies; mais il n'y en a point sur les mâchoires. La ligne latérale, parallèle au dos et au tiers supérieur en avant, n'a qu'une élevure simple sur chacune de ces écailles.

Cette description est faite sur un individu long de treize pouces, assez mal conservé. Nous l'avons complétée au moyen de la figure et des notes que MM. Lesson et Garnot ont bien voulu nous communiquer.

D'après ces notes, l'espèce atteint une taille de deux pieds. La couleur du dos est verdâtre avec une ligne noirâtre au bord de chaque écaille. Le ventre est argenté; les nageoires du dos et de la queue sont d'un vert brun; les autres blanchâtres, teintes de rougeâtre.

Une des particularités anatomiques de cette sciénoïde est de ne pas avoir de vessie aérienne. Son foie est gros, profondément échancré et divisé en deux lobes trièdres et pointus. La vésicule du fiel est oblongue. Le canal cholédoque, alongé, verse la bile dans un des cœcums, qui sont au nombre de quatre, un à gauche de la branche montante de l'estomac, et trois à droite. L'œsophage est long, terminé en un sac arrondi un peu dilaté. La branche montante est étroite et très-rétrécie au pylore. Le duodénum est large;

il remonte entre les lobes du foie, se plie, et diminue beaucoup de diamètre. L'intestin se porte au-delà de l'estomac, s'élargit beaucoup, et fait alors deux nouveaux replis; puis il se rétrécit assez subitement, et une valvule épaisse ferme cet étranglement. Le rectum débouche droit à l'anus, sans aucune dilatation. Les reins sont gros, presque réunis dans toute leur longueur, et très-gros près du cloaque.

Ce poisson se nourrit de petits coquillages.

L'ÉLÉGINUS BURSIN.

(*Eleginus Bursinus*, nob.)

Il y a au port Jackson une espèce du même genre, que MM. Quoy et Gaimard y ont recueillie lors de leur premier voyage, et qu'ils avaient nommée *sciène Bursin*.

Ses formes sont absolument les mêmes, et ses nombres ne diffèrent que par un rayon de plus à la deuxième dorsale et à l'anale. Le dessus et les côtés sont teints de brun; le dessous est blanchâtre. Il y a quatre ou cinq points bruns dans chacun des intervalles des rayons de la deuxième dorsale. Sa caudale est coupée carrément, et même un peu en croissant. Ses ventrales, bien distinctement attachées plus avant que les pectorales, n'atteignent que sous le milieu de leur longueur.   B. 6; D. 9 — 26; A. 1/23; C. 13; P. 22; V. 1/5.

Notre plus grand individu n'a que six pouces.

L'anatomie de l'éléginus Bursin diffère à peine de celle du précédent. Il n'a point de vessie aérienne. Le nombre des cœcums est de quatre. L'estomac paraît un peu plus grand et le foie moins gros. Le canal cholédoque débouche de même dans le cœcum inférieur de droite. L'intestin est un peu plus long, parce qu'il fait un plus grand nombre de sinuosités; néanmoins il ne se plie, comme celui du précédent, que quatre fois, et il offre les mêmes dilatations. Les reins sont très-gros. Le péritoine est noir très-foncé.

CHAPITRE V.

Des Èques, ou Chevaliers (*Eques*, Bl.).

On ne peut éloigner des sciènes à deux dorsales et sans
barbillons les *èques* ou *chevaliers,* qui offrent la plus
grande ressemblance avec les maigres, les corbs et les
johnius par leur museau convexe, écailleux jusqu'au bout,
ainsi que toute leur tête; par les pores et les fossettes de
leur mâchoire inférieure; par la faculté qu'a la supérieure
de se retirer sous le rebord formé par les sous-orbitaires;
par l'absence de dents à leur palais; par la longueur de
leur seconde dorsale et la brièveté de l'anale. A la vérité,
cette seconde dorsale, ainsi que l'anale, est presque entièrement écailleuse, et même il y a de petites écailles sur
une grande partie de la caudale, et cette circonstance avait
déterminé Linnæus à placer les chevaliers parmi les chétodons; mais déjà nous avons vu de pareilles écailles
s'étendre sur cette nageoire dans notre *sciæna squammi-
pinnis* et dans notre *otolithus parvipinnis;* et la même
chose s'observera encore dans plusieurs poissons que l'on
ne peut séparer des sciènes. D'ailleurs les dents des mâchoires dans les èques sont en simple velours, et ne se
prolongent point en soies, comme celles des chétodons.

Le corps des chevaliers est comprimé; la convexité de
sa nuque, et la manière dont il diminue de hauteur et
finit en pointe vers la queue, lui donnent une forme singulière, qui lui a valu l'épithète de *cunéiforme.* Ils ont
sept rayons à la membrane des ouïes, qui est assez fendue;
leur préopercule offre à peine quelques vestiges de créne-

lure; leur opercule osseux finit en deux pointes plates.
Leur première dorsale s'élève en haute pointe; et la plupart de ses rayons sont flexibles : le premier est excessivement court; le deuxième et le troisième sont les plus longs. La seconde dorsale est basse et prolongée; l'anale est fort courte, et a sa seconde épine à peu près de la même force de celle des johnius. Leur caudale est rhomboïdale; leurs pectorales sont médiocres, obtuses; leurs ventrales plus longues que les pectorales. Au-devant du museau, entre les sous-orbitaires, est une petite membrane transverse, qui n'est pas lobée comme dans les corbs et les ombrines, mais qui laisse de chaque côté, entre elle et le sous-orbitaire voisin, une fossette que l'on pourrait être tenté de prendre pour une des ouvertures des narines, mais qui en est fort différente; celles-ci sont plus haut et plus près de l'œil. Sous la mâchoire inférieure il y a de chaque côté un petit pore et un grand. La vessie natatoire est grande, argentée, semblable à celle des corbs; l'estomac en cul-de-sac; le pylore suivi seulement de quatre appendices, comme dans les otolithes.

Tous les èques connus viennent d'Amérique.

Le Chevalier a baudrier.

(*Eques balteatus*, nob.; *Eques americanus*, Bl.)

La première espèce de chevalier n'a été bien représentée pour la première fois que par Edwards (pl. 210[1]), et c'est d'après sa figure que Linnæus en fit son *chætodon lanceolatus*. Edwards l'avait reçue des îles Caraïbes; mais on

---

1. Duhamel l'a copiée (Pêches, 2.ᵉ part., 4.ᵉ sect., pl. 7, fig. 9).

la trouve dans tout l'archipel des Antilles. On la nomme *gentilhomme* à la Martinique, d'où M. Plée nous l'a envoyée; *serrana* à la Havane, où Para l'a fort bien représentée (pl. 2, fig. 2), et on ne sait pourquoi Linnæus la suppose des Indes (12.ᵉ édition, 1.ʳᵉ part., p. 466), ni comment il a pu lui transporter le nom de *guaperva*, qui est de la langue du Brésil, et que Margrave applique à trois poissons, tous très-différens de nos chevaliers, le *chætodon arcuatus*[1], le *lophius histrio*[2] et le *balistes vetula*.[3]

La hauteur de ce poisson est plus considérable à l'endroit de sa première dorsale, et y fait près du tiers de sa longueur; à la queue, au contraire, elle n'en fait pas plus du dixième. A partir de la première dorsale, le profil descend promptement. Déjà au crâne la tête n'a de hauteur que le quart de la longueur du corps; elle en a aussi le quart en longueur. La première dorsale est aussi haute que le corps sous elle; la seconde n'a pas le quart de cette hauteur, mais elle la conserve sur toute sa longueur. Les écailles, assez grandes en avant, diminuent vers la queue : il y en a près de soixante sur une ligne longitudinale. A la loupe elles paraissent âpres et finement dentelées au bord. Les nombres des rayons sont :

D. 16 — 1/53; A. 2/10; C. 19; P. 15; V. 1/5.

La couleur est un gris jaunâtre tirant sur l'argenté, plus pâle et plus argenté sous le ventre, et orné de trois larges bandes ou rubans d'un brun noirâtre, lisérés de blanc. La première est verticale, et va du crâne à l'angle de la bouche. L'œil est sur son milieu. La seconde part de la nuque, passe sur l'opercule devant la pectorale, et, se courbant un peu, va aboutir à la base de la ventrale, sur laquelle elle s'étend. La troisième, qui est la plus large et

---

1. Margrave, p. 145. A cet endroit on a placé mal à propos la figure du *zeus vomer*.

2. *Ibid.*, p. 150. — 3. *Ibid.*, p. 163.

de beaucoup la plus longue, occupe la première dorsale, et, se courbant un peu obliquement, suit la longueur du milieu du corps jusqu'au bout de la caudale.

Bloch, qui a établi le genre *eques*, a donné à cette espèce, la seule qu'il connût d'abord, le nom d'*americanus*; mais comme toutes les espèces connues viennent d'Amérique, nous croyons devoir lui appliquer une épithète plus significative, et nous l'appellerons *eques balteatus*.

Parra dit que ces chevaliers, ou *serranas*, comme il les appelle, vivent au fond de la mer; qu'on en prend rarement, et que les plus grands n'ont qu'un quart de vare (six ou sept pouces). Ils se mangent.

Le Chevalier ponctué.

(*Eques punctatus*, Bl.)

La mer des Antilles produit encore une espèce de chevalier très-voisine de la précédente, qui partage avec elle à la Havane le nom de *serrana*, et dont Parra (pl. 2, fig. 1) a aussi donné une figure, que Bloch a reproduite (*Systema*, édit. de Schn., pl. 3, fig. 2). Nous l'avons reçue de Cuba par M. Desmarest, et M. Plée nous l'a envoyée de la Martinique, où elle est connue du peuple sous le nom de *maman-baleine*, sans qu'on sache à quoi attribuer l'origine de ce nom ridicule.

Sa nuque est plus haute à proportion que dans la première espèce. Tout son corps est d'un brun noirâtre très-foncé, et a de chaque côté cinq bandes étroites, grises, dont les trois mitoyennes remontent vers la première dorsale, en sorte que leur direction tient de celle du grand ruban de l'espèce précédente. On peut dire même que ce ruban y existe, ainsi que celui qui le précède; mais on a peine à les distinguer sur un fond presque aussi obscur qu'eux.

La dorsale, la caudale et l'anale sont semées de taches rondes, grises ou bleuâtres, disposées en quinconce. La première dorsale est noire et lisérée de blanc vers le haut; elle est fort pointue et s'élève encore plus que dans la première espèce : la seconde est aussi plus haute à proportion, surtout à sa partie postérieure. La caudale est arrondie. Les pectorales et les ventrales sont noires. Les rayons dorsaux sont un peu moins nombreux que dans le précédent.

D. 11 — 1/46; A. 2/7; C. 19; P. 18; V. 1/5.

L'*eques punctatus* a le foie petit et mince. La vésicule du fiel est alongée, très-étroite et repliée. L'estomac est cylindrique, arrondi à son extrémité; son diamètre est fort petit, et sa longueur médiocre. L'intestin ne fait que deux replis rapprochés. On compte sept appendices au pylore.

La vessie aérienne est très-grande, fibreuse, simple, arrondie en avant, pointue en arrière, et sans aucunes appendices; elle est très-brillante.

Le squelette de ce poisson est remarquable par la manière dont les interépineux des dorsales y sont disposés : savoir, ceux de la première dorsale, au nombre de dix, tous sur l'apophyse épineuse de la troisième vertèbre et en avant de la quatrième; et ceux de la seconde dorsale, alternativement par groupes de deux ou de trois, entre les apophyses épineuses des vertèbres suivantes. Il n'y a en effet que vingt-cinq vertèbres, onze abdominales et quatorze caudales, pour cinquante-huit interépineux. La tête de ce squelette est aussi caverneuse, et la base de son crâne aussi renflée que dans aucune sciène.

Parra le regarde comme une variété de l'autre *serrana;* mais ses différences sont beaucoup trop fortes pour ne pas caractériser une espèce.

On le pêche toute l'année à la Martinique, selon M. Plée, et il y demeure toujours petit.

Il y a une très-bonne figure de ce poisson dans le Dictionnaire classique d'histoire naturelle.

Le CHEVALIER RAYÉ.

(*Eques lineatus*, nob.)

Un troisième chevalier a été représenté par Seba (t. III, pl. 26, fig. 33), et Bloch (édit. de Schneider, p. 184) en a fait son *grammistes acuminatus;* mais on ne voit pas quels titres il avait de plus que ses congénères pour entrer dans les grammistes; car eux aussi ont des bandes longitudinales, quoique moins nombreuses. Il n'a d'ailleurs aucune affinité avec le grand nombre des poissons entassés dans ce prétendu genre, et dont la plupart appartiennent plutôt à la famille des perches.

Ce chevalier vient du Brésil, et M. Delalande nous en a apporté plusieurs individus.

Sa nuque, et surtout sa première dorsale, sont moins hautes que dans les précédens; son profil, par conséquent, est moins vertical. Tout son corps et ses nageoires sont d'un brun foncé, et sur chaque côté règnent six ou sept bandes étroites, grises, entièrement longitudinales, et qui ne se recourbent point, comme dans les précédens, pour monter vers la nuque. Ses dents sont plus fortes qu'aux deux autres espèces. Les nombres de ses rayons sont encore un peu moindres.

D. 10 — 1/40; A. 2/7; C. 17; P. 16; V. 1/5.

Il n'a aussi que onze vertèbres abdominales et quatorze caudales.

CHAPITRE VI.

Des Ombrines (Umbrina, nob.) et des Lonchurus (Lonchurus, Bl.).

DES OMBRINES.

Ainsi que nous l'avons déjà vu, les noms d'*umbra* et d'*ombrina* s'appliquent diversement à nos trois principales sciénoïdes sur les diverses côtes de Provence et d'Italie, ce qui a occasioné plus d'une méprise, et a fait quelquefois attribuer à l'un de ces poissons ce qui appartenait à l'autre. Nous restreignons ici, avec Rondelet et selon l'usage qu'on en fait à Marseille, celui d'*ombrina* à la sciène barbue et à ses analogues étrangers, c'est-à-dire aux poissons qui, aux caractères communs à ces sciénoïdes à double dorsale, joignent un petit barbillon attaché sous la symphyse de la mâchoire inférieure.

L'OMBRINE COMMUNE.

(*Umbrina vulgaris*, nob.; *Sciæna cirrhosa*, Linn.[1])

Notre ombrine de Provence est un beau et bon poisson, qui, sans devenir aussi grand que le maigre, dépasse fréquemment deux pieds de longueur, et, selon M. Risso, pèse quelquefois jusqu'à trente-deux livres. M. de Martens assure même qu'à Venise on en voit de quarante livres.

------

1. Bloch, pl. 300. *Johnius cirrhosus*, Bl. Schn., p. 76. La *persèque umbre*, Lacépède, t. IV, p. 414.

Il est très-commun sur les côtes de France, d'Italie et d'Espagne ; on en voit aussi quelques-uns dans le golfe de Gascogne, où on les nomme *borrugat*, et en espagnol *borrugato* (comme qui dirait *verrucatus*, à cause de leur barbillon, qui en effet ressemble à une verrue)[1]. Je ne vois pas cependant qu'il en soit question dans le Traité des poissons de Galice, de Cornide. M. de Laroche l'a vu à Iviça, où on le nomme *corvina*[2] ; et l'on a lieu d'être surpris que Cetti en nie l'existence en Sardaigne[3]. Salviani dit qu'à Rome on appelle ce poisson *corvo* ou *corvetto*, et que les Grecs modernes le nomment *millocopi*[4], ce que M. Bory Saint-Vincent nous confirme pour la Morée ; mais selon Rondelet c'est *skion*, apparemment dans quelque autre province. Quelques Provençaux l'appellent *daine* ou *caine*[5] et *chrau*[6]. *Corbo* est son nom vénitien.[7]

Il se tient dans la haute mer sur des fonds de vase[8]. Sa chair est blanche et de bon goût ; on en fait cas sur les meilleures tables.

L'ombrine est un peu plus alongée que le corb, et sa nuque est moins relevée et moins convexe. La longueur de sa tête est quatre fois et quelque chose dans celle du corps, et sa hauteur de même. Son épaisseur est presque trois fois dans sa hauteur. Son museau, obtus, est plus avancé que la mâchoire inférieure ; et la bouche est fendue paraboliquement sous le museau : elle ne s'étend pas plus loin en arrière que le bord antérieur de l'œil. La mâchoire supérieure se retire presque entièrement sous le rebord formé par les os du nez et les sous-orbitaires, et sa protraction, qui est assez

---

1. Rondelet, p. 133. — 2. Ann. du Mus., t. XIII, p. 318. — 3. Cetti, t. III, p. 127. — 4. Salv., fol. 115. — 5. Rond., *l. c.* — 6. Bélon, *Aquat.*, p. 114. — 7. Nardo, Journ. de phys. de Pavie, t. XV, p. 337. — 8. Martens, Voyage à Venise, t. II, p. 429.

grande, se fait vers le bas. Le rebord dont nous venons de parler a dans sa partie antérieure cinq petites échancrures, qui le divisent en quatre petits lobes à peine visibles, et que nous n'aurions pas remarqués sans l'analogie qu'ils offrent avec les lambeaux plus considérables de l'espèce des États-Unis. L'œil est plus avancé que le milieu de la tête. Son diamètre en fait moins du quart. L'orifice postérieur de la narine, qui est oblong et le plus grand, est près du bord de l'œil. L'antérieur, qui est rond et petit, est encore plus près de l'œil que du bout du museau. Trois grands pores marquent le museau en avant et près de son bord inférieur. La mâchoire inférieure est plate, marquée de quatre pores près de son extrémité, et porte entre eux, sous la symphyse, un barbillon charnu, très-court et comme tronqué. Chaque mâchoire a une très-large bande de dents en fin velours serré, sans canines et sans rang antérieur plus fort : il n'y en a point au palais ni sur la langue. Les pharyngiennes antérieures et postérieures sont aussi en fin velours; mais celles du milieu, qui occupent le plus d'espace, sont en pavés saillans, c'est-à-dire en cylindres très-courts et arrondis par le bout. Le sous-orbitaire est confondu sous les mêmes écailles avec la masse du museau et de la joue. Le préopercule, rectangulaire, a l'angle arrondi et le bord montant dentelé, mais dans la jeunesse seulement : il y a aussi alors une ou deux dentelures à l'angle; mais le bord inférieur n'en a point. L'opercule osseux se termine par deux pointes plates, mais aiguës. L'écaille surscapulaire est dentelée un peu plus que les autres, mais non l'os huméral. La première dorsale commence au-dessus des pectorales : elle est triangulaire et a dix rayons épineux, peu forts, dont le premier et le dernier sont très-courts; le troisième et le quatrième, les plus hauts, égalent à peu près les deux tiers de la hauteur du corps à cet endroit : elle se termine presque au pied d'une onzième épine, qui commence la seconde dorsale; celle-ci est longue, également basse partout, et compte vingt-deux rayons mous, dont le dernier est fourchu. L'espace nu entre elle et la caudale n'est guère plus du neuvième de la longueur totale; et à cet endroit la hauteur de la queue n'est que du onzième. La caudale est de près du septième de

cette longueur; elle est coupée carrément et a dix-sept rayons. Les
pectorales sont pointues, de longueur médiocre, et de dix-sept
rayons. Les ventrales sont également pointues, un peu plus longues
que les pectorales. Leur épine est de moitié moins longue que leur
premier rayon mou. L'aisselle des pectorales et des ventrales a une
peau nue, et on ne voit ni sur ni entre elles d'écailles de forme
particulière. L'anale est sous le milieu de la deuxième dorsale, haute
et pointue, mais peu étendue en longueur. Sa première épine se voit
à peine; la seconde est forte, sans l'être autant que dans le corb. Le
premier rayon mou est le plus long : il n'y en a en tout que sept.

Je compte environ soixante-cinq écailles sur une ligne longitudinale, et environ vingt-huit sur une ligne verticale derrière les
pectorales. Elles se rapetissent et se perdent sur la base de la caudale,
excepté celles de la ligne moyenne, qui règnent jusqu'au dernier
quart de cette nageoire : toutes sont rhomboïdales, plus hautes que
longues, et posées un peu obliquement. A la loupe leur bord externe est finement ponctué et cilié; leurs côtés sont finement striés;
leur bord radical est à peine sensiblement crénelé, et leur éventail
a dix lignes en rayons. Au tact on sent la rudesse de leurs bords.
Toute la tête en est garnie, excepté les mâchoires et les membranes
branchiostèges. Le maxillaire n'en a point.

La couleur de ce poisson est d'un jaune de laiton ou de litharge,
avec un éclat métallique plus pâle et plus argenté à la face inférieure.
De son dos descendent des lignes obliques au nombre de vingt-cinq
ou trente, dont les antérieures se portent vers la nuque, et dont les
suivantes descendent en avant et finissent en ondulant sur les côtés
du corps à la hauteur des pectorales. Dans le frais ces lignes sont
d'un bleu d'acier, et lisérées de noirâtre. L'extrémité de l'opercule
est noire. La première dorsale est teinte de noirâtre; la seconde a
cinq ou six lignes du même bleuâtre que celles du dos, régnant
longitudinalement sur un fond jaunâtre. La caudale paraît teinte
d'un brun noirâtre; les autres nageoires sont jaunâtres ou rougeâtres. L'iris est de couleur d'or et teint de brun vers le haut.

L'estomac de l'ombrine est un sac assez grand, obtus, médiocrement charnu. Le pylore est près du cardia, et entouré de dix appen-

dices cœcales, bien plus courtes à proportion que dans le maigre. Nous avons trouvé dans son estomac des siponcles, et dans ses intestins d'abondans débris de coquilles.

Sa vessie natatoire est très-grande, épaisse, argentée, et a sur les côtés, non pas des appendices branchues comme les maigres, les pogonias et plusieurs johnius, mais trois sinus larges, courts, arrondis, séparés par des replis de la membrane argentée. Son appareil sécrétoire est très-prononcé, et ressemble pour la structure à celui du maigre.

Son squelette a vingt-cinq vertèbres, dont onze abdominales et quatorze caudales. Les troisième, quatrième, cinquième, ont en dessous un enfoncement concave, où s'attache la vessie natatoire. La dernière des abdominales a ses apophyses unies en anneau et faisant la pointe en dessous, mais ne porte point de côtes. Les fosses caverneuses de son crâne, de son sous-orbitaire, de son préopercule, et même de son surscapulaire, sont très-prononcées. Ses côtes sont fortes; les antérieures sont comprimées et plates d'un côté, et ont des appendices assez fortes.

Des Poissons étrangers analogues à l'Ombrine.

Qui n'aurait pas vérifié les manuscrits originaux de Plumier, pourrait être tenté de placer à la tête des ombrines étrangères le *chéilodiptère cyanoptère* de M. de Lacépède (t. III, p. 546, et pl. 6, fig. 3). Nous nous sommes assurés non-seulement que c'est le même poisson que l'ombrine de France, mais que le dessin sur lequel cette espèce a été établie était primitivement le même dont une autre copie a servi à Bloch à représenter cette ombrine. Plumier en était l'auteur, et son croquis original est encore aujourd'hui à la Bibliothèque du Roi; il se trouve dans son recueil avec beaucoup d'autres dessins de poissons de la Méditerranée qu'il avait faits en Provence, sa patrie : il en avait

préparé lui-même une copie pour une publication qu'il
désirait faire en Hollande, et dont tout le manuscrit a
passé dans les mains de Bloch. C'est celle-là qui est gravée
dans l'Ichtyologie de Bloch (pl. 3oo); l'auteur le dit positivement dans son texte. Mais Aubriet en fit dans la suite,
pour la grande collection des vélins qui est aujourd'hui
au Muséum, une copie à sa manière, très-inexacte pour
les détails, enluminée à la gouache de couleurs tranchantes
et en partie imaginaires; et comme il paraît n'avoir pas su
le latin, il y copia avec deux fautes ridicules la phrase de
Plumier. Au lieu de *chromis seu umbra lituris fuscis
variegata,* il crut lire et il écrivit en belles lettres d'or :
CHROMIS *seu* TEMBRA LINURIS *fuscis variegata Plumierii;*
phrase qui a passé avec le dessin dans les synonymes du
chéilodiptère cyanoptère, mais qui ne s'était jamais rapportée qu'à notre ombrine vulgaire.

L'OMBRINE DE RUSSEL.

(*Umbrina Russelii,* nob.)

Néanmoins il y a des ombrines dans les deux océans.
Russel (pl. 118) en représente une de la côte de Coromandel qui ressemble beaucoup à la nôtre,

mais qui est un peu plus courte, et a le barbillon plus long et
plus pointu et la caudale rhomboïdale.

Il la dit rare, et n'en décrit pas les couleurs. Les indigènes de Madras la nomment *qualar-katchelée.*

La longueur de son individu était de dix pouces, et il donne
pour ses nombres de rayons :

D. 12 — 27; A. 3/7; C. 18; P. 15; V. 1/5.

Mais je doute qu'il ait bien compté les épines de l'anale et les rayons de la caudale.

L'Ombrine de Kuhl.

(*Umbrina Kuhlii*, nob.; *Sciœna indica*, K. et V. H.)

MM. Kuhl et Van Hasselt ont envoyé de Java au Musée royal des Pays-Bas une ombrine dont les proportions, comme celles de la précédente, rappellent celles de la perche.

Sa hauteur est trois fois et demie dans sa longueur. Son barbillon, gros et long, atteint l'angle de la commissure. Sa caudale est rhomboïdale et se termine en angle obtus. Sa couleur générale est grise sur le dos, argentée sous le ventre avec des reflets dorés; une tache d'un bleu d'acier occupe son opercule. En travers sur sa nuque et en avant de sa dorsale est une large bande brune. Une bande grise mal marquée règne longitudinalement au-dessus de la ligne latérale. La première dorsale est grise, pointillée de noirâtre : et les autres nageoires sont jaunes. Ses écailles sont striées de manière à former sur le travers du corps quatorze à quinze lignes obliques et relevées.

D. 11/24 ; A. 2/6 ; C. 17 ; P. 15 ; V. 1/5.

L'individu n'a que six pouces.

L'Ombrine des États-Unis.

(*Umbrina alburnus*, nob.; *Sciœna nebulosa*, Mitch.; *Perca alburnus*, Linn.; *Centropomus alburnus*, Lacép.)

La plus connue des ombrines d'Amérique est un de ces poissons auxquels les Anglo-Américains ont donné le nom de *king-fish* (poisson royal), soit à cause de l'estime qu'ils en font, soit peut-être simplement à cause de leur analogie

avec les maigres et les ombrines, que l'on a nommés de ce
côté-ci de l'Océan *peis-rei* (poisson de roi). Ils lui ont
aussi en quelques endroits transporté le nom de *merlan*
(*whiting*), comme les Anglais des Indes l'ont affecté aux
johnius, et probablement par la même raison. Le docteur
Mitchill la représente avec beaucoup d'exactitude (pl. 3,
fig. 5), et la décrit avec soin (p. 408). Il la nomme *sciæna
nebulosa;* mais ce qu'il ne fait pas remarquer, et ce qu'en
effet on ne devinerait pas au premier coup d'œil, c'est que
c'est aussi le *perca alburnus* de Linnæus et l'*alburnus
americanus* de Catesby (pl. 12, fig. 2), nom par lequel
Catesby a entendu sans doute traduire le nom anglais de
whiting, qui dérive de *white* (blanc), et qui a été affecté
au merlan à cause de sa couleur, tout comme chez nous
le peuple donne le sobriquet de *merlan* aux perruquiers.
Cette mauvaise figure ne montre qu'une nageoire, et l'on
y voit sous le museau cinq petites pointes dont la nature
n'est pas facile à déchiffrer, et que Catesby dit être des
lambeaux qui ressemblent à des dents; mais quand on a
le poisson sous les yeux, on s'aperçoit que ce dessinateur
a représenté la seconde nageoire tout-à-fait couchée, et
qu'il a rendu confusément, soit les quatre lambeaux qui
sont effectivement sous la proéminence de son museau et
le barbillon qui pend sous la symphyse, soit une partie
des dents de la rangée externe de la mâchoire supérieure.

On voit d'ailleurs par la correspondance de Garden et
de Linnæus[1] que le grand naturaliste suédois avait reçu
de Garden le poisson de Catesby ou son *perca alburnus,*
et qu'il l'a par conséquent décrit d'après nature; or il lui

---

1. *Correspond. of Linnæus and others naturalists,* t. I, p. 305.

donne une seconde dorsale de vingt-quatre rayons mous.[1]
Il est vrai qu'il ne lui attribue que trois rayons branchiostèges; mais on s'explique très-bien cette erreur, quand on
veut les compter soi-même. Il y en a sept, comme dans
toutes les ombrines; mais les deux supérieurs sont tellement
cachés et comprimés par l'opercule, et les deux inférieurs
sont si petits et tellement enveloppés dans la membrane,
qu'il faut les disséquer pour les bien voir : aussi Schœpf,
qui en trouvait cinq, mais qui n'osait contredire Linnæus,
prétend-il que le nombre en est indéterminé de trois à
cinq[2]. Le docteur Mitchill n'en compte que six. Pour moi,
j'affirme qu'il y en a constamment sept, et je m'en suis
assuré sur plusieurs individus envoyés de New-York même,
par MM. Milbert et Lesueur. On doit encore remarquer
que Linnæus ne parle pas du barbillon sous la symphyse,
caractéristique de toutes les ombrines, mais que Schœpf
le mentionne expressément. Il ne peut donc rester de
doute sur cette synonymie.

Je soupçonne fortement que c'est aussi cette espèce qui
est le *johnius saxatilis* de Bloch (éd. de Schn., p. 75),
lequel, dit-il, a le corps argenté, des stries transversales
violettes, la tête obtuse, une seule série de très-petites
dents, la mâchoire supérieure proéminente, le préopercule
un peu dentelé, les nageoires rouges et la caudale en
croissant. Bloch lui attribue les nombres de rayons :

D. 9 — 25; A. 8; C. 17; P. 17; V. 8.

Mais il a oublié l'épine de la seconde dorsale, celles de

---

1. *Syst. nat.*, 12.ᵉ édit., t. I, p. 482.
2. Écrits des naturalistes de Berlin, t. VIII, p. 162.

l'anale, et il se trompe bien certainement touchant les ventrales.

Ce *king-fish*, ce *whiting*, n'est pas rare à New-York; mais il devient plus commun, selon Schœpf, sur les côtes de la Caroline et de la Floride. Nous le trouvons sous le nom de *sparus simus* dans les dessins faits à Charlestown par M. Bosc; Garden le nomme *merlan des Bermudes*, ce qui suppose qu'il y en a beaucoup dans ces îles.

Il se tient au fond de l'eau, et se prend aisément à l'hameçon, surtout quand la mer est tranquille.

Sa forme est plus alongée et encore moins bombée à la nuque que dans l'ombrine de la Méditerranée. Sa hauteur est près de cinq fois et demie dans sa longueur, et la ligne de son dos est presque droite. Son museau saille aussi davantage au-delà de la bouche. La partie moyenne du rebord, sous lequel rentre la mâchoire supérieure, est divisée en quatre lobes membraneux coupés carrément, plus considérables que ceux de l'ombrine d'Europe. Ce sont eux qui ont donné lieu aux lambeaux de la figure de Catesby. Au-dessus de chacun des deux extérieurs est un petit pore peu enfoncé, et il y en a un impair sur l'extrémité même du museau. Sa mâchoire inférieure a quatre pores et un petit barbillon comme dans l'ombrine. Au total, la tête de ce poisson ressemble singulièrement à celle de notre apron du Rhône, ou à celle du cingle. Les dents de la rangée externe, à la mâchoire supérieure, sont fortes, pointues et espacées; mais à la mâchoire inférieure elles sont toutes également en velours serré. Son préopercule se recourbe de même un peu en dessous. Il n'a point de dentelures sensibles, et c'est à peine si la membrane qui le revêt en offre des apparences. L'opercule osseux se termine par deux pointes plates et fortes. Le rayon supérieur des branchies est fort aplati et élargi. L'inférieur est presque capillaire et très-court. Il y a dans l'aisselle de la pectorale, et un peu au-dessus, une partie membraneuse et triangulaire, libre et couverte d'écailles. On en voit aussi une, mais plus petite, dans l'aisselle de la ventrale. Les ventrales sortent un peu plus en arrière que les pectorales, et ne les dépassent point ; ainsi elles sont plus courtes. La première dorsale a son troisième rayon prolongé en une longue pointe, qui surpasse d'un tiers la hauteur du corps au-dessous d'elle. Le premier est si court qu'il faut le chercher pour le voir ; tous sont assez minces et flexibles. La caudale est un peu échancrée en croissant, mais de manière que son lobe supérieur est plus étroit que l'inférieur, qui est large et arrondi. On pourrait aussi la décrire comme irrégulièrement rhomboïdale, le côté supérieur du rhombe étant plus grand et concave. Les épines de l'anale sont plus faibles que dans l'ombrine, à laquelle ce poisson ressemble d'ailleurs par les détails, que nous ne rappelons pas, et notamment par l'âpreté et l'obliquité des écailles.

B. 7 ; D. 10 — 1/25 ; A. 1/8 ; C. 17 ; P. 18 ; V. 1/5.

La couleur de ce poisson est un gris-brun obscur, avec des reflets argentés ; en dessous il devient plus pâle. Des bandes plus foncées et un peu nébuleuses s'y dessinent avec assez de constance. La première part de la nuque, et descend obliquement en arrière vers le milieu de la pectorale ; la seconde est courte sous le devant de la première dorsale, et descend presque verticalement ; la troisième part de la partie postérieure de la première dorsale, et se porte obliquement en avant vers le bout de la première ; la quatrième et la cinquième, venues du devant et du milieu de la seconde dorsale, sont parallèles à la troisième ; la sixième, qui vient de l'arrière de la même nageoire, se dirige encore plus en avant ; enfin, la septième, qui vient de la caudale, se dirige tout-à-fait horizontalement jusque vers la quatrième. Une partie de ces bandes a quelquefois des interruptions, qui donnent alors des taches isolées ; mais le tout est peu apparent, et même on n'aperçoit presque point les bandes dans les jeunes sujets, dont la couleur est aussi plus claire et plus argentée. Les nageoires sont d'un gris assez uniforme. Le bord de la première dorsale est noirâtre.

Son estomac est un sac fort ample ; nous l'avons trouvé rempli de crevettes. Il y a neuf cœcums à son pylore, dont quelques-uns assez longs.

5.   18

Parmi toutes les singularités que l'on observe dans la famille des sciénoïdes relativement à la vessie natatoire, une des plus frappantes est que cette espèce en manque tout-à-fait.

Le squelette a onze vertèbres abdominales et quatorze caudales. Les cellules de son crâne sont peu profondes, et les arceaux qui les séparent peu élevés.

L'Ombrine de la Martinique.

(*Umbrina martinicensis*, nob.)

La Martinique a une ombrine que nous en avons reçue par M. Plée, et qui ressemble extraordinairement à la précédente, même par les nombres de ses rayons. Nous lui trouvons seulement

les dents antérieures de la mâchoire supérieure et celles du milieu des pharyngiens plus fortes, les dentelures du préopercule plus prononcées, la première dorsale moins élevée; elle ne montre aucune trace de taches ni de bandes, et dans son état actuel elle paraît d'un brun doré uniforme.

D. 10 — 1/24; A. 1/10; C. 17; P. 22; V. 1/5.

Nos individus sont à peu près longs d'un pied.

Il est probable que c'est cette espèce ou la précédente, qui est le *drummer* ou le *tambour* de la Jamaïque, ou le quatrième chromis de Brown (*Jam.*, p. 449). Ce quatrième chromis ne peut être, comme l'a cru Linnæus, le même poisson que le *drum* de la Caroline ou *pogonias;* car celui-ci a les épines dorsales très-fortes, et Brown dit du sien qu'il les a flexibles et à peine poiguantes.

L'Ombrine de Broussonnet.

(*Umbrina Broussonnetii*, nob.)

Nous trouvons dans les collections de Broussonnet une ombrine annoncée à la fois (ce qui n'est guère probable) comme de la mer du Sud et de la Jamaïque.

Sa hauteur est quatre fois dans sa longueur. Son barbillon est court et pointu. Toutes ses dents sont en fin velours; les lobules au-devant de sa mâchoire supérieure peu marqués; ses dentelures préoperculaires prononcées. Quoique fort altérée, on ne voit pas qu'elle ait eu de taches, et il paraît bien que c'est une espèce particulière. Ses épines dorsales sont grêles. La deuxième anale est assez forte. Ses ventrales dépassent les pectorales de moitié. Il y a lieu de croire que sa caudale était coupée carrément. Ses nombres approchent de ceux des espèces précédentes.

D. 10 — 1/25; A. 2/6.

L'Ombrine coroïde.

(*Umbrina coroides*, nob.)

Le Brésil nous a envoyé trois espèces d'ombrines. Celle qui ressemble le plus à la nôtre

par sa caudale carrée et par l'égalité de ses dents en velours, par ses ventrales un peu plus longues que ses pectorales, et même par les lignes obliques qui se montrent sur tout son dos, se distingue éminemment dans ce genre par neuf bandes verticales brunes, qui descendent sur un fond argenté jusque vers le ventre, où elles finissent. La plus grande convexité de la ligne du dos est entre les deux dorsales. La hauteur à cet endroit est trois fois et trois quarts dans la longueur. Les quatre petits lobes du devant de la bouche sont arrondis. Les dentelures du préopercule sont aussi prononcées qu'à l'ombrine de France; et la seconde épine anale aussi forte. Il y a des points bruns sur les rayons de la seconde dorsale. Les écailles sont plus grandes qu'à l'ombrine : on n'en compte guère que cinquante sur une ligne entre l'ouïe et la queue. Elles sont obliques, âpres au bord et ciliées comme à l'ordinaire; et l'on y voit mieux que dans la plupart des autres ombrines cette apparence striée de leur milieu, qui forme des lignes de reflets que nous avons déjà mentionnées dans l'espèce de Java.

Nous avons compté comme il suit les nombres des rayons.

D. 10 — 1/29; A. 2/6; C. 17; P. 17; V. 1/5.

La caudale est légèrement échancrée en croissant.

Notre individu n'a que huit pouces.

C'est feu M. Delalande qui avait rapporté du Brésil cette espèce intéressante.

La ressemblance des couleurs nous avait fait penser d'abord que ce pouvait être le *coro-coro* de Margrave (p. 177), dont Bloch a donné une figure copiée sur celle du prince Maurice, mais fort altérée (pl. 307, fig. 2), et qu'il a nommé *sciæna coro*; mais ayant reçu depuis peu un pristipome coloré à peu près de même, et qui par la proportion des deux parties de sa dorsale correspond mieux à ces figures, bien que pour les détails il s'en écarte aussi beaucoup, nous avons pensé que c'est sur ce pristipome que l'on doit reporter la synonymie en question.

Notre poisson actuel est plutôt le *petoto*, dont M. de Humboldt a donné une courte description dans ses Observations zoologiques (t. II, p. 189).

L'OMBRINE GRÊLE.

(*Umbrina gracilis*, nob.)

Une autre espèce du Brésil, beaucoup plus grêle que
la précédente, et même que l'ombrine d'Europe et celle
des États-Unis,

est toute entière d'une couleur uniforme gris-roussâtre, avec éclat
métallique et reflets argentés. Ses écailles sont plus petites que
dans le *coro* : il y en a soixante-quinze sur une ligne de l'ouïe à la
queue. Ses dents sont encore assez égales, mais la dentelure de
son préopercule est à peu près insensible. On lui voit un repli
incomplet dans l'aisselle de la pectorale, et une écaille pointue
dans celle de la ventrale. Il n'y a qu'une très-faible épine à l'anale.
Sa caudale est un peu échancrée et inégalement, comme celle de
l'ombrine des États-Unis. Du reste, elle ressemble pour les détails à la
précédente et à l'ombrine d'Europe. Nous lui trouvons les nombres de rayons qui suivent.

D. 10 — 1/19 ; A. 1/7 ; C. 17 ; P. 18 ; V. 1/5.

Ce poisson a été rapporté du Brésil par M. Auguste
de Saint-Hilaire et par les naturalistes de l'expédition de
M. Freycinet.

L'OMBRINE SABLÉE.

(*Umbrina arenata*, nob.)

Une troisième espèce d'ombrine du Brésil,

grêle comme la précédente, et qui a de même une seule épine
très-faible à l'anale, et les dentelures du préopercule insensibles,
se distingue sur-le-champ des autres, parce que, outre ces dents
en velours, elle en a à la mâchoire supérieure un rang extérieur
de fortes et pointues. Les pièces triangulaires de l'aisselle de ses
pectorales et de ses ventrales sont aussi grandes que dans l'espèce
des États-Unis, et ses deuxième, troisième et quatrième rayons

dorsaux s'élèvent aussi un peu en pointe ; enfin, sa caudale est de même échancrée en deux lobes inégaux.

Ce poisson est tout entier d'un gris foncé glacé sur un fond d'argent. Six larges bandes nuageuses, un peu plus foncées, descendent obliquement du dos en avant, et s'y mêlent ou s'y perdent. Des bandes également mal terminées s'aperçoivent sur la caudale et sur les pectorales ; en outre, il y a sur toutes les écailles et sur toutes les nageoires de petits points bruns comme des piqûres de mouches. Le fond de la couleur des ventrales, de l'anale et de la caudale est jaunâtre. Les pectorales dépassent les ventrales.

D. 10 — 1/23 ou 24 [1] ; A. 1/7 ; C. 17 ; P. 18 ; V. 1/5.

Il y a des individus de plus d'un pied de long. Nous avons reçu un jeune de la même espèce par M. Delalande, où les dents externes sont moins écartées.

———

Le *pogonate doré* de Commerson a été rangé dans la famille des silures [2], tout aussi mal à propos que nous verrons bientôt que l'a été le pogonate courbine [3]. C'est bien sûrement une ombrine : on le jugerait d'après ses seuls caractères de deux dorsales et d'un barbillon unique au milieu de quatre pores sous la mâchoire inférieure ; mais la note informe de Commerson à son sujet est trop incomplète pour qu'on puisse en déterminer l'espèce. Faite, à ce qu'il paraît, très à la hâte, elle ne donne pas même le nombre des rayons, et se borne à dire que le poisson est de la taille et à peu près de la tournure d'une grande perche ; que son dos et ses flancs sont d'un brun bleuâtre, teint de doré ; que le bas de ses flancs est d'un

———

1. M. Langsdorf en a cédé au Cabinet de Berlin un individu sec qui n'a que vingt-deux rayons mous à la deuxième dorsale.

2. Lacépède, t. V, p. 120 et 122.

3. Voyez plus loin l'article des *pogonias*.

blanc sale, et le ventre d'un blanc plus pur; que ses pectorales, sa dorsale et sa caudale sont brunes, et son anale
et ses ventrales d'un blanc jaunâtre.

Cette note ne marque pas où le poisson a été pris; mais
d'après les articles qui la précèdent et qui la suivent, on
peut croire que c'était dans les parages de l'Isle-de-France.

DES LONCHURUS.

La forme pointue de la caudale ne saurait suffire à elle
seule pour réunir des espèces en genre, comme Bloch
l'avait fait pour celui-ci; aussi avons-nous déjà détaché le
lonchurus ancylodon pour le rapprocher des johnius. Le
lonchurus nasus et le *lonchurus arcuatus* nous paraissent
aussi des johnius, et probablement le *coitor* et le *chaptis;*
mais le *lonchurus barbatus* et le *depressus* doivent rester
distincts, et c'est à eux que nous restreignons maintenant
le genre, qui se trouve alors très-voisin des ombrines, n'en
différant presque que par un barbillon double.

Le Lonchure barbu.

(*Lonchurus barbatus,* Bl., pl. 360.)

Nous décrirons cette espèce d'après l'individu même
qui a servi de sujet à Bloch, et que M. Lichtenstein a
bien voulu nous prêter. Cet individu, unique jusqu'à présent, est en assez mauvais état. Bloch, avant d'en faire,
dans sa grande Ichtyologie, un genre particulier, l'avait
décrit et représenté, sous le nom de *perca lanceolata,*
dans les Nouveaux Mémoires de la Société royale des

sciences de Copenhague (t. III, p. 383), et, ce qui est singulier, il n'a point rappelé ce mémoire dans son grand ouvrage. [1]

Sa forme, assez grosse aux pectorales, s'amincit en arrière; du reste, ses rapports avec les ombrines et les corbs sont très-sensibles. Sa hauteur aux pectorales fait le cinquième de sa longueur totale; et c'est aussi la longueur de sa caudale qui paraît s'être terminée en pointe aiguë. Sa grosseur au même endroit fait moitié de sa hauteur, et sa tête a quelque chose de plus en longueur. Le profil est à peu près rectiligne, et le front un peu déprimé entre les yeux, dont la position est au tiers antérieur, près de la ligne du front, à une distance l'un de l'autre égale à ce qu'il y a de museau en avant. Ils sont petits; leur diamètre ne fait que le dixième de la longueur de la tête. Le museau est un peu déprimé et mousse, percé en avant tout-à-fait au bord d'un gros pore; sa membrane n'a point de lobes : il dépasse a peine la bouche, qui descend un peu obliquement jusqu'au droit du bord postérieur de l'œil. Le maxillaire, fort élargi en arrière, va un peu plus loin. Les dents sont en fin velours, très-ras aux deux mâchoires. Je ne vois pas de pore sous la mâchoire inférieure; mais elle a de chaque côté, vers son extrémité antérieure, un très-petit barbillon pointu. Le préopercule est arrondi et finement crénelé. L'opercule osseux se termine en pointe assez aiguë. La pectorale, attachée un peu au-dessous du milieu de la hauteur, a ses premiers rayons alongés, et formant une pointe qui dépasse considérablement l'anale, en sorte que sa longueur n'est guère plus de deux fois et demie dans celle du corps. Les ventrales, attachées exactement au droit de la base des pectorales, n'ont pas le tiers de leur longueur, bien qu'elles s'effilent aussi en pointe. Je ne vois pas bien quelle a dû être la hauteur des dorsales, qui sont un peu mutilées; mais l'anale est

---

1. Ce volume de Copenhague est imprimé en 1788. L'article du *lonchurus* a paru dans l'édition allemande de l'ichtyologie (t. VII) en 1793, et dans l'édition française en 1797.

petite, comme dans les sciènes en général, et placée sous le milieu de la longueur totale. Ses épines sont médiocres. La caudale est longue et très-pointue.

B. 7; D. 11 — 1/37; A. 2/9; C. 17; P. 18; V. 1/6.

Il y a des écailles sur la tête, comme dans les autres sciénoïdes, on en compte à peu près soixante-dix sur la longueur du corps: toutes transversalement ovales, minces, non ciliées, et qui se montrent à la loupe très-finement striées en rayons. La ligne latérale demeure parallèle au dos et au tiers supérieur jusqu'au-dessus de l'anale, où elle s'infléchit pour prendre presque le tiers inférieur et demeurer parallèle au bord inférieur de la queue.

L'individu est long de huit pouces, et dans son état actuel il paraît entièrement teint de brun roussâtre.

Le Lonchure a tête plate.

(*Lonchurus depressus*, Bl. Schn., pl. 102.)

Nous ne le connaissons que par l'article assez court que Bloch lui a consacré; car il ne s'est plus trouvé dans le Cabinet de Vaillant, où Bloch l'avait vu.

D'après l'article en question il serait extrêmement semblable au précédent.

Sa tête serait déprimée; sa mâchoire supérieure plus longue; sa symphyse munie de deux barbillons courts; ses pectorales seraient très-longues : il aurait la ligne latérale courbée vers le bas dans son milieu, l'anus rapproché des pectorales. Ses nombres de rayons différeraient bien peu.

D. 10/38; A. 1/9; C. 18; P. 17; V. 1/5;

mais (et ce serait, si l'assertion est exacte, une bien grande différence) ses deux dorsales seraient réunies.

Il n'est donc pas même certain que ce poisson appartienne à ce genre.

5.

CHAPITRE VII.

Des Pogonias et des Micropogons.

DES POGONIAS.

Les *pogonias* sont en quelque sorte des ombrines qui, au lieu d'un seul barbillon sous la symphyse, en auraient de nombreux sous les branches de la mâchoire inférieure. Ce genre a été établi et nommé *pogonias* par M. le comte de Lacépède (t. III, p. 137 et 138) d'après un petit individu conservé au Cabinet du Roi, et il en a publié (t. II, pl. 16, fig. 2) une figure que lui avait donnée M. Bosc; mais il n'en a point connu les propriétés singulières, et surtout il ne s'est pas aperçu qu'il le donnait encore deux autres fois, sous les noms de *pogonathe courbine* (t. V, p. 121) et de *sciène chromis* (t. IV, p. 314).

Ce petit individu, argenté, à bandes verticales noirâtres, est évidemment de même espèce que les *grunts* ou *labrus grunniens* de M. Mitchill (p. 405, pl. 3, fig. 3), qui, dit ce dernier auteur, passent parmi les pêcheurs de New-York pour être le jeune âge des *drums* ou *tambours*, grands poissons que le naturaliste dont nous parlons, malgré cette opinion des pêcheurs et malgré la vraisemblance que lui donnait la similitude presque entière des petits et des grands individus, a néanmoins placés dans un tout autre genre, et nommés *sciæna fusca* et *sciæna gigas* (p. 409 et 412). La comparaison que nous avons été

à même de faire, ne nous laisse presque aucun doute
que les pêcheurs de New-York n'aient raison; ce qui du
moins sera certain pour ceux mêmes qui n'auront sous les
yeux que les figures de ces poissons, c'est que le *sciæna
gigas*, le *sciæna fusca* et le *labrus grunniens* sont tous
les trois des *pogonias*.

Ces poissons se font remarquer par la taille à laquelle
ils parviennent et surtout par le bruit qu'ils font entendre, et qui leur a valu leur nom vulgaire. Linnæus en
avait reçu un de Garden, et lui avait transporté le nom
ancien de *chromis*, précisément à cause de ce bruit[1]; mais
il le plaça parmi ses *labrus*[2], sans que l'on puisse trop deviner sur quelle analogie, et il ne fit point mention de
ses barbillons, probablement parce qu'il ne l'avait reçu
que desséché. Enfin, il le regarda comme identique avec
le *guatucupa* de Margrave, qui est un otolithe, et avec
le *drummer* ou quatrième *chromis* de Brown, qui est
une ombrine, ainsi que nous l'avons vu précédemment.

On varie sur la nature du bruit de ces drums. Selon
M. Mitchill[3], c'est quand on les tire de l'eau qu'ils le font
entendre : mais Schœpf, qui parle du drum sous le nom
de *labrus chromis*[4], dit que c'est sous l'eau; que ce bruit
est sourd et creux; que plusieurs individus se rassem-
blent autour de la cale des navires à l'ancre, et que c'est
alors que leur bruit est le plus sensible et le plus continu. Ce récit peut sembler extraordinaire, et cependant
il se trouve entièrement conforme à ce que vient de rap-

---

1. Les anciens attribuent un bruit à leur chromis. Voyez page 12 de ce volume.
2. *Labrus chromis*, 12.ᵉ édition.
3. *L. c.*, p. 411.
4. Écrits de la Société des naturalistes de Berlin, t. VIII, p. 158.

porter un voyageur qui n'avait probablement jamais lu Schœpf.

C'est M. John White, lieutenant de la marine des États-Unis, dans son Voyage aux mers de la Chine, publié en 1824. Il raconte (p. 187 et 188) qu'étant à l'embouchure du fleuve de Camboje, son équipage et lui furent frappés de sons extraordinaires qui se faisaient entendre autour du fond de leur navire. C'était, dit-il, comme un mélange des basses de l'orgue, du son des cloches, des cris gutturaux d'une grosse grenouille, et des tons que l'imagination prêterait à une énorme harpe : on aurait dit que le vaisseau en tremblait. Ces bruits s'accrurent et formèrent enfin un chorus universel sur toute la longueur du vaisseau et des deux côtés. A mesure que l'on remonta la rivière, ils diminuèrent, et cessèrent enfin entièrement. L'interprète leur apprit qu'ils étaient produits par une troupe de poissons de forme ovale et aplatie, qui ont la faculté d'adhérer fortement aux divers corps par la bouche.

M. de Humboldt a été témoin d'un fait analogue dans la mer du Sud, mais sans en soupçonner la cause. Le 20 Février 1803, vers les sept heures du soir, tout l'équipage fut effrayé d'un bruit extraordinaire qui ressemblait à celui de tambours que l'on aurait battus dans l'air. On l'attribua d'abord à des brisans. Bientôt on l'entendit dans le vaisseau et surtout vers la poupe; il imitait un bouillonnement, le bruit de l'air qui s'échappe d'un liquide en ébullition. On craignit alors qu'il n'y eût quelque voie d'eau au bâtiment; il s'étendit successivement à toutes les parties du vaisseau, et enfin, sur les neuf heures, il cessa entièrement. D'après les récits dont nous venons de donner l'extrait, et d'après ce que tant d'observateurs rapportent touchant diverses sciénoïdes, on peut croire que c'était aussi une troupe de quelqu'une de leurs espèces qui se faisait entendre.

Ce serait une recherche curieuse que celle des organes qui servent à ces poissons à produire des sons si forts et si continus, et cela au fond de l'eau et sans communication avec l'air extérieur. J'ai déjà fait remarquer que la plupart des sciénoïdes les plus remarquables par cette faculté ont de grandes vessies natatoires, très-épaisses, munies de muscles très-forts, et qui dans plusieurs espèces ont des proéminences, des productions plus ou moins compliquées qui pénètrent même dans les intervalles des côtes; ce qui pourrait diriger de ce côté les vues des physiologistes. Mais en même temps je dois remarquer que ces vessies n'ont aucune communication ni avec le canal intestinal, ni en général avec l'extérieur.

Une autre particularité notable des pogonias, c'est la grandeur extraordinaire des dents de leurs pharyngiens supérieurs moyens et de leurs pharyngiens inférieurs.

Elles sont plus grosses que dans les plus grands labres, et ont dû frapper de tout temps ceux à qui on servait la tête de ce poisson; ce qui a engagé les curieux à rapporter divers échantillons de ces pharyngiens dans les cabinets de l'Europe, où souvent on ignore de quel poisson ils proviennent. Déjà les ombrines et le *corvina oscula* nous avaient offert quelque chose de semblable; mais le pogonias les surpasse beaucoup à cet égard.

Ce sont des pharyngiens de pogonias qu'Antoine de Jussieu a décrits et représentés dans les Mémoires de l'Académie des sciences pour 1723 (p. 207 et pl. 11), et qu'il dit appartenir à un poisson du Brésil appelé *gron-*

deur par les gens du pays[1] : il a cru y retrouver l'original des bufonites.

Les drums, selon M. Mitchill, nagent en troupes nombreuses dans les baies peu profondes de la côte sud de Long-Island, où les pêcheurs les trouvent pendant la belle saison comme de grands troupeaux de moutons. Ce sont des poissons paresseux et stupides. Schœpf dit qu'on en trouve encore plus abondamment et pendant toute l'année le long des côtes basses de la Caroline et de la Floride, et que leur chair n'est pas des plus tendres.

Il y a aussi de ces poissons le long des côtes du Brésil, et M. Delalande nous en a rapporté de Rio-Janéiro de grands et de petits individus, que nous ne pouvons distinguer en rien de ceux des États-Unis. L'os pharyngien représenté par Jussieu venait du Brésil, et ne diffère en quoi que ce soit de ceux de New-York. Ainsi nous ne pouvons douter que la même espèce ne vive à ces deux latitudes. Cependant on n'en trouve pas dans Margrave une indication bien claire. Ce ne peut être son *guatucupa* (p. 177) dont nous avons parlé précédemment à l'article des otolithes : tout au plus pourrait-on soupçonner que c'est la figure qu'il donne (p. 169); mais la description placée au-dessous et intitulée *cugupa-guazu* n'y appartient pas. Le véritable nom, inscrit sur l'original de cette figure dans le *Liber principis*, est

---

1. M. de Blainville, dans son Mémoire sur les ichtyolithes (p. 85), semble croire que ce poisson de M. de Jussieu est le *spare bufonite*; mais c'est une erreur : l'os pharyngien, très-bien dessiné dans la planche de Jussieu, et encore mieux l'objet même qui lui a servi d'original, et que son illustre neveu a bien voulu nous donner, ne laissent aucun doute sur l'espèce; c'est précisément l'os pharyngien de notre grand pogonias.

cunapa ; elle est enluminée d'un plombé noirâtre, le ventre est d'un jaune roussâtre et les nageoires d'un brun roussâtre ; ce qui revient assez à ce que M. Mitchill dit de la couleur des vieux drums. Au bas est écrit de la main du prince de Nassau, que le poisson est long de plus de huit pieds.

Il y a des pogonias encore plus au sud ; car c'en est bien certainement un que le *courbina* des Espagnols de Montévidéo que Commerson prit dans les eaux de cette ville lors du séjour qu'il y fit avec Bougainville en Avril 1767. Peu exercé alors sur les poissons, et ne pouvant les étudier que d'après le Système de Linnæus, c'est du genre des silures, tel que l'avait formé le naturaliste suédois[1], qu'il crut devoir le rapprocher ; mais il avait soin de faire remarquer qu'il ressemblait plutôt aux spares[2]. Il fit de ce poisson un genre qu'il nomma *pogonate,* laissa à l'espèce son nom de *courbina,* et lui associa dans la suite une ombrine, qu'il appela *pogonate doré.* Cependant sa description ne laisse pas d'équivoque ; elle est très-détaillée et conforme à celle de nos grands drums sur tous les points, même sur les nombres des rayons et jusqu'aux pierres des oreilles. [3]

---

1. *De rigore methodi ichthyologicæ linnœanæ ad hoc genus (siluri) retuli, sed novum genus hic subolfacio.* (Commerson, Manuscr.)

2. *Facies spari erythrini vel auratæ.* (*Idem, ibid.*)

3. Voici l'extrait de la description de Commerson :

Longitudo bipedalis ; latitudo septem pollicaris ; pondus sex librarum. Color dorsi et laterum e cœruleo fuscescens, non nihil deauratus ; ventris ex argenteo albicans ; squamæ latiusculæ. Caput a dorso declive. Mandibulæ fere æquales ; inferior barbata viginti quatuor cirrhis breviusculis, albis, mollissimis, fluitantibus, quorum sedecim anteriores duplici ordine digeruntur, et breviores sunt ; octo autem posteriores, longius inter se dissiti, simplici serie ordinantur, quatuor utrinque ; utraque autem mandibula margine interiore denticulis confertissimis, limæ instar, exasperatur. Os

M. de Lacépède a adopté le genre et les espèces de Commerson : mais loin de faire remarquer l'analogie du *courbina* avec le pogonias, et trompé par le rapprochement que Commerson en avait fait avec les silures, il le laisse auprès de ceux-ci, et lui suppose les caractères communs à ces poissons, tels qu'une tête déprimée, couverte de lames grandes et dures, la peau enduite de mucosités, etc.

Commerson dit que son pogonathe, bouilli, est d'un goût fade : il n'eut le temps, ni de le dessiner, ni d'en prendre des mesures détaillées, comme pour la plupart de ses autres poissons; et c'est sans doute ce qui a encore contribué à empêcher qu'on n'assignât à cette espèce sa véritable place.

Le Cabinet de Berlin possède un de ces pogonias de Montévidéo, envoyé par M. Sello, long d'un pied, et qui ne diffère en rien des jeunes de l'Amérique du nord.

Le nom de *courbina* est aussi en usage pour le pogo-

---

interius palatum et fauces lœves sunt, absque dentibus molaribus[1]. *Membrana branchiostega ossiculorum septem; superiora latissima et longiora. Dorsum cultratum, a capite assurgens ad pinnam cognominem primam; hinc deorsum incurvatur ad pinnam usque secundam, qua tandem rursum in arcus formam elevatur. Pinna dorsi anterior triangulata, ossiculorum novem pungentium, quorum primum dimidio brevius est secundo; octavum et nonum omnium brevissima*[2]. *Dorsalis posterior oblonga radios habet viginti duos; primum aculeatum, etc.*

Nota. Nec dorsalium nec pectoralium radius primus retrodentatus, uti solemne est siluris; pinnœ ventrales pone pectorales, pollicis circiter intervallo; radiis sex, primo validissimo pungente; pinna ani radiis octo; primus brevissimus, pungens : secundus crassitie immani, itidem pungens; reliqui sex molles ramosi, sed tertius et quartus longitudine prœcellunt; supra caudam mediam squamœ stria-notatœ argenteœ, singulari serie sese imbricatim excipiunt ad ipsius usque apicem; lapillos habet in cerebro uti aurata.

1. Il n'avait pas vu les pharyngiens.
2. Il n'avait pas vu le très-petit premier rayon.

nias du côté de la Guyane ; car nous en avons trouvé les pierres des oreilles avec ce nom dans le Cabinet de feu M. Richard, qui les avait eues à Cayenne ; et comme c'est proprement le nom espagnol du corb, on l'emploie dans les colonies espagnoles d'Amérique pour plusieurs autres poissons de la famille des sciènes.

Après ces remarques générales sur les pogonias nous allons en décrire les grands et les petits individus, tels que nous les avons sous les yeux, laissant aux observateurs qui en trouveront l'occasion à décider s'ils diffèrent par l'espèce ou simplement par l'âge.

Le GRAND POGONIAS.

(*Pogonias chromis*, nob. ; *Labrus chromis*, L. ; *Sciæna chromis*, Lacép. et Schn. ; *Sciæna fusca* et *Sciæna gigas*, Mitch.)

Le grand *drum* nous a été envoyé de New-York par M. Milbert ; il a toute la tournure d'un corb (*corvina nigra*), mais d'un corb gigantesque.

Sa nuque est bombée de même, et un peu carénée ; mais sa tête est encore plus grosse et plus renflée par les côtés, plus courte et plus obtuse au museau : il ne montre point de dentelures au préopercule ; mais son opercule se termine par deux pointes plates, obtuses et un peu sillonnées et crénelées. La bouche est peu fendue. Les dents des mâchoires forment des bandes larges, mais peu étendues en travers ; elles sont nombreuses, serrées, assez grosses comparativement aux dents en carde des espèces voisines, droites, égales, coniques, mousses : comme dans les autres sciénoïdes, il n'y en a ni au vomer ni aux palatins ; mais celles des pharyngiens inférieurs et des pharyngiens supérieurs moyens sont, comme nous l'avons dit, excessivement remarquables par leur forme de gros pavés saillans et arrondis.

5.   20

Les dents antérieures et postérieures de ces pharyngiens supérieurs sont en cardes.

Il pend des deux côtés de la mâchoire inférieure de petits barbillons grêles et mous, semblables à des vers, au nombre d'une vingtaine, disposés comme par rangées transversales depuis la symphyse jusque vers l'angle postérieur. Près de la symphyse, entre les barbillons, sont percés trois gros pores. La membrane des branchies a sept rayons, dont les deux plus élevés sont aplatis. Il n'y a de dentelure ni à l'os surscapulaire ni à l'huméral.

Les dorsales sont unies par une membrane très-basse. La première a dix rayons forts et comprimés comme des lames de sabre : le premier est très-court et sort à peine de la peau ; le second et le troisième sont les plus longs : ensuite ils diminuent jusqu'au dixième. Cette nageoire occupe en longueur le double de sa hauteur et plus du cinquième de la longueur totale : comme dans toute la famille, elle se cache en partie entre les écailles du dos. La deuxième est de moitié plus longue et plus basse, et a un rayon épineux et vingt-deux mous. Les pectorales sont grandes, pointues comme aux spares, et ont dix-sept rayons : leur longueur est presque du quart de celle du corps. Les ventrales naissent plus en arrière, mais ne se portent pas aussi loin. L'anale a, comme dans le corb, une première épine excessivement courte, et une seconde longue, comprimée et très-forte, qui est dépassée cependant par le premier rayon mou : il y en a sept de ceux-ci, dont le dernier fourchu. Cette nageoire est courte, mais haute et assez pointue. La caudale est carrée et a dix-sept rayons, comme dans toute la famille. Tout ce poisson est couvert d'écailles grandes, fortes, obliques, marquées vers leurs bords de stries légères, parallèles à ce bord et entre elles.

On ne voit plus dans notre grand individu empaillé d'autre couleur qu'une teinte gris-brun, produite par une peau grise, toute finement pointillée de noir ; et les écailles qui percent partout cet épiderme brun y font autant de taches blanchâtres.

Nous n'avons pas eu les viscères de ce grand drum ; mais nous en avons examiné avec soin l'étrange vessie natatoire. Dans un

drum de trois pieds et demi elle est longue de quinze pouces et
large de cinq. Sa forme est ovale, très-obtuse en arrière, rétrécie
en avant, et se dilatant plus en avant encore en sinus festonnés et
lobés, qui se prolongent latéralement en deux lobes pointus,
dirigés en arrière, et dont les bords extérieurs sont eux-mêmes
lobés et festonnés. Ces proéminences pénètrent en partie entre les
côtes et dans les chairs. Sa membrane propre est argentée, gélati-
neuse et fibreuse, d'une grande consistance, et de près d'un demi-
pouce d'épaisseur. De chaque côté de sa moitié postérieure elle est
revêtue d'une couche très-épaisse de fibres musculaires transverses, qui pénètrent en partie dans l'épaisseur de la tunique
propre et doivent la comprimer avec force. L'organe rouge et sécrétoire de l'intérieur est épars, comme par grumeaux, en deux amas
sur sa face intérieure; il est moins volumineux à proportion que
dans le maigre, et n'occupe guère qu'une longueur de six pouces.

Nous possédons un beau squelette du grand drum, préparé par
M. Rousseau avec un individu envoyé de New-York par M. Milbert.
Les cavités de la surface du crâne, des sous-orbitaires, du préopercule, y sont les mêmes que dans les autres grandes sciénoïdes. Il y
a vingt-quatre vertèbres, dont dix abdominales et quatorze caudales.
Ce qu'il offre de plus singulier, c'est que la plupart de ses interépineux sont renflés comme des massues, surtout les neuf ou dix premiers de sa deuxième dorsale. Le premier de la dorsale épineuse,
qui porte deux rayons, est encore plus long et plus renflé que
tous les autres.

M. Mitchill, qui a décrit des individus frais de la variété
qu'il nomme *drum noir* ou *sciæna fusca,* dit qu'ils sont
d'une couleur d'argent sombre, comme l'écume du plomb
fondu, avec une teinte cuivrée et rougeâtre. Du côté du
dos la peau entre les écailles est noirâtre; ce qui a fait
donner au poisson l'épithète de *noir.* Il y a une tache
noire derrière la pectorale. Les nageoires tirent au rouge,
surtout les dorsales, les pectorales et la caudale.

Le même naturaliste (p. 412) parle d'un drum rouge qu'il nomme *sciæna gigas*, qui est d'une teinte plus rougeâtre que l'autre ; mais il ajoute que sa différence avec le noir est si peu constante et si difficile à saisir, que des hommes qui se prétendent connaisseurs contestent souvent à propos du même individu s'il est noir ou rouge. Il en conclut avec raison que ce ne sont que des variétés occasionées par le sexe ou par des causes accidentelles.

Ces poissons deviennent très-grands ; les nôtres ont trois pieds et demi, et même quarante-cinq pouces. M. Mitchill dit que le drum noir est souvent long de trente-huit et quarante pouces (anglais), et pèse communément quinze, vingt et trente livres ; il en a pesé un de quatre-vingts, et des personnes croyables l'ont assuré en avoir vu de plus de cent. On a souvent aussi des drums rouges de soixante livres et plus.

Le POGONIAS A BANDES.

(*Pogonias fasciatus*, Lacép. ; *Labrus grunniens*, Mitch.)

Tout ce que nous venons de dire des formes et du nombre des rayons des grands drums s'applique au petit, c'est-à-dire à ce poisson que les pêcheurs croient être un jeune drum ;

seulement ses pectorales paraissent moins longues à proportion, et on lui voit sur un fond argenté quatre bandes verticales noirâtres ; la première en avant de la première dorsale, la seconde sous la fin de cette nageoire, les deux autres sous la deuxième : il y en a quelquefois une cinquième plus en arrière. Les dorsales, surtout la première, ont leur membrane finement pointillée de noir. La dorsale et l'anale l'ont teinte de noirâtre. Celles de la pectorale et de la caudale sont plus grises.

Les proportions de ce petit drum, que nous avons eu occasion de prendre plus exactement que celles du grand, sont à peu près les suivantes :

La hauteur, prise à l'aplomb de la naissance de la première dorsale, est trois fois et trois quarts dans la longueur totale; et lorsqu'on n'y comprend pas la caudale, elle est contenue trois fois dans la longueur du corps.

L'épaisseur, mesurée aux ventrales, n'est pas tout-à-fait la moitié de la hauteur.

La longueur de la tête fait le quart de la longueur totale, et sa hauteur à la nuque égale à peu près sa longueur.

Nous avons fait la splanchnologie de ces petits individus.

Leur foie est de grandeur médiocre. Son épaisseur sous l'œsophage est assez considérable, et il donne dans chaque hypocondre deux lobes minces, aplatis, dont le droit est le plus étroit. Le long de ce lobe est attachée la vésicule du fiel, qui a la forme d'un cylindre alongé. Le canal cholédoque remonte jusque dans la fourche des lobes du foie, et dans ce trajet il reçoit peu de vaisseaux cystiques; il devient libre ensuite, et débouche bientôt dans le duodénum, derrière les cœcums.

La longueur de l'œsophage est médiocre : il est large, plissé longitudinalement à l'intérieur, et se continue en un estomac assez long, qui va toujours en se rétrécissant. Ses parois sont minces; il est plissé comme l'œsophage. La branche montante est très-courte, et aussi large que l'estomac auprès du cardia : aucun rétrécissement ne marque le pylore; sa valvule ne fait pas même un bourrelet sensible. Il y a six appendices cœcales de grosseur moyenne, dont la longueur égale la moitié de celle de l'estomac. Le duodénum est très-large; sa tunique musculaire est forte et très-apparente. Après s'être dirigé d'abord vers le diaphragme, et s'être bientôt replié sur lui-même, il se porte jusqu'au-delà de l'estomac, en faisant quelques ondulations; il remonte ensuite jusqu'à la hauteur de la naissance

de la branche montante de l'estomac, et se replie pour aller droit
déboucher à l'anus. Le diamètre de l'intestin diminue graduellement,
de manière que celui du rectum n'a que la moitié de celui du duodénum.

La vessie aérienne est fortement attachée à la colonne vertébrale
au tiers supérieur de sa longueur. L'individu que nous avons disséqué a neuf pouces de long, et l'on y distingue déjà très-bien les
lanières que nous venons de décrire sur une vessie retirée d'un
individu de trois pieds : elles y paraissent même plus nombreuses,
aussi bien que plus déliées. Les muscles propres de la vessie sont
aussi déjà très-développés.

Les reins sont gros, épais, réunis entre eux ; ils sont libres et
placés entre la vessie aérienne et les vertèbres pendant leur première
moitié ; mais ensuite ils s'engagent sous des bandes osseuses des
dernières vertèbres abdominales, qui les fixent fortement au dos.
Les uretères sont peu longs, et ils débouchent derrière le rectum,
tout auprès de lui, sans qu'il y ait de vessie urinaire proprement
dite.

DES MICROPOGONS.

Il existe le long des côtes de l'Amérique d'autres sciénoïdes barbues, mais dans lesquelles ce caractère est
presque imperceptible, tant leurs barbillons sont exigus,
en sorte que nous-mêmes les avions placées pendant long-
temps parmi les johnius, dont elles ont toutes les apparences, et particulièrement l'épine anale de grandeur
médiocre ; cependant leur nuque bombée les fait aussi
ressembler beaucoup aux corbs.

Leur préopercule a le long de son bord montant des
dents prononcées, qui grandissent vers le bas, et dont
même les deux de l'angle, assez écartées, pourraient passer
pour de petites épines. Leur opercule osseux finit par

deux pointes plates. La membrane du bout de leur museau a quatre petits lobes. Leur bouche, assez protractile, a des dents en velours sur des bandes assez larges ; c'est à peine si le rang externe d'en haut est plus fort que les autres. Les dents pharyngiennes du milieu se terminent en sommet obtus ; les autres sont en velours. On voit à la mâchoire inférieure, vers le bout, trois petits pores et deux gros ; et c'est à chacune de ses branches, le long de son bord interne, auprès de sa symphyse, que sont attachés les trois ou quatre très-petits barbillons qui caractérisent ce genre. Les écailles sont légèrement âpres au bord, et obliques comme dans les sciénoïdes en général. Leur ligne latérale se marque par une suite d'arbuscules assez branchus. Les épines de leur première dorsale n'ont pas une très-grande force. On compte de vingt-huit à trente rayons mous à la seconde. La deuxième épine anale est d'un tiers ou de moitié plus courte que les rayons mous. L'épine de leurs ventrales est mince, et s'attache intimement au premier rayon mou, qui se termine en un petit filet. Enfin, leur caudale est à peu près coupée carrément.

D'après toutes ces ressemblances on devine déjà que les poissons de ce groupe doivent être extraordinairement rapprochés entre eux ; et en effet nous en avons plusieurs tellement semblables, que nous hésitons si nous devons les regarder comme des espèces ou comme des variétés : il y en a cependant de trois principales formes, que nous désignerons par des noms spécifiques.

Le MICROPOGON RAYÉ.

(Micropogon lineatus, nob.; *Umbrina Fournieri,* Desmar.;
Sciæna opercularis, Q. et G.)

La hauteur du corps est quatre fois et demie dans sa longueur.

De jeunes individus, envoyés de New-York par M. Milbert, paraissent de couleur argentée, avec un large reflet noirâtre sur l'opercule, et des bandes verticales, étroites, grises ou noirâtres, tout le long du flanc : on en compte plus de vingt. C'est à peine si l'on aperçoit des lignes obliques sur le dos. De petites taches brunâtres forment deux ou trois bandes longitudinales sur les dorsales. Les ventrales paraissent avoir été jaunes. Les autres nageoires sont grises.

B. 7; D. 10 — 1/28 ou 29; A. 2/8; C. 17; P. 17; V. 1/5.

Il nous en est venu du Brésil par M. Delalande et MM. Quoy et Gaimard, de Porto-Rico par M. Plée, et de la Havane par M. Desmarest, qui, avec les nombres et tous les caractères des précédens, avec leur reflet noirâtre à l'opercule et leurs bandes grises verticales, montrent encore du côté du dos des lignes noirâtres et nombreuses, descendant obliquement en avant, et se joignant à ces bandes verticales.

Il y en a de Montévidéo, du Brésil et de Porto-Rico des individus de quinze pouces, où les bandes verticales ont tout-à-fait disparu. Au premier coup d'œil on serait tenté, à cause de leurs lignes obliques bien prononcées, de les prendre pour l'ombrine commune.

L'estomac de ces poissons est long et étroit; son extrémité est arrondie, et atteint à la moitié de la longueur de la cavité abdominale. La branche montante est courte : on compte neuf appendices cœcales au pylore. L'intestin fait deux replis; il est de longueur médiocre.

La rate est très-grande, alongée, et de couleur très-foncée.

Les ovaires occupent toute la longueur de l'abdomen. Le diamètre de ces sacs n'est pas très-grand : ils sont remplis d'œufs très-petits.

La vessie aérienne de ces micropogons est beaucoup moins compliquée que celle dés pogonias et d'un grand nombre de nos johnius, et se rapproche davantage des vessies des otolithes; elle s'étend depuis le diaphragme jusqu'au-delà de l'anus. Sa partie antérieure est arrondie sans aucune division; elle se prolonge en un cône un peu aplati de haut en bas et terminé par une pointe fort aiguë. De chaque côté de la vessie, aux trois quarts de sa longueur, et à l'endroit où l'amincissement de la pointe du cône devient plus sensible, on voit naître une corne très-grêle, qui se porte en avant, le long de la vessie, jusque sur son extrémité antérieure.

La tunique fibreuse est très-épaisse, peu solide, et d'une belle couleur argentée. La deuxième tunique est très-fine et membraneuse. Les corps rouges forment deux rubans simples, étroits, un peu sinueux, et qui descendent jusqu'à la moitié de la longueur de la vessie.

La tunique fibro-musculaire est épaisse et entoure les deux tiers postérieurs de la vessie. Le corps glandulo-graisseux, qui est sous la partie musculaire de cette membrane, a aussi beaucoup d'épaisseur.

Le squelette des micropogons est remarquable surtout par la légèreté et la minceur des arceaux qui interceptent les espaces caverneux de son préopercule et de ses sous-orbitaires. Il a onze vertèbres abdominales et quatorze caudales.

M. Desmarest a représenté un des individus de Cuba, dans sa première Décade ichthyologique et dans le Dictionnaire classique d'histoire naturelle, sous le nom d'*ombrine Fournier;* mais le gros barbillon de la symphyse n'y existe pas. Ainsi ce ne peut être une ombrine. De plus, le dessinateur a fait la caudale trop. ronde, et a négligé la tache de l'opercule.

M. Poey nous apprend qu'on nomme cette espèce à la Havane *corvina,* qui est un des noms espagnols du corb. Elle y remonte les rivières, et y atteint le poids d'une livre. A Porto-Rico on la nomme *corvino.* C'est, selon

5.　　　　　　　　　　　　　　　　21

M. Plée, un des poissons les plus communs sur la côte nord de cette île. Sa chair est peu estimée et se corrompt promptement.

A Montévidéo c'est *corvina* qui est en usage. C'est le poisson le plus commun du pays, selon M. d'Orbigny. On le pêche à la seine dans la baie, ou à la ligne de fond, lorsqu'on veut en avoir de gros. Il ne remonte pas plus haut que Buénos-Ayres, où l'on en prend quelques-uns dans les mois de Septembre et d'Octobre.

C'est la *sciène operculaire* de MM. Quoy et Gaimard.[1]

Le Micropogon argenté.

(*Micropogon argenteus*, nob.)

Le Musée royal des Pays-Bas a reçu de Surinam un poisson extrêmement semblable au précédent par tous ses caractères de forme, et qui paraît cependant différer par l'espèce.

Le bord montant de son préopercule n'a que peu de dentelures et très-courtes. Les deux épines de l'angle sont moins fortes; l'inférieure se dirige en avant : il est un peu plus élevé à l'endroit des pectorales, et sa couleur est argentée, avec des stries obliques grisâtres, qui se terminent à la ligne latérale, et ne deviennent point verticales. Il y a des taches fauves sur le milieu des rayons de ses ventrales et de son anale.

D. 10 — 1/27; A. 2/8, etc.

L'individu est long de treize pouces.

Ses viscères ne sont pas entièrement les mêmes que dans le précédent.

Sa vessie aérienne se termine bien par une pointe aiguë, mais

---

1. Voyage de *l'Uranie*, zoologie, p. 547.

elle n'offre pas d'étranglement en arrière. Ses cornes sont plus courtes et beaucoup plus grêles, et sa partie antérieure est plus renflée.

L'estomac est un sac plus alongé et plus grand. Nous n'avons trouvé que huit cœcums au pylore.

Le péritoine est une membrane mince, transparente, sans couleur propre. En dehors du péritoine il y a un sac musculo-fibreux fort épais, qui enveloppe tous les viscères; il se compose sous les côtes de chaque côté du corps d'une masse jaunâtre, épaisse, qui n'offre de fibres visibles qu'à l'arrière de l'abdomen. Ces fibres sont transversales, et pourraient servir à comprimer la vessie en se contractant : la partie antérieure ressemble plus à de la graisse concrète. Une forte aponévrose s'attache à la tunique fibreuse de la vessie aérienne, sur sa partie antérieure. Le reste de la vessie est libre dans le sac. Une autre aponévrose réunit les deux masses sous le ventre, et forme ainsi une ligne blanche solide.

Nous avons trouvé l'estomac rempli de petits poissons.

Le MICROPOGON ONDULÉ.

(*Micropogon undulatus*, nob.; *Perca undulata*, Linn.)

Nous n'avons de la troisième forme qu'un individu envoyé de la Nouvelle-Orléans par M. Despinville, et très-semblable aux précédens; il s'en distingue cependant par un corps plus court, plus convexe du côté du dos, dont la hauteur n'est que quatre fois dans la longueur (sa tête n'y est que trois fois et demie); par sa première dorsale un peu moins haute; par ses dentelures du bord montant du préopercule, moins nombreuses qu'à la première espèce, et plus marquées qu'à la seconde; enfin, par ses couleurs, n'ayant ni bandes verticales ni lignes obliques, mais seulement des taches brunâtres peu marquées, semées sur tout le dos.

L'individu est long de treize pouces.

L'œsophage de ce micropogon de la Nouvelle-Orléans est alongé;

il se dilate en un estomac court, arrondi, et dont le diamètre est plus que double de celui de l'œsophage. La branche montante est plus étroite que l'œsophage : il y a neuf appendices au pylore. L'intestin est large, mais de médiocre longueur; il fait deux replis.

La vessie aérienne est très-grande, arrondie aux deux bouts. Au milieu de l'extrémité postérieure sort une petite pointe courte et aiguë. De chaque côté, et aux deux tiers de la longueur de la vessie, on voit l'insertion de deux cornes grêles, qui remontent jusque sur la partie antérieure. La membrane fibro-musculeuse, qui adhère à la ligne médiane de la face dorsale, est très-épaisse dans les espèces de ce genre, ainsi que le corps glanduleux ou graisseux qui recouvre toute la face interne de la partie musculeuse de cette membrane. Ce corps est plus gris que les fibres musculaires qui le recouvrent.

Ce poisson se prend dans le lac de Pont-Chartrain. Les colons français de la Nouvelle-Orléans le distinguent par le nom expressif de *grondin,* qui en France appartient aux trigles, mais d'où l'on peut conclure que cette sciénoïde, comme les trigles, et surtout comme les grands pogonias, a la faculté de faire entendre quelque son.

C'est bien certainement cette espèce qui est le *croker* de Catesby (t. II, pl. 3, fig. 1)[1]. Linnæus cite cette figure sous son *perca undulata,* qui semble en effet devoir être aussi de cette espèce, surtout d'après les cinq dents qu'il lui remarque au préopercule; mais il paraît l'avoir confondu avec le léiognathe, car c'est dans ce dernier seulement que se voit la tache noire au-dessus de la pectorale. La tournure et les couleurs de ces deux poissons se ressemblent assez pour que, ne les examinant point en détail, on ait pu les prendre l'un pour l'autre.

---

1. Copié dans l'Encyclopédie (fig. 209). C'est la *sciène croker* de Bonnaterre et de Lacépède (t. IV, p. 309 et 314).

DES SCIÉNOÏDES A DORSALE SIMPLE, A SEPT RAYONS BRANCHIAUX.

De même qu'il existe des poissons semblables aux perches, à la seule exception près que leurs dorsales sont réunies en une seule nageoire, il en existe aussi qui ne diffèrent des sciènes que parce que leur dorsale n'est ni complétement divisée, ni très-profondément échancrée; mais leur palais sans dents, leur tête souvent bombée et même quelquefois caverneuse, les écailles qui s'avancent jusque sur leur museau, celles qui recouvrent leur opercule et une partie de leurs nageoires verticales, les pores dont leur mâchoire inférieure est marquée, et tout l'ensemble de leur structure, marquent leur affinité.

Nous avons divisé ces poissons, en nous appuyant sur les mêmes caractères qui ont servi à diviser les perches. Des dentelures au préopercule; des épines aux opercules, ou l'absence de l'une ou de l'autre de ces armures, et quelques détails dans les dents; la forme de la tête, ou la composition des nageoires, nous ont suffi pour y établir des genres fort naturels, et tels qu'au premier coup d'œil on peut s'apercevoir de celui où il faut classer une espèce : mais nous les distribuons d'abord en deux grands groupes, d'après le nombre des rayons de leurs ouïes. Nos trois premiers genres en ont sept, comme presque toutes les sciénoïdes à dorsale divisée.

CHAPITRE VIII.

Des Rouge-Gueules ou Gorettes (Hæmulon, nob.)

On nomme ainsi dans nos colonies françaises d'Amérique des poissons de cette famille, auxquels leur mâchoire inférieure, comprimée et s'ouvrant fortement, donne une physionomie particulière, que fait remarquer encore davantage la teinte d'un rouge vif de la partie de cette mâchoire qui est recouverte quand la bouche se ferme. C'est cette couleur qui a déterminé leur première dénomination, et qui nous a fourni notre nom générique (d'αἱμα, *sanguis*, et d'ἔλον, *gingiva*); la seconde vient de quelque rapport de forme que l'on a cru trouver entre leur museau et celui du cochon.

Ces poissons se ressemblent beaucoup entre eux : ils ont à peu près la tournure des *dentex*. Leur corps est oblong, assez haut de la partie antérieure, un peu comprimé; leur profil descend obliquement presque en ligne droite, et forme un museau assez avancé; leur sous-orbitaire, assez grand, mais non dentelé, couvert par la peau et les écailles, s'unit à la joue, comme dans les sciènes ordinaires, par une membrane commune, et forme ainsi un rebord, contre lequel se retire la mâchoire supérieure, qui est d'ailleurs assez extensible. Les lèvres sont charnues. La mâchoire inférieure ne s'articule que sous l'œil, et prend, lorsqu'elle s'ouvre, beaucoup d'abaissement; ses branches ont une élévation comme une espèce de crête coronoïde, qui rentre sous la mâchoire supérieure quand la bouche se ferme : sous sa symphyse est une petite fossette ovale, et un peu plus avant deux petits pores. Les dents aux deux mâchoires sont en velours, et en dehors en est un rang de plus fortes, parmi lesquelles il s'en trouve quelquefois qui excèdent un peu les autres, mais beaucoup moins qu'aux *dentex*. D'ailleurs, ce qui distinguera toujours les gorettes des *dentex,* c'est que les premières, comme toutes les scières à dorsale unique et à sept rayons branchiaux, ont le préopercule dentelé. Les gorettes ne sont pas non plus sans ressemblance avec plusieurs de nos mésoprions, et même leur préopercule dentelé les en rapprocherait encore; mais l'absence de dents à leur vomer et à leurs palatins les en distingue amplement. Leur opercule finit par deux saillies anguleuses, plates et obtuses, qui ne paraissent point au travers de la membrane; quelquefois même il est tout-à-fait arrondi. Leur palais n'a aucunes dents; leur langue est lisse, mince et très-libre; leurs ouïes sont médiocrement fendues. Il y a sept rayons à leur membrane; mais les trois derniers sont très-grêles. L'épaule n'a aucune dentelure, à peine voit-on un léger repli écailleux dans l'aisselle de la pectorale; mais il y en a un triangulaire assez marqué sur celle de la ventrale. La dorsale est échancrée, sans l'être cependant assez pour paraître double; ses épines sont fortes, et se cachent en partie entre les écailles du dos. La deuxième épine de l'anale est forte. La caudale est fourchue et couverte de petites écailles, ainsi que les parties molles de l'anale et de la dorsale; et cette circonstance est ce qui distingue le mieux ces gorettes des pristipomes. La pectorale est pointue et assez grande. La ventrale naît à peu près sous sa base, mais ne la dépasse point. Les écailles du corps sont grandes; il y en a environ quinze

sur une ligne verticale et cinquante sur une ligne longitudinale, en ne comptant pas celles de la caudale, qui
deviennent rapidement plus petites; leur forme est plus
large que longue, très-finement dentelée au bord, qui est
plutôt un peu mat que véritablement âpre. Leur partie
radicale a quatorze ou quinze petits sillons parallèles et
courts, qui y forment autant de crénelures. Les écailles
ne manquent qu'aux lèvres et sur le devant du museau, à
compter des yeux; il y en a sur une grande partie du
sous-orbitaire et de la mâchoire inférieure. La ligne latérale se marque par deux ou trois petits tubes en éventail
sur chaque écaille.

Telle est la description extérieure qui convient presque
à toutes les espèces.

Quant à l'intérieur, elles ont un estomac petit, étroit
comme un boyau et à cul-de-sac pointu; sept appendices
cœcales longues et grêles; un intestin à deux replis, légèrement renflé à l'origine du rectum; un foie grand, à deux
lobes presque égaux, très-pointus, qui descendent jusqu'au
quart inférieur de l'abdomen; une vessie natatoire aussi
longue que l'abdomen, assez large, simple et médiocrement épaisse.

Leur squelette a les os de la tête caverneux, comme
dans les sciènes; mais les fossettes de la partie supérieure
ont leurs bords moins relevés, ce qui rend la ligne du
profil plus droite et même un peu concave, à cause de
l'élévation de la crête sagittale. La base de leur crâne est
convexe, et a de grandes cavités pour les pierres de l'oreille.
Il y a à leur épine dix vertèbres abdominales et seize caudales; leurs côtes sont de force médiocre, et munies chacune d'une appendice.

Pour compléter maintenant l'histoire de ces poissons, il suffit presque de décrire leurs couleurs. Leurs deux plus belles espèces sont celles qui portent plus particulièrement à la Martinique les noms de *gorette* ou de *gueule-rouge*.

La Gorette élégante.

(*Hœmulon elegans*, nob.; *Anthias formosus*, Bl., pl. 323.)

L'une d'elles est toute entière d'un jaune d'or très-vif, et a de chaque côté sept ou huit lignes argentées ou d'un bleu d'acier bruni, lisérées de brun. Celles du côté du dos sont plus rapprochées et plus irrégulières : vers le ventre elles s'écartent davantage, et le ventre même n'en a pas. Ces lignes se prolongent sur l'opercule et sur le museau au-devant des yeux : les supérieures s'unissent à leurs correspondantes sur la tête; les autres se prolongent jusqu'au bord des sous-orbitaires : il n'y en a point sous la gorge ni sous la poitrine. Les lèvres, la membrane des ouïes et le dessous de la mâchoire inférieure sont légèrement bleuâtres. La partie interne de la lèvre et la partie voisine des gencives sont d'un rouge vif, qui se change en avant en orangé : l'intérieur de la bouche est rouge pâle. Les nageoires impaires sont olivâtres, les ventrales orangées, les pectorales rosées.

Cette description des couleurs est prise d'un individu envoyé de la Martinique par M. Achard, et arrivé presque frais.

Voici à peu près les proportions de ce poisson. La longueur de sa tête égale la hauteur de son corps, et approche d'égaler le tiers de sa longueur totale. Son œil est un peu plus près de l'ouïe que du bout du museau. Sa bouche, fendue au bout du museau, s'étend jusque sous le bord antérieur de l'orbite.

Les deux ouvertures de la narine sont près de l'orbite, et voisines l'une de l'autre : la postérieure un peu plus haute et un peu plus grande que l'antérieure. La ligne montante du préopercule est verticale; l'inférieure horizontale. Son angle est arrondi.

La dorsale a douze épines fortes et pointues, peu inégales, un

5. 22

peu supérieures au tiers de la hauteur du corps. L'échancrure qui la sépare de la partie molle, est peu marquée : celle-ci est de peu de chose plus courte que la partie épineuse, et a seize rayons assez égaux. L'anale commence un peu plus en arrière que cette partie molle, et est un peu plus haute ; elle a trois épines, la première courte, la seconde et la troisième longues et fortes, surtout la seconde : il y a neuf rayons mous. La caudale a dix-sept rayons et est demi-fourchue : son lobe supérieur est un peu plus long. On compte seize ou dix-sept rayons à la pectorale, et à la ventrale, comme à l'ordinaire, une épine et cinq rayons mous.

D. 12/16; A. 3/9; C. 17; P. 17; V. 1/5.

Les dents un peu plus fortes que les autres sont en avant, au nombre de dix à la mâchoire supérieure et de six ou huit à l'inférieure ; la troisième de chaque côté en haut est la plus grande. Chaque mâchoire a un voile qui rentre en dedans et est charnu et papilleux.

Ce poisson a été fort bien décrit et représenté par Bloch (pl. 323). Il l'appelle *anthias formosus;* mais le caractère de ses *anthias* ne s'y trouve pas, non plus que dans les autres gorettes, puisque le dessus du museau et le maxillaire n'ont point d'écailles. L'épithète qu'il lui donne n'est pas moins fautive : elle tient à ce qu'il le confond avec le *perca formosa* de Linnæus, ou le poisson de Catesby (t. II, pl. 6, fig. 1), qui est l'espèce suivante. Il croit aussi que c'est le *marack* de Renard (t. I, pl. 20, n.° 110); mais cette mauvaise figure est plutôt notre *diacope octolineata.*

Bloch avait reçu son individu de l'île de Sainte-Croix par le docteur Isert. Les nôtres ont été envoyés de la Martinique par M. Plée et par M. Achard. Ils sont longs de sept à huit pouces. M. Plée nous apprend qu'on en pêche toute l'année autour de cette île, et que les plus gros ne pèsent pas plus de deux livres.

Nous en avons reçu récemment de Porto-Rico avec les collections de M. Plée; ils portent dans cette île le nom de *ronco*, qui appartient aussi à un corb.

A Saint-Domingue, d'où M. Ricord nous en a aussi apporté plusieurs, on les nomme *crocro gueule-rouge*; ils sont communs dans la baie du Port-au-Prince, et servent à la nourriture du peuple.

La BELLE GORETTE.

(*Hœmulon formosum*, nob.; *Perca formosa*, Linn.; *Labre Plumiérien*, Lac.)

Notre seconde espèce ressemble entièrement à la première pour les formes, les nombres des rayons et tous les détails qui ne dépendent pas des couleurs; aussi porte-t-elle les mêmes noms à la Martinique, d'où M. Plée nous en a envoyé plusieurs individus. A Saint-Domingue, où elle est très-commune, on la nomme *crocro doré*.

Elle a aussi des lignes couleur d'acier et lisérées de brun, sur un fond plus ou moins doré; mais ces lignes ne règnent que sur la tête, et ne dépassent point en arrière la fente des ouïes : elles sont aussi plus nombreuses. Sur la tête du précédent l'on n'en compte en tout que neuf de chaque côté, tant complètes qu'incomplètes. Dans l'espèce actuelle il y en a douze. Le reste de son corps est entièrement d'un gris doré, sans lignes et sans autre variété que le bord un peu mat de chaque écaille.

D. 12/16; A. 3/9; C. 17; P. 17; V. 1/5.

Catesby a représenté assez exactement ce poisson (t. II, pl. 6, fig. 1). Il l'appelle *grunt*, qui est aux États-Unis un nom de labre ou de pogonias, et se rapporte surtout au murmure que le poisson fait entendre. Le docteur Garden l'envoya ensuite à Linnæus sous le nom de *squirrel-fish*, d'où est venu celui d'*écureuil* que Bonnaterre lui a donné, et que Bloch a aussi affecté à l'espèce précédente.

Duhamel en a figuré la tête[1], et assure qu'on le désigne spécialement à la Guadeloupe sous le nom de *goret barré*, par opposition avec quelqu'une des espèces suivantes, qui s'y nomme *goret doré*.

Mais le père Plumier l'avait dessiné bien avant Catesby et Duhamel; son dessin, copié par Aubriet, et intitulé *labrus auro-cæruleus Plumieri*, a passé dans l'ouvrage de M. de Lacépède (t. III, pl. 2, fig. 2), et y est devenu (p. 480) le *labre Plumiérien*.

Il nous paraît même que c'est le *guaibi-coara* de Margrave (p. 163), que les Portugais nommaient *buraco da vetra*. La description des couleurs s'y accorde entièrement; mais la figure placée auprès de cette description n'y appartient pas. D'après la vérification que nous en avons faite sur les recueils du prince Maurice, c'est celle du *capeuna* (décrit p. 155), et l'on a mis la vraie figure du *guaibi-coara* à la description du *capeuna*. C'est un *qui pro quo* dont il y a d'autres exemples dans l'ouvrage de Margrave, qui, ainsi que nous l'avons vu dans l'Histoire de l'Ichtyologie, n'a pas été publié par lui-même.

Duhamel nous apprend (*l. c.*, p. 62) que ce poisson vit de menuise, de varech et de limon; que sa chair est blanche, mollasse et exige beaucoup d'assaisonnemens. Nos individus de la Martinique ne passent pas un pied, et

---

1. Pêches, 2.ᵉ part., sect. 4, pl. 11, fig. 2.

M. Plée nous assure qu'on n'y en pêche pas de plus grands. Nous en avons reçu de la même taille de Saint-Domingue. Selon la note écrite sous la figure du prince Maurice, il arrive à la taille d'une carpe.

Margrave assure qu'il est bon à manger, et dit qu'on le prend parmi les roches.

La Gorette canne-canne.

(*Hœmulon canna*, nob.)

Notre troisième espèce se nomme vulgairement à la Martinique *canne-canne;* on lui donne aussi le nom de *chaponne*, qui appartient proprement à notre *heterodon*.

Sa tête est un peu plus petite à proportion, et sa bouche moins fendue qu'aux deux premières; ses dents antérieures excèdent moins les autres; mais ses nombres de rayons et ses autres détails sont les mêmes : elle est d'une couleur argentée, et toute rayée obliquement de brun doré; on compte de chaque côté quinze ou seize de ces larges lignes brunes, dont quelques-unes se rejoignent ou offrent quelques autres irrégularités, mais dont l'ensemble marche d'arrière en avant en descendant un peu : elles ne s'étendent pas sur la tête ni sur la poitrine; et il n'y en a point tout-à-fait sous la queue. Les bords des écailles paraissent couleur d'acier. Les nageoires ont été plus ou moins orangées ou brunes.

Cette espèce est plus rare à la Martinique que les précédentes. On l'y pêche à la nasse dans les cayes ou savannes du bord de la mer. Il n'y en a pas de plus d'une livre et demie.

La GORETTE DE BUÉNOS-AYRES.

(*Hœmulon bonariense*, nob.)

Nous avons reçu de Buénos-Ayres, par les soins de
M. Baillon, une quatrième espèce, très-semblable à la
canne-canne

par les quinze ou seize larges lignes dorées, qui se dessinent sur
un fond argenté, mais dont les dents sont toutes petites et égales;
et qui a un ou même deux rayons de moins à la dorsale et à l'anale.
Ses nageoires paraissent avoir été brunes.

D. 12/14; A. 3/8.

L'individu n'a que cinq pouces.

La GORETTE A NAGEOIRES JAUNES.

(*Hœmulon xanthopteron*, nob.)

Nous avons reçu de la Martinique un *hœmulon* dont
on n'a pu nous dire le nom,

qui a les mêmes nombres de rayons que le *bonariense*, et à chaque
mâchoire une rangée de dents coniques et pointues, dont les antérieures d'en haut sont plus grandes que les autres, et un peu crochues. Plus en arrière, mais toujours aux mâchoires, il y a une
bande de dents en gros velours, qui ne s'étend pas beaucoup sur
les côtés. La deuxième et la troisième épine de l'anale sont très-
fortes.   B. 7; D. 12/14; A. 3/9 ; C. 17; P. 18; V. 1/5.

Ce poisson, dans son état sec, montre encore des lignes obliques
de couleur d'acier bruni, sur un fond plus ou moins doré. La ligne
latérale est brune, et il y a deux lignes de même couleur au-dessus
et une au-dessous, qui lui demeurent parallèles. Ses pectorales
paraissent avoir été jaunes.

L'individu est long de treize pouces.

La Gorette chaponne.

(*Hœmulon heterodon*, nob.)

La *chaponne* de la Martinique, qui sera notre sixième espèce, ressemble à la canne-canne par ses couleurs;

cependant ses lignes dorées sont moins nombreuses et tranchent moins sur le fond, et elle a de plus un caractère notable dans quelques-unes des dents latérales de sa mâchoire supérieure près de la commissure, qui sont plus longues que les autres, et s'écartent un peu en dehors.

On aperçoit bien dans les précédens quelque tendance à cette disposition, mais elle y est beaucoup moins marquée; c'est ce qui nous l'a fait nommer *heterodon*.

Sa dorsale et son anale ont leur partie molle entièrement écailleuse; la caudale l'est aussi, excepté un ruban le long du bord postérieur. D. 12/14; A. 3/8, etc.

Sa chair passe à la Martinique pour excellente.

Le même poisson est arrivé de Cuba à M. Desmarest, qui l'a bien voulu remettre au Cabinet du Roi. Il l'a décrit et représenté dans le Dictionnaire classique d'histoire naturelle sous le nom de *diabase rayée de jaune*. M. Poey nous en a donné un dessin, et nous apprend qu'à la Havane on l'appelle *condenado*. Il s'en trouve dans les dernières collections de M. Plée sous le nom de *sarde grise;* mais je crois que c'était une erreur : la vraie sarde grise est un mésoprion.

La GORETTE A TACHE A LA QUEUE.

(*Hœmulon caudimacula,* nob.)

Il y en a au Brésil une septième espèce, assez semblable
aux deux précédentes

par les lignes brunâtres obliques qu'elle porte sur un fond argenté
ou doré; mais ces lignes sont au nombre de dix-sept ou dix-huit :
et il y a de plus une petite tache noire de chaque côté sur la naissance de la caudale. Les nageoires ventrales et anale sont noirâtres.

D. 12/16 ; A. 3/7 , etc.

Nous en trouvons une figure dans le recueil du prince
Maurice, intitulée *acara-pitanga,* qui a été copiée, mais
assez mal, dans Margrave (p. 177); elle y est nommée
uribaco, et sa tache noire y est portée beaucoup trop en
avant et sous la fin de la caudale : ce nom d'*uribaco* dans
le recueil du prince est inscrit sous la figure de notre
pristipome rodo.

Le *diabasis Parræ* de M. Desmarest, dans sa première
Décade ichtyologique et dans le Dictionnaire classique
d'histoire naturelle, ne nous a point paru différer de cet
hœmulon caudimacula; seulement son dessinateur, parmi
les individus dont il pouvait disposer, a pris pour modèle
celui où les lignes obliques et la tache étaient le plus
effacées, et les a entièrement omises dans la figure.

La GORETTE RAYÉE D'OR.

(*Hœmulon aurolineatum,* nob.)

Notre huitième espèce est aussi du Brésil, d'où elle a
été apportée avec la précédente par M. Delalande, et de

Saint-Domingue, où M. Ricord en a recueilli plusieurs individus.

Sa gueule s'ouvre plus encore que dans les deux premières, et il règne des dents pointues et un peu plus longues tout autour de ses deux mâchoires ; son museau est un peu plus court à proportion, et son corps moins haut que dans les précédentes : elle a une épine de plus à sa dorsale, c'est-à-dire treize. Sa couleur est argentée, et elle a des lignes dorées suivant exactement la direction longitudinale, et non pas obliques comme celles de la chaponne et de la canne-canne. La première et la quatrième de ces lignes, qui sont l'une au-dessus et l'autre au-dessous de la ligne latérale, à peu près à égale distance, et dont la quatrième se termine à l'orbite, sont plus larges que les autres. On voit une tache brune sur la racine de la caudale. Les nageoires sont d'un gris jaunâtre. Le rouge de la gencive se conserve long-temps dans l'esprit de vin.

D. 13/15 ; A. 3/8, etc.

Nos individus sont longs de six à sept pouces.

A Saint-Domingue on la nomme *crocro,* sans aucune autre épithète.

La GORETTE A QUATRE LIGNES, *ou* CRICRI.

(*Hœmulon quadrilineatum,* nob.)

M. Ricord nous en a rapporté récemment de Saint-Domingue une neuvième espèce, que nous appellerons *quadrilineatum,*

parce qu'elle a quatre lignes longitudinales, une venant du bout du museau et marchant au-dessus de la ligne latérale, la seconde du haut de l'orbite et suivant cette ligne : ces deux-là sont brunes ; la troisième est dorée, et va du milieu de l'orbite sous la ligne latérale qu'elle rencontre vis-à-vis l'anale, et suit alors jusqu'à la queue ; la quatrième part de la pectorale, et règne jusqu'à la caudale : elle est

5.　　　　　　　　　　　　　23

dorée et plus large que les autres. Entre le dos et la première brune, il y en a une plus courte, et entre cette première et la seconde une autre, qui se perd au-dessus de la pectorale; enfin, il y en a une impaire, qui commence sur le bout du museau et finit au pied du premier rayon de la dorsale. Ces lignes règnent sur un fond argenté, un peu teint de gris vers le dos. Sa dorsale est d'un gris brun; sa caudale brune; ses autres nageoires blanchâtres.

Cette espèce est plus alongée que la plupart des précédentes, et a la tête courte, la bouche moins fendue, et le profil légèrement bombé. Ses dents sont très-fines et très-égales.

D. 13/14 ; A. 8/8, etc.

Nos individus sont longs de six à sept pouces.

On nomme ce poisson à Saint-Domingue *cricri* : il n'est pas rare dans la baie du Port-au-Prince; sa chair y est estimée.

C'est ici, selon toutes les apparences, le *capeuna* dont Margrave donne la description (p. 155), mais dont la figure a été placée par inadvertance (p. 163) à l'article du *guaibicoara*, tandis que celle de ce dernier, qui est l'*hœmulon formosum*, est annexée à l'article du *capeuna*.

Cependant cette figure, ainsi que l'original du prince et la description de Margrave, n'indiquent que les deux lignes dorées; mais les lignes brunes peuvent avoir été négligées.

Margrave dit que l'on prend ce poisson parmi les roches, et qu'il est de bon goût. Le prince se borne à marquer sa taille, qui est d'un demi-pied.

Bloch a fait de ce *capeuna* son *grammistes trivittatus*[1], et M. Lichtenstein[2] propose de l'appeler *serranus capeuna*; mais la seule circonstance de la couleur de sang, attribuée

---

1. *Syst. posth.*, p. 188.
2. Mémoires de l'Académie de Berlin (1820 et 1821), p. 288.

par Margrave à l'intérieur de la bouche, nous prouve que c'est une gorette.

La Gorette a nageoires fauves.

(*Hœmulon chrysopteron*, nob.; *Perca chrysoptera*, Linn.; *Lutjan chrysoptère*, Lacép.)

Notre dixième espèce a été envoyée de New-York par M. Milbert, et nous paraît la même qui a été représentée par Catesby (t. II, pl. 2, fig. 1), et dont Linnæus a fait son *perca chrysoptera.*

Elle ressemble un peu aux premières pour la hauteur du corps; mais elle tient de la cinquième par ses treize épines dorsales, et par la grande ouverture que peut prendre sa gueule. Les grandes dents y sont sur une rangée, et à peu près égales, surtout aux côtés de la mâchoire inférieure; mais en avant de cette mâchoire il n'y en a qu'en velours. Sa couleur est argentée, légèrement teinte de doré comme par reflets, qui forment des apparences fugitives de lignes longitudinales au museau, et le long du dos l'argenté se change en brunâtre. Les nageoires paraissent avoir été plus ou moins brunes, excepté les ventrales, qui nous semblent avoir été orangées ou jaunâtres.

La figure qu'en donne Catesby est assez bien dessinée, et exprime surtout très-bien la disposition de la bouche, propre à ce genre; mais la couleur générale en est trop bleue.

La Gorette blanche.

(*Hœmulon album*, nob.)

A ce groupe naturel des hémulons appartient encore une grande espèce que M. Plée avait prise à Saint-Thomas, et qui s'est trouvée dans ses collections.

Ses formes sont celles de tout le sous-genre. Elle n'a point de dents canines. Une rangée de dents coniques, serrées, assez petites, règne autour des mâchoires. Dans leur portion moyenne il y a une bande large de dents en velours derrière ces dents coniques. Celles du milieu de la mâchoire inférieure sont si petites, qu'elles se confondent avec le velours qui est derrière. Les dentelures de son préopercule sont d'une finesse extrême, et c'est à peine si l'on aperçoit une légère saillie en angle très-obtus à son opercule.

D. 12/16 ; A. 3/9 ; C. 17 ; P. 18 ; V. 1/5.

Tout ce poisson est d'un blanc argenté mat.

Il devient plus grand que les autres hémulons : nous en avons un échantillon de deux pieds de long. Sa chair est estimée. On le nomme à Saint-Thomas et dans les Antilles françaises *sarde blanche,* à cause de sa ressemblance de forme et de taille avec certains mésoprions.

La Gorette de Broussonnet.

(*Hœmulon chromis,* nob.; *Perca chromis,* Brouss.)

Il s'est trouvé enfin dans la collection de Broussonnet un hémulon de la Jamaïque, intitulé *perca chromis,* qui paraît avoir été d'une couleur uniforme, soit argentée, soit plus ou moins dorée, avec une tache brune dans chacun des intervalles des épines de sa dorsale. Du reste il a beaucoup des caractères de l'hémulon blanc : ses dents sont semblables ; son opercule aussi obtus ; le préopercule a de très-fines dentelures, mais bien marquées ; enfin, l'on compte encore un rayon mou de plus à sa dorsale.

D. 12/17 ; A. 3/7, etc.

L'individu est long de six pouces.

CHAPITRE IX.

Des Pristipomes (Pristipoma, nob.).

Les pristipomes réunissent à une dorsale unique la plupart des caractères que nous avons observés dans les autres sciénoïdes : un préopercule dentelé ; les angles de l'opercule émoussés ou disparaissant dans sa membrane ; les dents en velours, dont le rang externe est d'ordinaire plus fort ; des pores sous l'extrémité de la mâchoire infé-rieure, savoir, deux petits en avant, et une fossette sous la symphyse, comme dans les gorettes ou hémulons, dont ils se distinguent par leur mâchoire moins pendante, et surtout par leur dorsale et leur anale sans écailles. Quant aux lobotes, les pristipomes en diffèrent par ces mêmes pores, par les sept rayons de leurs ouïes, parce que leur museau n'est pas plus court que leur mâchoire inférieure, et parce que leur dorsale et leur anale ne se portent pas de même vers la queue. Enfin, ils se distinguent des dia-grammes, parce que dans ceux-ci c'est de quatre ou six gros pores que la mâchoire inférieure est marquée, et non pas de deux petits pores et d'une fossette. Bloch les avait laissés, les uns avec ses holocentres, les autres avec ses perca ; enfin, quelques-uns parmi ses lutjans, auxquels, d'après les caractères qui leur sont assignés, ils auraient tous dû appartenir, mais où ils se seraient trouvés pêle-mêle avec des crénilabres, des gorettes, des mésoprions, etc.

Les rapports de ces poissons avec les sciènes sont d'au-tant plus marqués, qu'il y en a dont on raconte expressément qu'ils font entendre un bruit, un grondement, comme on le sait d'un grand nombre de sciènes.

Leur nom signifie *opercule en scie* (de πῶμα, couvercle, et de πρίστις, scie).

Le PRISTIPOME KAAKAN.

(*Pristipoma kaakan*, nob.)

Plusieurs de ces pristipomes ont encore la partie épineuse de la dorsale assez élevée à la partie antérieure, et séparée de la molle par une légère échancrure; telle est l'espèce qui se nomme *kaakan* à Pondichéry, d'où elle nous a été envoyée par M. Leschenault.

C'est un poisson oblong, dont la longueur de la tête, égale à sa hauteur aux pectorales, est trois fois et demie dans sa longueur. Sa bouche n'est pas fendue jusque sous l'œil. Ses dents sont en velours serré, et le rang extérieur ne dépasse pas beaucoup l'autre. Le sous-orbitaire, grand et sans dentelure, s'unit par ses écailles avec la joue. Le préopercule a son limbe très-large vers l'angle, qui est arrondi et proéminent en arrière : le bord antérieur de ce limbe fait une saillie obtuse autour de la joue; le postérieur est un peu en arc concave, dentelé à dentelures courtes, pointues, un peu plus écartées et plus larges vers l'angle : elles descendent aussi au bord inférieur. L'opercule est obtus, sans pointe sensible. Il y a sept rayons à la membrane des ouïes. Les os de l'épaule ne montrent aucune dentelure, si ce n'est quelques vestiges au scapulaire.

Les pectorales sont pointues, et comprises un peu plus de quatre fois dans la longueur totale. Les ventrales, également longues et pointues, ne dépassent point les pectorales. Les épines dorsales sont fortes, comprimées; elles se replient dans la rainure du dos : la première est très-courte, la seconde un peu moins; la troisième, la quatrième et la cinquième sont les plus longues. La quatrième a moitié de la hauteur du corps. Elles diminuent jusqu'à la onzième, qui est moindre que la deuxième; la douzième, qui vient après l'échancrure, se relève un peu. Il y a quatorze rayons mous, à peu près égaux et doubles de cette onzième épine. La première épine anale est courte; mais la seconde est énorme, surtout en grosseur, et striée longitudinalement à sa face antérieure : elle a les deux tiers de la hauteur du corps au-dessus d'elle, ou moitié de la hauteur aux pectorales. La troisième est beaucoup glus grêle, et n'a que les deux tiers de la longueur de la seconde; elle est suivie de sept rayons mous. La caudale est coupée un peu en croissant; son lobe supérieur est un peu plus saillant : elle a des écailles sur la moitié de sa base; il n'y en a point sur les autres verticales.

Les nombres des rayons sont donc :

D. 12/14; A. 3/7; C. 17; P. 16; V. 1/5.

Les écailles sont grandes et disposées fort régulièrement : on en compte trente-six sur une ligne longitudinale jusqu'aux petites de la caudale, et treize ou quatorze sur une ligne verticale. Leur surface est striée en rayons, mais si finement qu'il faut une forte loupe pour s'en apercevoir. La ligne latérale est parallèle au dos; elle se marque par une saillie sur la base de chaque écaille.

Nos individus desséchés paraissent blanchâtres et argentés. La base de leurs écailles est sablée par de petits points bruns très-fins et serrés. Vers le dos la couleur se rembrunit un peu, et de petites taches brunâtres y paraissent semées assez irrégulièrement. Sur la membrane de la dorsale sont des suites de taches, qui y forment des bandes. Les autres nageoires sont jaunâtres. Le bout de la caudale est teint de noirâtre.

Ce poisson atteint vingt pouces ou deux pieds de longueur.

De cette grandeur on ne le pêche que dans la mer. Il est bon à manger.

Mais il vient dans la rivière d'Arian-Coupang des individus plus petits, et qui passent pour les jeunes de la même espèce.

Leur forme est semblable, ainsi que les nombres et les rapports de leurs rayons; mais ils n'ont pas de points sur leurs écailles. Les taches de leur dos sont plus grandes et forment des séries plus régulières, des espèces de lignes.

M. Dussumier a rapporté de Mahé un poisson entièrement pareil à ces jeunes *kaakan*, si ce n'est qu'il y a un peu de noirâtre à l'angle de son opercule.

Le PRISTIPOME PIQUE.

(*Pristipoma hasta*, nob.; *Lutjan pique*, Lacép.; *Lutjanus hasta*, Bl.)

La mer des Indes produit un poisson très-semblable à ce *kaakan*, et qui en diffère cependant par l'espèce,

en ce que son profil est un peu plus bombé, son œil un peu plus grand, ses taches plus grandes et plus prononcées, mais surtout en ce que l'échancrure de sa dorsale est moins profonde. La onzième de ses épines étant presque égale à la douzième. Ses nombres sont d'ailleurs les mêmes.

D. 12/14; A. 3/7, etc.

M. Raynaud vient de nous le rapporter de Batavia. On le trouve aussi à la côte de Malabar, d'où M. Bélenger nous l'a envoyé sous le nom de *chialla*. Il nous paraît que c'est un individu de cette espèce que Bloch a fait représenter (pl. 246, fig. 1) sous le nom de *lutjanus hasta*[1]. Il le croyait venu du Japon; mais on sait combien ceux qui lui vendaient des poissons secs en Hollande, l'ont souvent trompé sur leur origine.

Ce que nous avons pu voir de l'anatomie du pristipome pique, nous a offert un estomac petit, un foie mince, un lobe pointu, ne dépassant pas la pointe de l'estomac, et une vessie aérienne simple,

---

1. *Lutjan pique*, Lacépède, t. IV, p. 229.

ovale, d'un beau blanc laiteux mat, sans aucun reflet argenté. Le péritoine est blanc.

Dans le squelette la tête est garnie d'autant de petites brides osseuses et montre autant de cellules que dans aucun corb ou johnius. La base de son crâne est aussi fort renflée. Il y a dix vertèbres abdominales et seize caudales : deux interépineux sans rayons précèdent celui de la première épine dorsale. Ses dents pharyngiennes sont obtuses.

Le Pristipome a taches dorées.

(*Pristipoma chrysobalion*, K. et V. H.)

Les jeunes voyageurs hollandais, dont nous avons si souvent occasion de rappeler la mémoire, ont envoyé au Musée royal des Pays-Bas un pristipome très-semblable au *kaakan* et au *hasta*,

Gris sur le dos, doré au ventre, marqué au-dessus de la ligne latérale de deux raies longitudinales brunes, et au-dessous d'une petite tache de couleur d'or sur chaque écaille. La dorsale est grise, toute semée de points noirs.

Il est long de sept pouces. Ses nombres de rayons sont les mêmes qu'au *kaakan* et qu'au *hasta*.

D. 12/14; A. 3/7; C. 17; P. 14; V. 1/5.

Le Pristipome nageb.

(*Pristipoma argenteum*, nob.; *Sciæna argentea*, Forsk.; *Pomadasis argenté*, Lacép.)

M. Ehrenberg a rapporté de la mer Rouge un pristipome encore très-semblable au *kaakan*,

mais qui a le museau un peu plus pointu, les épines dorsales plus grêles et un peu plus longues, la troisième de l'anale presque aussi longue que la deuxième, les écailles plus petites : on en compte

5.   24

plus de quarante sur une ligne longitudinale. Au lieu de taches rangées en série, son dos est semé de petits points bruns, qui s'effacent à la ligne latérale. Un de nos individus a à la dorsale treize épines et treize rayons mous; l'autre douze épines et quatorze rayons mous. Ce dernier a la deuxième épine anale plus grêle : du reste, leur ressemblance est complète.

Leur longueur est de sept et de cinq pouces.

Les viscères étaient en mauvais état, ils ne doivent pas beaucoup différer de ceux du pristipome pique. La vessie aérienne est de même forme, mais un peu moins blanche.

M. Ehrenberg regarde avec raison ce poisson comme le *sciæna argentea* de Forskal, le *nageb* ou *nagem* des Arabes.

Sa couleur, dit Forskal (p. 51), est argentée; la moitié supérieure de son corps est semée de gouttes noires; ses préopercules ont des dentelures vers le bas; sa caudale est légèrement bifide; la deuxième épine de son anale est forte.

Tous caractères qui s'accordent très-bien avec nos individus; à quoi il faut ajouter des nombres fort semblables de rayons.

B. 7; D. 12/15; A. 3/9; C. 16; P. 16; V. 1/5.

M. de Lacépède, trompé par l'expression *dentes multi, densi, setacei mobiles,* dont Forskal se sert pour rendre les dents en velours placées derrière le premier rang, que lui-même indique par les mots très-exacts *ordo extimus major, incurvus,* a été induit à croire ce poisson de la famille des chétodons, et en a fait son genre *pomadasis*[1], qui ne peut pas être conservé.

---

1. *Pomadasis argenté,* Lacépède, t. IV, p. 516.

Le PRISTIPOME DE JUBELIN.

(*Pristipoma Jubelini*, nob.)

Il y a dans le Sénégal un pristipome extrêmement semblable à ce *nageb*

par les formes, et par les petits points bruns semés sur son dos; mais dont le museau est encore un peu plus pointu, le sous-orbitaire presque sans écailles, la dorsale aussi échancrée et armée d'épines aussi fortes qu'au *kaakan*, et qui se distingue surtout parce que sa troisième épine anale est presque aussi grosse que la seconde, quoique moins longue. Enfin, il a seize rayons mous à la dorsale.

D. 12/16; A. 3/8, etc.

Nos individus sont longs de neuf pouces.

Nous les devons, ainsi que beaucoup d'autres poissons intéressans, aux soins éclairés de M. Jubelin, gouverneur de cette colonie.

Les habitans nomment ce poisson *carcar* ou *crocro*, comme d'autres sciénoïdes sont nommées en Amérique, et probablement pour la même raison, à cause du bruit qu'il fait entendre. Sa chair est délicate, et il vit également dans l'eau douce et dans l'eau salée.

Feu Adanson avait déjà recueilli cette espèce à Gorée, où de son temps on la nommait *coroi*. Il s'en trouve au Cabinet du Roi un individu desséché, provenu des collections de ce naturaliste.

Le foie de ce pristipome est très-mince. Son lobe gauche se prolonge en une lame triangulaire et très-pointue jusqu'auprès de l'anus. Le lobe droit est très-court et arrondi.

L'estomac est grand, un peu étranglé en arrière. La branche montante est courte et naît sous le bord du foie, presque sous le diaphragme : il y a six app··ndices longues et grêles au pylore. L'intestin est très-court, et se replie deux fois sous l'estomac.

La vessie aérienne est grande, simple, à tunique argentée, fibreuse. L'estomac contenait des larves de libellule et d'autres débris d'insectes.

Le Pristipome Commersonien.

(Pristipoma Commersonii, nob.; *Labre Commersonien* et *Lutjan microstome*, Lacép.)

Il existe dans les papiers de Commerson un dessin qui a été gravé deux fois dans l'ouvrage de M. de Lacépède : la première fois (t. III, pl. 23, fig. 1) sous le nom de *labre Commersonien*[1] (p. 431 et 477); la seconde fois (t. III, pl. 34, fig. 2) sous celui de *lutjan microstome*[2] (t. IV, p. 181 et 216). Son étiquette *aspro argenteus nigroguttatus,* etc., ne paraît heureusement pas avoir fourni, comme tant d'autres, une troisième espèce factice; mais elle nous a fait remonter à sa description contenue dans les manuscrits de Commerson, que nous devons à M. Hammer et dont M. de Lacépède n'avait pas eu connaissance.

On le trouve, dit le savant voyageur, aux embouchures des petites rivières de la partie sud de Madagascar. L'individu décrit ne pesait que cinq à six onces, et n'était long que de huit à neuf pouces; mais il y en a de bien plus grands et qui pèsent jusqu'à deux livres.

Sa couleur est d'un beau blanc argenté, semé de taches d'un brun noirâtre mal terminées; le ventre seul n'en a point. La dor-

---

1. Les caractères du labre Commersonien (p. 431), et notamment les dix-sept rayons mous de son anale, sont pris de la figure (pl. 23) qui avait été estropiée par Desève.

2. Les caractères du labre microstome (p. 181) sont pris de l'autre copie, aussi faite par Desève, et un peu plus conforme à l'original; encore rend-elle très-mal les aiguillons de l'anale.

sale, l'anale et la caudale sont brunâtres, et les autres nageoires blanchâtres ou transparentes. Les dents sont très-petites, comme une lime. Le bord du préopercule est dentelé : on ne voit pas d'épine sensible à l'opercule. L'échancrure de la dorsale est très-profonde. Les pectorales sont longues et pointues. La première épine anale est très-courte; la seconde très-longue, très-forte; la troisième beaucoup moins. La caudale est fourchue.

B. 7; D. 10/16; A. 3/9; P. 17; V. 1/5.

Cette description, ainsi que la figure, répondrait fort bien aux deux espèces que nous venons de décrire, et nous serions même tentés d'y voir un de nos *nagebs*, sans la différence considérable des nombres des rayons (dix épineux et seize mous), qui ne se rapportent ni au *nageb*, ni au *kaakan*, ni même au *jubelin*.

Le Pristipome de Pérotet.

(*Pristipoma Perotæi*, nob.)

Le Sénégal nourrit un deuxième pristipome, semblable au jubelin

par les épines et par le préopercule; mais dont la tête est un peu plus courte, et qui ne montre aucune apparence de points sur le corps. Ses écailles sont plus petites : il en a dix de plus en longueur et en hauteur, cinquante-cinq en longueur et vingt-six en hauteur. (Le *kaakan* et le jubelin n'en ont que quarante-cinq sur seize.) Il y a aussi quelque différence dans le nombre des rayons.

D. 11/17; A. 3/10, etc.

Notre individu est long de cinq pouces et demi.

Sa vessie natatoire est grande, simple, et a les parois fibreuses et brillantes. Nous n'avons pu rien voir des autres viscères.

Il a été pris dans la partie entièrement douce du fleuve par M. Pérotet.

Le Pristipome de Roger.

(*Pristipoma Rogerii*, nob.)

Nous avons reçu du Sénégal, par M. le gouverneur Roger, un troisième pristipome,

plus grand que les deux précédens, à tête plus haute, à nuque plus bombée, à sous-orbitaire plus élevé. Son profil ne descend qu'à partir de la nuque, et est presque rectiligne. Il a les dents sur une large bande en velours serré et égal aux deux mâchoires : celles du pharynx sont en partie mousses et assez fortes. Le sous-orbitaire et le museau n'ont point d'écailles. Le bord montant du préopercule est vertical et droit; son angle arrondi, mais non proéminent. La quatrième et la cinquième épine dorsale sont les plus longues, et font le tiers de la hauteur du corps. Le second et le troisième rayon de son anale sont striés longitudinalement et très-forts, surtout le second. Le troisième est un peu plus long que lui; mais ils n'ont guère que le tiers de la hauteur du corps.

Les dentelures du préopercule sont fines, mais assez prononcées et un peu écartées les unes des autres.

B. 7; D. 12/15; A. 3/10; C. 17; P. 16; V. 1/5.

Tout ce poisson paraît avoir été argenté. On aperçoit le long de la base de la dorsale des taches brunes et blanches à sa partie épineuse, et de brunes seulement à sa partie molle.

Notre individu est long de treize pouces.

Son foie se compose de deux lobes égaux, longs, aplatis, triangulaires, terminés en pointe très-aiguë, à peu près aux deux tiers de la longueur de l'abdomen.

L'œsophage se continue directement dans l'estomac, qui forme un long cul-de-sac étroit, occupant presque toute la longueur de la cavité abdominale. Au tiers supérieur naît la branche montante, dont les parois sont beaucoup plus épaisses.

Cette branche est courte, se rétrécit assez fortement au pylore, qui est muni de cinq appendices cœcales, peu longues et grêles.

Le diamètre de l'intestin est assez gros : il était déchiré; mais il ne nous a pas paru faire plus de deux replis.

La vessie natatoire est très-grande, simple, plus grosse antérieurement qu'à l'autre extrémité. Sa tunique externe est fibreuse, épaisse, couleur d'argent mat; elle se déchire aisément. Sa seconde tunique est très-mince, membraneuse, opaque. Le corps glanduleux qui sécrète l'air est assez grand, et se compose d'une partie longitudinale, oblongue, située vers la partie moyenne de la région abdominale, et donnant de sa pointe antérieure deux rubans minces, qui remontent vers le bout antérieur de la vessie, se contournent dans sa concavité, et redescendent en rubans festonnés vers l'autre bout.

Nous avons disséqué une femelle dont l'ovaire était plein d'œufs plus petits que de la graine de pavots.

L'estomac était rempli de débris de coquilles.

Le Pristipome guoraca.

(*Pristipoma guoraca*, nob.)

M. Bélenger, à qui nous devons tant de poissons de ce genre, en a recueilli un à la côte de Malabar, qui nous paraît le *guoraka* de Russel (pl. 132).

Ses formes sont très-rapprochées de celles du *kaakan;* il est seulement un peu plus élevé, et a le bord montant de son préopercule plus rectiligne et les écailles plus petites.

Ses nombres de rayons sont les mêmes.

D. 12/14; A. 3/8, etc.

Sa deuxième épine anale est encore plus grosse à proportion : sa pectorale est bien pointue. Tout son corps paraît argenté. Sa dorsale a du brun nuageux entre les rayons; sa caudale est brune; ses autres nageoires sont jaunes. L'anale surtout conserve longtemps dans la liqueur une belle couleur jonquille.

Nous n'avons pu voir que la vessie aérienne, qui est simple, grande, renflée en avant, pointue en arrière, et dont les parois sont fibreuses et d'un gris argenté.

Nos individus, comme ceux de Russel, sont longs de sept à huit pouces.

Ils ont été pris dans l'eau douce. On appelle l'espèce à Mahé *kadou-moukari*. MM. Kuhl et Van Hasselt ont fait dessiner un poisson très-semblable à Batavia; qu'ils nommaient *pristipoma unicolor*.

Le *perca grunniens* de Forster, que Schneider (*Syst.* de Bloch, p. 3o8) a rangé parmi les anthias, est, d'après la description extraite par cet auteur des papiers de Forster, et d'après le dessin conservé dans la Bibliothèque de Banks, un pristipome aussi très-semblable au *guoraca;* il est même douteux qu'on puisse l'en distinguer spécifiquement.

Ses formes et les nombres de ses rayons sont les mêmes :

B. 7; D. 12/14; A. 3/8; C. 18 (c'est-à-dire 17); P. 17; V. 1/5;

et sa couleur est indiquée comme argentée, avec une teinte d'un vineux noirâtre sur le dos.

Forster l'avait pris dans le port de l'île de Tanna. Lorsqu'on le tira de l'eau, il fit entendre une espèce de grognement. C'est une propriété de plusieurs poissons de la famille des sciènes, et que nous retrouverons dans le pristipome nommé *crocro* à la Martinique.

Le Pristipome noir.

(*Pristipoma nigrum,* Mertens.)

Les naturalistes russes qui viennent de faire le tour du monde, ont dessiné à Manille un poisson très-semblable au *guoraca* pour les formes, mais entièrement noirâtre, et où l'iris seul se fait remarquer par sa couleur jaune. Ses nombres diffèrent un peu.

D. 14/16; A. 3/7, etc.

Ses écailles sont petites.

Le Pristipome paikeeli.

(*Pristipoma paikeeli*, nob.)

Le *paikeeli* de Russel (pl. 121)

a encore les écailles plus petites que le *guoraca*. Sa seconde épine anale est plus forte. Son dos est brun, avec six lignes longitudinales jaunes, dont la plus basse est à la hauteur des pectorales; la poitrine et l'abdomen sont blancs; la base de la dorsale et des pectorales est pointillée de noir. Le nombre des rayons de son anale est surtout remarquable dans ce genre, si toutefois Russel les a bien comptés.

D. 12/15; A. 3/11; C. 17; P. 16; V. 1/5.

L'individu décrit par Russel était long de dix pouces.

Le Pristipome de Dussumier.

(*Pristipoma Dussumieri*, nob.)

Nous avons reçu du Malabar par M. Dussumier un pristipome qui nous paraît d'une espèce très-voisine, bien que le nombre des rayons mous de l'anale ne réponde pas à ce qu'annonce Russel.

Ses épines dorsales et anales sont très-fortes; les premières beaucoup plus que la figure de Russel ne les montre.

D. 12/14; A. 3/7, etc.

Tout son corps est argenté, légèrement teint de brunâtre vers le dos, et avec six lignes longitudinales dorées. La membrane de la partie épineuse de la dorsale est brunâtre : il y a une tache brune entre chacun des rayons de la partie molle. La caudale est d'un brun noirâtre. Les autres nageoires sont d'un beau jaune, ainsi que l'iris. Les pectorales sont plus pâles.

Cet individu est long de six pouces.

Le Pristipome simméné.

(*Pristipoma simmene,* Ehrenb.)

M. Ehrenberg a rapporté en grand nombre de Massuah, sur la mer Rouge, un pristipome

un peu plus alongé que le *kaakan*, et qui a les écailles plus petites et les épines plus faibles, surtout celles de l'anale, dont la seconde ne dépasse pas la troisième, et n'a que la grosseur des dorsales, avec une longueur de moitié moindre.

D. 12/14; A. 3/8; C. 17; P. 16; V. 1/5.

Ce poisson est argenté, et a des bandes longitudinales brunes, dont le nombre varie de deux ou de trois à six. La plus haute règne le long de la base de la dorsale; la troisième suit la ligne latérale dans sa moitié antérieure. Ce sont la cinquième et la sixième qui manquent le plus souvent.

Nos individus sont longs de six à sept pouces.

Le foie se compose de deux lobes à peu près égaux, minces, triangulaires, et dont la pointe ne dépasse pas l'extrémité de l'estomac : celle du lobe droit est échancrée pour recevoir et donner attache à la vésicule du fiel, qui est petite, alongée, et un peu étranglée vers son extrémité. L'estomac est alongé et étroit; la terminaison du cul-de-sac est arrondie et vers le milieu de la longueur de la cavité abdominale. La branche montante est courte et attachée entre les deux lobes du foie. Il y a cinq appendices au pylore. Le canal intestinal est grêle, et fait deux longs replis. Les laitances sont longues et étroites. La vessie aérienne est simple, arrondie et renflée en avant, terminée en pointe alongée et grêle. Sa tunique externe est fibreuse, d'un blanc laiteux, poli, et à reflets argentés; l'interne est très-mince et noirâtre. Le péritoine est argenté.

Le squelette de cette espèce a des cellules moins profondes et des lames plus larges que dans le *hasta*, auquel il ressemble d'ailleurs, si ce n'est dans les proportions déjà visibles à l'extérieur.

Son nom arabe est *simmene*.

Le Pristipome caripe.

(*Pristipoma caripa*, nob.; *Anthias maculatus*, Bl.?)

Le *caripe* de Russel (pl. 124), dont nous avons examiné plusieurs individus, appartient au même groupe que son *guoraca* et son *paikeeli*. La figure de cet auteur lui donne des écailles trop petites et des épines anales trop grêles; mais du reste elle est assez exacte.

Il est plus petit que les précédens (sa longueur n'est que de cinq ou six pouces). Sa couleur est argentée, changeante. Le dessus du museau et le front sont bruns. Une grande tache noirâtre prend transversalement depuis la nuque jusque derrière le surscapulaire. Trois autres sont placées à distances égales sur la ligne latérale : la première, vis-à-vis le milieu de la pectorale; la seconde, vis-à-vis sa pointe; la troisième, vis-à-vis le milieu de l'anale, ou même plus en arrière. La dorsale est grise, avec un bord noirâtre et une tache noire entre sa cinquième et sa septième épine. Dans nos échantillons elle commence dès la quatrième épine. Les autres nageoires sont d'un jaune pâle. Il y a très-souvent aussi une tache noire à l'anale.

D. 12/13 ou 14; A. 3/7; C. 17; P. 16; V. 1/5.

Son squelette a onze vertèbres abdominales et seize caudales.

Nous avons reçu ce poisson de Pondichéry par M. Leschenault, et de la côte de Malabar par MM. Bélenger et Dussumier; MM. Kuhl et Van Hasselt l'ont envoyé de Batavia au Musée royal des Pays-Bas. On le nomme à Mahé *houla-kirine*.

L'anthias maculatus de Bloch[1] ressemble assez au caripe par ses taches, pour qu'on puisse l'en croire une simple variété; elles y paraissent moins régulières et accompagnées de quelques points noirs. La figure répond mieux que celle de Russel à nos individus, en ce qui concerne les écailles et les épines; mais l'auteur donne deux aiguillons de moins à la dorsale.

D. 10/14 ; A. 3/7.

Le PRISTIPOME A OREILLES.

(Pristipoma auritum, nob.)

On trouve dans les eaux de Siam un beau et grand pristipome, qui y a été recueilli par le docteur Finlaison, et qui est très-bien caractérisé

par le prolongement peu ordinaire de l'angle de son opercule, qui se porte en arrière, presque jusque vis-à-vis du milieu de sa pectorale, et finit cependant en s'arrondissant. La saillie arrondie de l'angle de son préopercule est aussi très-considérable.

D. 11/14; A. 3/7; C. 17; P. 17; V. 1/5.

Du reste, par ses formes, par la force respective de ses épines, et même par ses couleurs, il ressemble beaucoup au *nageb*; il a de même le dos semé de points bruns ou bleuâtres, sur un fond argenté verdâtre. Sa dorsale est grise, très-foncée, avec deux rangées de taches noires sur la moitié inférieure de sa partie molle : ses autres nageoires sont pâles; il a des teintes jaunes aux joues et sous la queue. La longueur de l'individu rapporté au Muséum de la compagnie des Indes, est de dix-huit pouces.

On voit dans plusieurs recueils de peintures chinoises un poisson à qui l'on a représenté des espèces d'oreilles

---

1. *Anthias maculatus*, Bloch, pl. 326, fig. 2; *Lutjan tacheté*, Lacépède, t. IV, p. 239.

relevées comme celles d'un quadrupède. Ce sont probablement des prolongemens membraneux des opercules,
semblables à ceux de ce pristipome, redressés au moyen
du desséchement par une de ces fraudes dans lesquelles
les artistes chinois ont tant d'exercice.

Le PRISTIPOME CROCRO.

(*Pristipoma crocro,* nob.)

Nous avons reçu de la Martinique un pristipome que
l'on y nomme *crocro,* et qui se rapproche de toutes les
espèces des Indes

par les dispositions de ses nageoires, et surtout par sa forme, qui
est plus alongée que dans le *hasta.* Sa hauteur est trois fois et deux
tiers dans sa longueur. Sa tête est aussi un peu plus alongée; son
museau un peu plus large, et sa mâchoire supérieure dépasse un
peu l'inférieure. Ses dents sont extrèmement fines, et les dentelures
de son préopercule menues. La partie épineuse de sa dorsale ne
s'élève pas tant que dans le *kaakan;* la cinquième épine est la plus
longue : il y en a quatorze. La partie molle n'en a que onze. La
deuxième épine anale est encore plus forte à proportion qu'au *kaakan.* La caudale est presque carrée.

D. 13/12 ou 14/11; A. 3/7; C. 17; P. 16; V. 1/5.

Le poisson paraît tout entier d'un argenté glacé de brun. Sa dorsale est brune, et une raie blanchâtre de sa base en suit toute la
longueur. Le bord de sa partie épineuse est noirâtre. Les autres
nageoires paraissent brunes; mais on voit du jaune à l'anale, aux
pectorales et aux ventrales.

Nos individus sont longs de six à sept pouces.

Il y en a au Musée de Berlin de plus grands, et dont
le corps paraît d'un argenté bleuâtre; ils viennent de
Surinam.

L'œsophage de ce pristipome est alongé, et il se renfle en un estomac peu long, large, dont la branche montante naît près du cardia, et va jusque sous le foie près du diaphragme. Il y a quatre cœcums courts et peu gros. L'intestin est large et fait deux longs replis. Le foie est composé de deux lobes pointus, inégaux et réunis sous l'œsophage par une portion très-mince, dont le bord postérieur est festonné. Le lobe gauche est gros et épais, et se porte beaucoup au-delà de la pointe de l'estomac. Le lobe droit est très-grêle. La vésicule du fiel est petite, globuleuse et suspendue par un cholédoque très-délié à la hauteur de la pointe de l'estomac. Les laitances sont grosses, renflées en avant, presque terminées en pointe, et un peu festonnées le long du bord inférieur. La vessie aérienne est très-ample, simple, à parois minces et argentées. Sa tunique externe est fibreuse. Le péritoine est très-mince, blanc et faiblement argenté.

M. Plée dit que ce poisson est à la fois de mer et de rivière; qu'il grandit jusqu'à peser trois livres, et qu'il tire son nom d'un bruit qu'il fait entendre, apparemment comme les *sciènes* et les *drums,* et notamment comme le *coro-coro* du Brésil.

Le Pristipome coro.

(*Pristipoma coro,* nob.; *Sciæna coro,* Bl.)

Le prince Maximilien de Wied et M. Langsdorf ont rapporté du Brésil un de ces pristipomes à dorsale un peu échancrée, remarquable par sept ou huit bandes verticales, brunes, sur un fond argenté, et par les fortes épines de son préopercule.

Il nous a aussi été envoyé de la Martinique par M. Plée; on en trouve une figure assez exacte dans Seba (t. III, pl. 27, n.° 14), mais sans indication de son origine.

M. Langsdorf le regarde comme le *coro-coro* de Margrave (p. 177), reproduit par Bloch (pl. 307, fig. 2) sous le nom de *sciœna coro*. La figure de Bloch est prise, comme celle de Margrave, du livre du prince Maurice; mais Bloch y a établi arbitrairement les nombres des rayons mous, qui ne sont pas marqués distinctement dans le dessin du prince. Cette figure répond assez à notre poisson pour les couleurs et pour les proportions des deux parties de la dorsale; mais elle ne laisse rien paraître des épines du préopercule. Si néanmoins elle a été faite d'après le pristipome actuel, il faudra en conclure qu'il fait entendre un son; car c'est de ce murmure que Pison dérive son nom, qu'il écrit *coro-coró-ca*. Il ajoute que c'est un poisson abondant toute l'année, et dont la chair, quoique agréable au goût, est dure et peu recherchée.

Selon Margrave, ce *coro-coro* vit dans la mer, et n'atteint qu'un pied de longueur.

Au reste, il ne faut pas confondre notre poisson, ni celui de Margrave, en le supposant le même, avec le *coro-coro* de Cumana, dont M. de Humboldt donne une courte indication dans ses Observations zoologiques (t. II, p. 189).

Les formes de ce pristipome sont à peu près celles d'un serran : son profil est rectiligne, et ne descend point; sa mâchoire inférieure avance un peu plus; la bouche est peu fendue; les dents de la rangée extérieure sont coniques, et les quatre antérieures de chaque mâchoire un peu plus grandes que les autres : derrière cette rangée il y en a en velours; mais le palais n'en offre aucunes. Les pores existent à la mâchoire inférieure, mais sont très-difficiles à voir, et la fossette derrière la symphyse est fort petite. Les mâchoires exceptées, toute sa tête est écailleuse. Son préopercule a des dentelures coniques, pointues, très-marquées; et celle de l'angle est une véritable épine assez forte : au bord montant elles se dirigent vers le haut; au bord horizontal, vers le devant. L'opercule finit en angle obtus. L'écaille surscapulaire est dentelée, mais non le scapulaire ni l'huméral. La partie épineuse de la dorsale s'élève de sa partie antérieure aux quatrième et cinquième rayons de près de moitié de la hauteur du corps. Sa partie molle occupe un peu moins d'espace en longueur que l'épineuse. Le deuxième aiguillon de l'anale est grand et très-fort. La caudale est coupée carrément : ses écailles sont assez grandes; il n'y en a point sur les nageoires. Sa ligne latérale est parallèle au dos.

D. 12/13; A. 3/7; C. 17; P. 15; V. 1/5.

Sa couleur est argentée, avec huit bandes verticales brunes, qui se perdent vers le ventre : la première à la nuque; les trois suivantes sous la partie épineuse de la dorsale; deux autres sous la partie molle; les deux dernières sur la queue.

Nos individus ne sont longs que de six pouces.

Le PRISTIPOME DE LA CONCEPTION.

(*Pristipoma Conceptionis*, nob.)

MM. Lesson et Garnot ont rapporté de la Conception du Chili un pristipome à dorsale échancrée, remarquable par la faiblesse des rayons épineux de ses nageoires dorsale et anale, et par le nombre des rayons mous de cette dernière.

Il a le corps en ovale très-alongé. La hauteur n'est que le quart de la longueur du corps. La tête est un peu plus courte que la hauteur. L'œil est médiocre; la bouche peu fendue. Les dentelures du préopercule, surtout celles du bord montant, sont très-faibles : il y a deux petits pores sous la mâchoire inférieure de chaque côté de la symphyse.

La dorsale est très-peu élevée; l'anale l'est encore moins. La pectorale est longue et pointue; les ventrales sont moins longues.

Les nombres sont :

D. 13/14; A. 3/13; C. 17; P. 20; V. 1/5.

Les écailles sont petites : on en compte environ soixante dans la longueur; elles sont finement ciliées à leur bord libre, et fortement dentelées à leur bord radical. La ligne latérale suit le tiers de la hauteur; elle est fortement marquée.

La couleur est brun-verdâtre, très-foncée sur le dos; elle s'éclaircit sur les flancs et devient blanche sous le ventre.

Ce poisson a neuf pouces de long.

Le Pristipome de Sainte-Catherine.

(*Pristipoma Catharinæ*, nob.)

Les mêmes naturalistes nous ont rapporté de l'île Sainte-Catherine du Brésil un petit pristipome

à dorsale échancrée, à rayons épineux forts et longs. La hauteur de son corps est trois fois dans la longueur. Le dos, très-élevé à la naissance de la dorsale, descend assez rapidement jusqu'à l'occiput; il se relève ensuite jusqu'au bout du museau.

L'œil est médiocre. La bouche est petite; ses dents sont fines. Les dentelures du préopercule sont assez fortes vers l'angle. Les deux premiers rayons épineux de la dorsale sont très-courts : c'est le troisième qui est le plus long; le dernier est grêle, et plus élevé que le pénultième et l'antépénultième. Le second rayon de l'anale est fort et plus long que les deux autres : c'est le premier qui est le plus court; le troisième ne dépasse pas les rayons mous. La queue est légèrement échancrée en croissant. Les pectorales sont petites; les ventrales, au contraire, sont larges, et leur épine est longue et pointue.

Voici les nombres des rayons :

D. 12/14; A. 3/10; C. 17; P. 16; V. 1/5.

Les pores qui sont sous le menton, sont très-peu visibles dans cette espèce, dont le dos paraît brun, le ventre blanc, les côtés faiblement rayés de gris brunâtre. Les nageoires sont brunes, les pectorales exceptées, dont la couleur est blanchâtre.

Notre individu est long de quatre pouces.

Les espèces suivantes se distinguent dans le genre des *pristipomes* par une tête très-courte, par un museau obtus, et par un intervalle des yeux assez large et un peu convexe, qui leur donnent une physionomie particulière. Des rangées de petites écailles s'étendent entre les rayons mous de leur dorsale et de leur anale, ce qui les rapproche un peu des hémulons.

Le Pristipome a deux lignes.

(*Pristipoma bilineatum*, nob.)

La première espèce se nomme à la Martinique *luppé*.

Elle est d'un gris doré, plus pâle vers le ventre, plus argenté aux sous-orbitaires. Une ligne d'un brun noirâtre part du crâne, et va droit vers la fin de la dorsale; et une autre, parallèle à la première, part de l'œil et va droit à la base de la caudale, où elle se termine par une tache noirâtre. Les nageoires sont brunes; une bande pâle parcourt la base de la partie épineuse de la dorsale, et une autre est au-dessous de son bord. Les ventrales sont noires. La ligne latérale, qui se courbe comme le dos, marche pour toute sa partie arquée entre ces deux lignes, et suit la seconde dans sa partie caudale. Les dents antérieures sont un peu plus fortes que les autres. Les dentelures du préopercule sont très-fines. Les épines dorsales sont assez fortes; la troisième, la quatrième et la cinquième sont celles qui dépassent le plus les autres : la deuxième épine anale est très-forte, et la troisième l'égale en grosseur, mais non en longueur. La caudale est fourchue.

D. 12/16; A. 3/9; C. 17; P. 17; V. 1/5.

La hauteur de ce poisson n'est que deux fois et demie dans sa longueur.

Notre individu n'a que quatre pouces et demi.

Le PRISTIPOME PETITE-SCIE.

(*Pristipoma serrula,* nob.)

Une seconde espèce se nomme à la Martinique *petite-scie* ou *tête-de-roche.*

Elle est un peu plus oblongue que la précédente, et a le front un peu moins bombé à proportion, l'œil un peu plus grand. Sa partie supérieure paraît violâtre, avec quatre ou cinq lignes longitudinales jaunes: et sa partie inférieure argentée. Le deuxième et le troisième rayon de son anale sont d'égale longueur. L'échancrure de sa dorsale est presque aussi profonde que dans les sciènes proprement dites, et ses rayons épineux sont faibles.

D. 12/13; A. 3/9; C. 17; P. 15; V. 1/5.

Les individus que nous devons à M. Plée ont sept pouces de long.

L'espèce, selon ce voyageur, ne pèse pas plus d'une demi-livre.

Le PRISTIPOME DORÉ.

(*Pristipoma auratum,* nob.)

Une troisième espèce, encore de la Martinique, que nous avons trouvée dans le Cabinet de feu M. Richard, est toute semblable à la précédente, même par les nombres de ses rayons; mais sa couleur est partout d'un doré uniforme.

D. 12/13; A. 3/9; C. 17; P. 15; V. 1/5.

La longueur de l'individu est de six pouces.

Le PRISTIPOME A NAGEOIRES NOIRES.

(*Pristipoma melanopterum,* nob.)

Une espèce un peu plus grande est du Brésil, d'où M. Delalande l'a apportée.

Ses formes sont les mêmes que dans le *bilineatum*. Tout son corps est d'un brun doré, plus gris et plus argenté vers la tête. Les bords des écailles sont brun foncé, et toutes les nageoires d'un brun noirâtre.

D. 12/17; A. 3/8; C. 17; P. 17; V. 1/5.

Nous en avons des individus de sept et huit pouces.

Le Pristipome de Surinam.

(*Pristipoma surinamense, Lutjanus surinamensis*, Bl.; *Holocentre bossu*, Lacép.)

Le poisson que Bloch (pl. 253) a nommé *lutjanus surinamensis*, a aussi beaucoup de rapports avec tous les précédens. Comme le *hasta*,

il a une forte épine anale, et la partie épineuse de la dorsale élevée de l'avant et s'abaissant de l'arrière, pour laisser ensuite se relever la partie molle; mais son profil est plus vertical, et les nombres de ses rayons sont différens.

D. 14/16; A. 3/7; C. 17; P. 16; V. 1/5.

C'est sa quatrième épine dorsale qui est la plus haute; mais elle dépasse peu les deux voisines. La caudale est un peu arrondie. Les dents sont très-fines, et c'est ce qui a fait croire à Bloch, dont l'échantillon était séché et verni, qu'il n'y en avait point à la mâchoire supérieure. La pointe de son opercule se marque un peu plus que dans les autres, et son os surscapulaire est un peu dentelé.

Nos individus de cette espèce sont décolorés; mais si l'on peut s'en rapporter à la figure de Bloch, ils seraient teints de rougeâtre à la tête et vers le dos, et auraient des bandes verticales noirâtres et inégales. Les nageoires verticales seraient teintes de noirâtre, et les nageoires paires bleuâtres.

Ne l'ayant qu'en herbier, nous ne pouvons dire exactement quelle était la longueur de sa tête, ni dans quel rapport elle était ou avec le *crocro* ou avec les deux espèces précédentes.

C'est d'après le même échantillon que M. de Lacépède a décrit son *holocentre bossu* (t. IV, p. 344 et 391).

Le Pristipome rodo.

(*Pristipoma rodo*, nob.; *Sparus virginicus*, Linn.[1])

Les côtes de l'Amérique produisent un pristipome à profil non moins relevé que le précédent, mais à dorsale beaucoup plus égale, et auquel ses couleurs et sa forme donnent assez de rapports avec certains spares, pour qu'on l'ait placé dans leur genre; car nous verrons que c'est le *sparus virginicus* de Linnæus : mais comme il n'est point de Virginie seulement, que peut-être même n'en est-il pas du tout; comme d'ailleurs il a reçu plusieurs autres noms, également impropres, nous croyons devoir le désigner par celui de *rodo*, sous lequel il est connu à la Martinique.

M. Plée nous l'a envoyé de cette île, et M. Delalande l'a apporté du Brésil. Nous l'avons aussi reçu de Porto-Rico et de Saint-Domingue.

Sa hauteur n'est comprise que deux fois et demie dans sa longueur, et la longueur de sa tête ne fait que les deux tiers de cette hauteur; aussi sa nuque est-elle courbée en arc, et son profil descend-il plus rapidement que dans les autres pristipomes. Sa bouche est très-peu fendue, seulement jusque sous le milieu de l'intervalle en avant de l'œil. Ses lèvres sont épaisses, ses dents en velours sur de larges bandes, qui se rétrécissent en arrière, mais sans que les dents y prennent la forme arrondie de celles des spares. Sa mâchoire supérieure est un peu protractile; l'inférieure creusée de

---

1. *Perca juba* et *Sparus villatus*, Bl.; *Lutjan virginien* et *Spare jub*, Lacép.

deux gros pores, et d'une fossette à peine plus grande qu'eux. Les orifices de la narine sont plus hauts que la bouche et près de l'œil. Le sous-orbitaire ne se distingue point de la joue, et manque d'écailles, ainsi que le devant du museau. Le bord montant du préopercule est droit et finement dentelé, l'angle arrondi et sans dents, ainsi que le bord inférieur. L'opercule est arrondi et sans pointes sensibles. La membrane branchiostège a sept rayons, dont les inférieurs sont petits et mous. Il n'y a point de dentelure à l'huméral, et à peine en voit-on à l'os surscapulaire. La pectorale est en faux et pointue comme dans les spares. La ventrale naît sous sa base et ne la dépasse pas; elle a une très-petite lame triangulaire et écailleuse sur sa base. La dorsale se cache en grande partie entre les écailles du dos : ses épines sont fortes; la troisième est la plus longue. Deux lames, couvertes de petites écailles, enserrent la base de sa partie molle; mais elle-même n'en a que des rangées étroites, montant un peu entre ses rayons : il y a aussi de petites rangées d'écailles entre les bases des rayons de la ventrale. Le deuxième et le troisième rayon de son anale sont très-gros : le premier est court et embrasse la base du deuxième. Sa caudale est fourchue. Ses écailles sont médiocres : il y en a environ cinquante-cinq sur une ligne, depuis l'ouïe jusqu'aux petites de la base de la caudale. A la loupe le bout en paraît âpre et finement dentelé, et la partie cachée a un éventail de neuf stries; mais la troncature postérieure n'est pas crénelée. La ligne latérale occupe en avant le tiers supérieur de la hauteur, et sa direction est un peu plus droite que la courbe du dos.

D. 12/17; A. 3/10; C. 17; P. 16; V. 1/5.

Les couleurs de ce poisson ont de l'éclat et sont agréablement distribuées. Sa tête et sa poitrine sont d'une couleur d'argent glacé de gris. Une large bande noire descend de la nuque sur l'œil, et se continue sous l'œil jusqu'à l'angle des mâchoires ; une seconde bande, partant du devant de la dorsale, descend jusqu'à la pectorale, où elle se termine. Derrière celle-ci chaque côté du corps est divisé en quinze lignes longitudinales, alternativement de couleur dorée et de couleur d'acier ; ces dernières sont lisérées de brun.

Les bords des écailles sont argentés, et les nageoires sont jaunes. Sur la partie antérieure de la dorsale et sur les ventrales se montrent quelques teintes de brun.

La plupart de nos individus sont longs de huit à neuf pouces, et nous en avons un de onze.

M. Plée nous dit qu'il n'y en a pas de beaucoup plus grands.

Nous avons disséqué ce poisson. Il a l'œsophage long d'un cinquième de l'abdomen, assez large et plissé de gros plis.

Son estomac est médiocre, très-dilaté près du cardia, pointu en arrière, à parois minces et sans plis en dedans. Le pylore s'ouvre auprès du cardia. Dans cette partie le canal est très-gros, très-épasiss, très-charnu, et a sept appendices cœcales, grêles, dont une est très-longue.

L'intestin fait deux replis : ses parois sont très-minces jusqu'au rectum, qui est court, mais épais et charnu. Une valvule, dirigée vers l'anus, assez grande, est à l'origine de ce rectum. La veloutée est pourvue d'une infinité de petites papilles.

La vessie natatoire occupe toute la longueur de l'abdomen ; elle est unique et sans appendices. Sa partie antérieure est arrondie, et en arrière elle se termine en pointe. Ses parois sont fibreuses, épaisses, et d'un bel éclat argenté. Le péritoine est très-mince et de la même couleur.

Le squelette de ce *rodo* a ses apophyses épineuses, ses interépineux, et surtout sa crête sagittale, de la hauteur correspondante à la forme de son corps. Le dessus de son crâne n'a que deux petites fossettes ; mais ses os du nez, ses sous-orbitaires et son préopercule sont caverneux comme dans les autres sciénoïdes. Il a dix vertèbres abdominales et seize caudales. Ses côtes sont assez fortes et ont chacune une appendice. Les deux dernières, suspendues à d'assez longues apophyses transverses, vont se joindre au grand interépineux des premières épines caudales.

On pêche cette espèce à l'embouchure des rivières.

Ainsi que nous l'avons dit, elle se nomme à la Martinique *rodo*, ou plutôt *gros-dos;* car nous l'en avons aussi reçue sous ce nom. A Saint-Domingue on l'appelle *fin*, et à la Guadeloupe *parapel*. Les pêcheurs de la Havane lui donnent quelquefois, selon M. Poey, le nom de *catalineta*, qui est proprement celui de certains chétodons : ceux de Porto-Rico lui donnent aussi, selon M. Plée, des noms de chétodons, tels que *juannita, mariquita*.

Linnæus l'a décrite assez exactement sous le nom de *sparus virginicus*, et en lui donnant pour patrie en général l'Amérique septentrionale. La seule différence, et les exemples en sont trop fréquens pour y avoir égard, c'est qu'il ne lui compte au dos que onze épines et seize rayons mous, tandis que les vrais nombres sont douze et dix-sept.

Linnæus n'avait vu son poisson que dans le Cabinet de Degeer, et il a pu être trompé sur son origine. Ce qui est certain, c'est qu'il n'est pas question de cette espèce dans le mémoire du docteur Mitchill, et qu'elle ne nous est venue que du golfe du Mexique et des parties chaudes du nouveau continent. On la trouve cependant aussi aux îles de Bahama, du moins le *perca marina rhomboidalis fasciata* de Catesby (pl. 6, fig. 1), qui est de ces îles, lui ressemble-t-il beaucoup pour l'ensemble et pour les couleurs, à l'exception des bandes de la nuque et du front, qui n'y sont pas bien exprimées; ce ne peut en être qu'une variété ou une figure mal coloriée.

Linnæus cite la figure de Catesby à l'article de son *sparus rhomboides*[1], qu'il avait reçu de la Caroline par Garden,

---

1. *Grammistes rhomboides*, Bloch, édition de Schneider.

sous le nom de *bréme de mer*, et dont nous parlerons sous le nom de *sargus rhomboides*. Mais cette citation est erronnée, puisque Linnæus lui-même dit que le *sparus rhomboides* a des dents obtuses et la queue entière, tandis que la caudale dans le dessin de Catesby est fourchue, comme dans notre *rodo*.

Linnæus avait été induit à cette erreur par Brown, qui fait la même citation (*Jam.*, p. 446) pour un poisson qui est aussi un *sargus*, et très-probablement celui que Margrave (p. 153) nomme *salema*, Pison (p. 53) *pacu*, et dont la figure primitive, qui est dans le recueil du prince Maurice, et intitulée *selumixira*, a été publiée par Bloch (pl. 308, fig. 1), qui en a fait son *perca unimaculata*[1]; il a les lignes jaunes, la tache noire au-dessus de la pectorale et la queue entière, que Linnæus attribue à son *sparus rhomboides*. Margrave et Pison s'accordent à dire qu'il a les dents et tous les caractères des *sargus*, quoique les Portugais de leurs temps l'aient regardé comme un *salpa*, et M. Lichtenstein, qui a le dessin original du prince sous les yeux, pense aussi que c'est un sargue. Nous en reparlerons ailleurs, et l'appellerons *sargus unimaculatus*.

Mais ce qu'on n'a point encore remarqué, c'est que notre *rodo*, ou le prétendu *sparus virginicus*, est aussi dans Margrave, et même deux fois; la première, très-sensiblement dans l'*acara pinima* (p. 152), qui est devenu le *sparus vittatus* de Bloch (pl. 263[a]), ou le *grammistes*

---

1. *Spare salin*, Lacépède, t. IV, p. 136.

2. Bloch a été si peu attentif, qu'il donne un autre *sparus vittatus* (spare rayé) planche 275.

Mauritii de son *Systema* (édition de Schneider, p. 185), et la seconde, dans le *guatucupa juba* (p. 148), dont l'original, dans le recueil du prince, est intitulé *uribaco,* et qui est le *perca juba* de Bloch (pl. 308, fig. 2).

A la vérité, qui n'aurait vu que la copie donnée par Bloch de la figure de ce *juba,* faite par le prince Maurice, serait choqué de ce rapprochement. Mais M. Lichtenstein, qui avait à la fois sous les yeux le dessin original du prince et le poisson apporté du Brésil par M. d'Olfers, nous apprend que le dessin a été falsifié par Bloch, qui a transformé en deux taches tranchées et d'un noir profond sur la caudale, des parties brunes dont le peintre n'avait voulu faire que des ombres, et nous assure que l'espèce a tous les caractères des pristipomes. Nous avons vérifié les mêmes faits : non-seulement Bloch a exagéré les taches de la queue, mais il a presque effacé la bande de la nuque. M. Lichtenstein ajoute, et nous avons également vérifié, que le dessin de l'*acara pinima* n'a que deux pouces, et que, bien qu'il soit indiqué comme de la grandeur naturelle du sujet, Bloch l'a arbitrairement grandi pour en faire son *sparus vittatus* (pl. 263, fig. 2); il a aussi fort exagéré et trop prolongé les bandes noires de la nuque et du front, d'où M. Lichtenstein conclut que cet *acara pinima* n'est qu'un jeune du *guatucupa juba.* Nous concluons avec tout autant de confiance que l'un et l'autre ne sont que notre *rodo,* ou que le *perca rhomboidalis* de Catesby, ou que le *sparus virginicus* de Linnæus, et que toutes leurs différences ne viennent que de l'incurie des peintres et des graveurs, et des variétés qu'éprouvent les bandes verticales de la partie antérieure, qui sont tantôt plus tantôt moins marquées ou prolongées. Les nombres

de rayons donnés par M. Lichtenstein pour son *juba*
nous confirment dans cette idée.

D. 30 (c'est-à-dire sans doute 12/17 ou 18); A. 3/10; C. 16 (c'est-à-dire 17);
P. 17; V. 1/5.

S'il n'en a compté que cinq à la membrane des ouïes,
c'est qu'il a été trompé par l'extrême faiblesse et mollesse
des inférieurs.

On peut juger encore par ce nouvel exemple du peu de
confiance que mérite un homme tel que Bloch, qui fal-
sifiait sans scrupule des figures sur lesquelles seules il
établissait ses espèces, et de la bonté des naturalistes qui
ont introduit sans autre examen dans leurs ouvrages ces
espèces controuvées.

En réunissant ce qui a été dit par Margrave et par Pison
de leur *acara pinima* et de leur *guatucupa juba,* avec ce
que M. Plée nous mande sur son *rodo,* et ce que nous
dit M. Poey sur son *catalineta,* on trouve que le pristipome dont nous parlons dans cet article est un poisson
très-bon à manger, dont la langue et les parties de la tête
sont exquises; qui se prend dans la mer entre les rochers,
mais qui en certains temps remonte aussi dans les rivières.

On l'a généralement comparé à la brême, sans doute à
cause de sa hauteur.

———

Les espèces qui vont suivre joignent à la dorsale égale
du *rodo,* un corps plus oblong et un profil moins vertical.

Le PRISTIPOME ROUGE.

(*Pristipoma rubrum*, nob.)

Le Brésil en produit une d'un beau rouge, selon le té-
moignage de M. Delalande, qui nous l'a rapportée, et que
nous appellerons par cette raison *pristipoma rubrum*.
Desséchée cependant, ou conservée dans la liqueur, elle
devient grise, et c'est d'après sa forme et ses nombres de
rayons qu'il faut la caractériser.

Sa hauteur aux pectorales est trois fois et un quart dans sa longueur, et son épaisseur trois fois dans sa hauteur. La longueur de
sa tête est un peu moindre que cette hauteur. Son sous-orbitaire
est en partie écailleux, mais non pas le devant de son museau. Ses
dents sont très-fines, et les dentelures de la partie montante de son
préopercule aussi. On sent bien au doigt l'âpreté de ses écailles. La
troisième et la quatrième épine de sa dorsale sont les plus longues;
mais il n'y a pas d'interruption entre la onzième et la douzième,
que suivent quatorze rayons mous de même hauteur qu'elle. La
force de ces épines est médiocre; il en est de même de celles de
l'anus, dont la seconde est cependant forte, mais non pas très-
longue; elle est suivie de neuf rayons mous. Les pectorales et les
ventrales sont pointues et à peu près égales entre elles. La caudale
est un peu coupée en croissant.

D. 12/14; A. 3/9; C. 17; P. 16; V. 1/5.

Des lignes obliques brunes, formées par des reflets, se montrent
sur tout le dos. Il y a une bande blanche sur toute la longueur de
la dorsale, près de sa base, et au-dessus, dans la partie molle, trois
suites de points obscurs. Les autres nageoires paraissent grises. Il
nous semble voir les traces d'une tache noire au-dessus de la pectorale, derrière l'ouïe.

Nos individus ne passent pas dix pouces.

Dans cette espèce l'œsophage est assez long; l'estomac court,
peu volumineux, à parois minces et sans plis. Il y a cinq appendices

cœcales, dont une, plus éloignée que les autres, est plus grosse et plus longue; l'intestin fait deux replis, à portions à peu près égales. Le rectum est un peu plus renflé et muni d'une valvule assez forte. La vessie natatoire, de grandeur médiocre, est de forme elliptique, alongée, pointue en arrière, ronde en avant, où elle produit trois cornes aiguës, une en avant et une sur chaque côté, se dirigeant vers la tête. Le péritoine est très-noir.

Je trouve au squelette onze vertèbres abdominales et quinze caudales. Les fossettes de la tempe, du crâne et du museau relèvent peu ces parties : celles du sous-orbitaire sont à peine sensibles; mais il y en a quatre assez grandes au préopercule.

Le Pristipome a bandes.

(*Pristipoma fasciatum*, nob.)

M. Milbert nous a envoyé de New-York une espèce très-voisine de la précédente

par sa forme, par la bande blanche et les points bruns de sa dorsale, et par les trois cornes de sa vessie natatoire; mais qui a la nuque un peu plus relevée, seize rayons mous à la dorsale, treize à l'anale, et où de plus la troisième épine dépasse la seconde, ce qui n'a pas lieu dans le *pristipoma rubrum*.

D. 12/16; A. 3/13; C. 17; P. 16; V. 1/5.

De petits individus, longs de cinq à six pouces, paraissent d'un gris-brun un peu olivâtre, avec des bandes noirâtres nuageuses, alternativement plus larges et plus étroites, au nombre de huit à neuf. On voit en outre des lignes obliques sur le dos, et une bande longitudinale brune sur le haut de l'opercule. Un individu de huit pouces ne paraît que gris-brun foncé vers le dos, gris-roussâtre pâle vers le ventre. Ses formes et les nombres de ses rayons sont d'ailleurs les mêmes. Nous n'avons pas de notes sur les teintes de cette espèce dans l'état frais

Nous avons disséqué ce grand individu. Son œsophage est large, mais très-court. Son estomac, étroit, égale en longueur le tiers de celle de l'abdomen; il se termine en pointe mousse. Ses parois sont très-minces, et il n'a en dedans que peu de plis longitudinaux. Le pylore s'ouvre en haut de l'estomac, auprès du cardia; il est très-gros, et muni de six appendices cœcales, grêles, dont quatre sont aussi longues que l'estomac.

L'intestin se courbe, pour remonter vers le diaphragme, un peu au-dessous de l'estomac, et bientôt il se replie de nouveau pour se rendre à l'anus, sans changer sensiblement d'épaisseur ni de volume.

Le foie est médiocre; il est en travers, sous l'œsophage, et se divise en deux lobes triangulaires, pointus, peu épais, qui ne sont guère plus longs que l'estomac. La vésicule du fiel est très-grande, descend plus bas que le lobe droit du foie, où elle est attachée; et quand elle est vide, ses parois sont blanches, assez épaisses.

La rate est médiocre, située entre l'estomac et l'intestin. Sa couleur est d'un rouge-brun très-foncé.

La vessie natatoire est de grandeur médiocre; sa longueur est à peine la moitié de celle de l'abdomen; son diamètre transverse est petit : elle est arrondie antérieurement, et terminée en avant par trois cornes droites, dirigées vers la tête. Son extrémité postérieure est très-pointue; ses côtés sont couverts de tubercules. Les parois sont épaisses, et la couleur est blanc d'argent mat.

L'individu était une femelle, et les ovaires étaient très-gros.

On a trouvé dans l'estomac des débris de petits crustacés.

Le PRISTIPOME RAYÉ.

(*Pristipoma lineatum*, nob.)

Avec le *pristipoma rubrum* il en est venu du Brésil de plus petits, qui lui ressemblent beaucoup,

qui ont aussi une bande sur la dorsale, mais sans taches noires, et des lignes longitudinales brunes sur le dos, et se dorant sur les flancs et le ventre.

D. 12/14; A. 3/10; C. 17; P. 15; V. 1/5.

Nos individus n'ont que deux ou trois pouces.

Le Pristipome du cap Vert.

(*Pristipoma viridense*, nob.)

M. Delalande a apporté de San-Iago, île du cap Vert, un pristipome de la forme de ceux que nous venons de décrire, mais qui les surpasse en grandeur.

Il y en a de quinze pouces. Dans son état de desséchement il paraît d'un brun assez uniforme. Sa dorsale est égale et peu élevée. La seconde épine anale est plus grosse que la troisième, mais non pas plus longue.

D. 13/12; A. 3/8; C. 17; P. 16; V. 1/5.

Son squelette a vingt-six vertèbres, dont dix ou peut-être onze abdominales. Son crâne est peu caverneux.

Feu M. Bowdich avait aussi recueilli cette espèce à San-Iago. Nous la trouvons parmi les dessins que sa veuve a bien voulu nous communiquer, et sa couleur y est indiquée comme d'un gris argenté.

Le Pristipome du Japon.

(*Pristipoma japonicum*, nob.)

C'est encore à la suite de ces espèces que nous en placerons une trouvée parmi les poissons rapportés du Japon par M. Langsdorf, et conservée dans le Musée de Berlin.

Son corps est ovale et alongé, sa dorsale basse, son anale courte. La caudale est échancrée; la bouche est petite et peu fendue; les dents sont médiocres. Les écailles sont petites et âpres à leur bord.

La couleur de ce poisson desséché est uniformément grise sur tout le corps, avec vingt-deux à vingt-quatre lignes brunes longitudinales et obliques sur le dos et les flancs. Le ventre n'a pas de taches.

Les nombres des rayons sont comme il suit :

D. 14/16 ; A. 3/7 ; C. 17 ; P. 17 ; V. 1/5.

L'individu que nous venons de décrire est long de huit pouces et demi.

Ce poisson porte au Japon le nom de *jousaki,* suivant M. Langsdorf.

CHAPITRE X.

Des Diagrammes (*Diagramma*, Cuv.).

Le genre des *diagrammes,* que j'ai établi dans mon Règne animal, n'est pas sans rapports avec celui des pristipomes; il s'en distingue cependant tout de suite, parce qu'au lieu de deux petits pores et d'une fossette, il a sous la mâchoire inférieure les deux petits pores comme dans les pristipomes, et ensuite quatre plus gros, deux de chaque côté, sans fossette impaire : du reste, leur préopercule est dentelé, et leur opercule sans épines, comme dans les pristipomes.

Ils se divisent aussi en plusieurs groupes, dont le premier, qui est d'Amérique et qui ne comprend encore qu'une espèce, ressemble tellement à nos pristipomes à tête courte (le *melanopterum* et le *bilineatum*) qu'il faut de l'attention pour ne pas les confondre.

Le DIAGRAMME A FRONT CONCAVE.

(*Diagramma cavifrons,* nob.; *Lutjanus luteus,* Bl.?)

L'espèce à nous connue vient du Brésil. Nous l'avons nommée *diagramma cavifrons,* à cause de la forme singulière de sa tête, qui a entre les yeux et au pied d'une nuque carénée, et descendant assez rapidement, une partie élargie, plane et même un peu concave, bornée en avant de chaque côté par une légère saillie du bord de l'orbite, partie en avant de laquelle le museau, qui est très-court, tombe lui-même rapidement.

5.   28

Ce poisson est élevé de sa partie antérieure; sa hauteur aux pectorales est trois fois dans sa longueur, et son épaisseur deux fois dans sa hauteur. Sa tête est d'un quart plus courte; l'œil est grand et plus près du museau que de l'ouïe; la bouche, peu protractile, n'est pas fendue jusque sous l'œil; les dents sont en velours, mais longues et presque en soie, comme dans les chétodons : il y en a au pharynx une partie d'assez grosses et obtuses. Le préopercule a son bord montant vertical, son angle arrondi, ses dentelures petites, égales, mais bien marquées tout autour; son opercule est arrondi et sans pointes. La membrane des ouïes, peu fendue en dessous et assez épaisse, a sept rayons, tous assez grêles. Il n'y a point d'écailles sur le devant du museau, sur le sous-orbitaire ni aux mâchoires; mais tout le reste de la tête en est revêtu.

Les pectorales et les ventrales n'ont rien que d'ordinaire; la dorsale a treize épines fortes, dont la quatrième, la cinquième et la sixième sont les plus hautes; la onzième est plus basse que les deux suivantes : il y a ensuite douze rayons mous, qui n'occupent pas moitié de la longueur de la partie épineuse, et sont un peu plus hauts que ses dernières épines. La seconde des trois épines anales est énorme, et reçoit dans une rainure la troisième, qui est plus grêle et plus courte : elles sont suivies de dix rayons mous. Ainsi les nombres des rayons sont :

B. 7; D. 13/12; A. 3/10; C. 17; P. 15; V. 1/5.

La caudale est coupée en croissant : il n'y a aucune dentelure aux os de l'épaule; mais seulement un repli écailleux dans l'aisselle de la pectorale, et un autre assez petit sur celle de la ventrale. Les écailles sont assez grandes : on en compte environ cinquante entre l'ouïe et la caudale.

Tout le poisson paraît argenté, avec des lignes de reflets le long de chaque rangée longitudinale d'écailles. La membrane de la partie épineuse de sa dorsale paraît brune.

Nous en avons de plus d'un pied de long; et d'après le nombre d'individus que feu Delalande en avait rapportés, l'espèce ne doit pas être rare à Rio-Janéiro.

Nous n'avons vu de ses viscères, qui étaient mal conservés, que la vessie natatoire, qui est grande, épaisse, pointue en arrière, arrondie en avant, et sans cornes ni appendices. Son abdomen était rempli d'une immense quantité de petites modioles.

Son squelette n'offre de fossettes que dans la région de la tempe. Celles du front ont presque disparu, et c'est ce qui, joint à l'élévation de la crête mitoyenne, donne la forme singulière de la tête : on en voit encore de petites au préopercule et à la mâchoire inférieure. Les vertèbres abdominales sont au nombre de dix, et les caudales de seize. Les côtes sont fortes et ont des appendices. L'os moyen de l'hyoïde s'élargit en dessous par deux lames latérales.

La figure du *lutjanus luteus*, que Bloch a publiée (pl. 247) d'après un croquis de Plumier, ressemblerait assez à ce diagramme par l'ensemble, et surtout par la forme et les détails de la tête; mais, quelque peu d'attention que Plumier ait donné aux nombres des rayons, j'ai peine à croire qu'il ait pu les altérer au point de produire les différences que son dessin présente (D. 8/9 ; A. 3/7). Bloch n'a pas hésité à les changer arbitrairement, et à les dessiner : D. 8/11 ; A. 3/14. Dans son texte il les met encore autrement (D. 8/11 ; A. 3/12).

———

Les diagrammes des mers orientales ont les écailles beaucoup plus petites et la tête autrement faite; la nuque et le front se continuent en un seul arc convexe, qui devient concave au museau, lequel est très-court; l'ouverture de la bouche est ronde plutôt que fendue; l'œil est relevé, le préopercule arrondi et finement dentelé.

C'est sur l'un d'eux que M. le comte de Lacépède (t. III, p. 135) a établi son genre *plectorhynque;* mais le caractère qu'il lui donne d'un museau plissé et contourné ne tient qu'aux lèvres proprement dites, qui sont en effet un peu plus amplement retroussées qu'à l'ordinaire. L'os maxillaire et le sous-orbitaire n'ont rien de particulier. Les lèvres des autres diagrammes sont semblables ; on les a mal rendues dans la figure (t. II, pl. 13, fig. 2), qui d'ailleurs est belle et exacte, si ce n'est qu'on y a représenté les deux ventrales comme si elles n'en faisaient qu'une, qui aurait beaucoup plus de rayons qu'à l'ordinaire.

Le DIAGRAMME PLECTORHYNQUE.

(*Diagramma plectorhynchus,* nob. ; *Plectorhynchus chœtodonoides,* Lacép. ; *Chœtodon plectorhynchus,* Sh.)

Ce plectorhynque est un poisson court, dont la hauteur n'est que deux fois et demie dans sa longueur. La concavité de son chanfrein et la convexité de son front sont bien prononcées. Ses dents se montrent à peine au travers de ses gencives, et ne paraissent former qu'une seule rangée. Il a six pores assez petits sous le devant de la mâchoire inférieure, et deux fossettes peu marquées sous ses branches. La partie molle de sa dorsale se relève en courbe ovale, ainsi que son anale : l'une et l'autre ont leur base enveloppée par une continuation des écailles du dos. La seconde épine anale est assez longue et forte ; celles du dos sont médiocres.

B. 7 ; D. 12/19 ; A. 3/7 ; C. 17 ; P. 15 ; V. 1/5.

Les écailles se rapetissent encore sur le devant de la tête, où elles couvrent une bonne portion du sous-orbitaire, et se laissent voir en partie sur le museau.

La distribution du noir et du blanc par grandes taches sur ce poisson, est assez remarquable. Le fond est brun-noir : il y a une grande tache blanche sur le devant du museau et la bouche, une autre sur le derrière de la joue et le bas de l'opercule, une en travers sur la nuque, une sur le dos vers la fin de la dorsale épineuse, une sur le flanc derrière la pectorale, une sous la poitrine au-devant des ventrales, une sous le ventre, remontant des deux côtés au-devant de l'anale, une autour de la queue, et une petite sur la base de la caudale, dont le bout est tout blanc. Chacune de ces grandes taches blanches est entourée d'un bord plus noir que le fond, et a dans son milieu une tache plus petite, grise ou noirâtre. En outre, la dorsale molle et l'anale sont blanches, avec des taches noires rondes ou irrégulières. La partie épineuse de la dorsale est noirâtre à sa base et blanchâtre au bord. Les pectorales et les ventrales sont noires et ont le bout blanchâtre.

Ce poisson singulier doit être rare. Nous n'en avons vu encore que l'individu décrit par M. de Lacépède : il est long d'à peu près cinq pouces.

Il y en a cependant un au Musée royal des Pays-Bas qui pourrait bien n'en être qu'une variété.

Son dos est tout marbré de noirâtre sur un fond jaunâtre ou blanchâtre, de manière qu'il reste quatre grandes taches de ce fond; une sous la gorge en avant des ventrales, une sur le flanc derrière la pectorale, une ronde au-dessus de l'anale, et une carrée occupant toute la queue. De grandes taches noires occupent la partie épineuse de la dorsale, et de gros points noirs sa partie molle, ainsi que l'anale et la caudale. Les pectorales et les ventrales sont noires, et il y a sur ces dernières des points gris ou bleuâtres.

Sa longueur est de huit pouces.

D. 12/19; A. 3/8; C. 17; P. 15; V. 1/5.

L'œsophage du plectorhynque est très-court, et il se dilate en un grand estomac à parois très-minces, sans plis à l'intérieur.

La branche dans laquelle s'ouvre le pylore, est très-épaisse, et le pylore est entouré de douze appendices cœcales.

L'intestin grêle fait deux replis inégaux; ses parois sont très-minces. Un étranglement très-marqué sépare cet intestin du rectum, dont les parois sont plus épaisses et le diamètre beaucoup plus grand.

La vessie natatoire est simple, argentée, à parois fibreuses, assez épaisses.

L'estomac était plein d'un grand nombre de petites crevettes.

Il nous paraît presque impossible que ce ne soit pas le plectorhynque qui a été décrit une seconde fois par M. de Lacépède (t. IV, p. 195 et 243) sous le nom de *lutjan chétodonoïde.* Toute sa description s'accorde jusqu'aux minuties, excepté les nombres des rayons, qu'il donne ainsi :

D. 15/19; A. 4/6; C. 19; P. 16; V. 1/6.

Mais on peut supposer ici quelque faute d'attention ou de copiste. Il est certain qu'il n'existe au Cabinet du Roi aucun autre poisson auquel cette description puisse convenir, et ce ne serait pas la seule fois que M. de Lacépède aurait fait deux espèces avec un seul et même individu.

Le DIAGRAMME PIE

(*Diagramma pica,* nob.)

est une autre espèce des Indes, dont l'affinité avec le plectorhynque se marque même par la distribution des couleurs, bien qu'il soit plus oblong et que sa dorsale soit plus égale ;

car, sur un fond noir le long du dos, il a aux mêmes endroits trois grandes taches blanches, une au-devant du museau, une en travers sur la nuque, et une vers la fin de la partie épineuse de la dorsale ; mais celles de l'opercule, de derrière la pectorale et de la queue, se joignent au blanc qui règne sur toute la partie inférieure du corps, et ne font plus que des échancrures dans le noir : la queue est même quelquefois toute blanche. Le noir et le blanc du dos s'étendent sur la dorsale. La caudale est blanche, avec des bandes ou des taches irrégulières noires. Les autres nageoires sont grises.

Ce poisson est plus alongé que le plectorhynque. Sa hauteur est trois fois et demie dans sa longueur. Ses épines dorsales n'ont guère que le quart de la hauteur du corps; elles vont en s'élevant un peu en arrière, et les rayons mous sont encore un peu plus hauts : cette partie se termine en s'arrondissant. La caudale doit être peu échancrée; mais on en voit mal la forme dans notre échantillon. Les autres nageoires n'ont rien de particulier. Il y a six gros pores sous le devant de la mâchoire inférieure.

D. 12/21; A. 3/7; C. 17; P. 17; V. 1/5.

Notre individu est long de huit à neuf pouces.

Cette espèce se trouve dans l'archipel de la Société. Il y en a une bonne figure faite à Otaïti par Parkinson, et conservée à la Bibliothèque de Banks : elle y est étiquetée *percoides pica.* Seba en a représenté un petit individu (t. III, pl. 26, n.° 31).

Le Diagramme oriental.

(*Diagramma orientale,* nob.; *Anthias orientalis,* Bl., pl. 326.)

Dans notre deuxième volume (p. 237) nous avons rangé parmi les serrans un poisson que nous ne connaissions que par la figure de Bloch (pl. 326), et que cet auteur nommait *anthias orientalis.* Depuis lors nous avons eu l'occasion d'observer cette espèce, et nous avons reconnu qu'elle a tous les caractères des diagrammes, et même qu'elle est extrêmement voisine du *diagramma pica.* Il faut donc la retrancher de la liste des serrans.

Les parties épineuse et molle de sa dorsale sont plus inégales à l'endroit de leur jonction. Sa nuque est plus élevée, et ses écailles plus grandes : on en compte un peu plus de soixante sur une ligne longitudinale, et dans le *pica* il y en a plus de quatre-vingts.

D. 13/17; A. 3/8; C. 17; P. 18; V. 1/5.

La distribution du blanc et du noir est très-voisine dans les deux espèces. L'*orientale* a de même le museau blanc, une grande tache ovale et blanche, sur un fond noir, à la nuque, et une autre semblable au milieu du dos; mais le blanc du dessous du corps y est moins continu, et des parties noires irrégulières l'interrompent. La caudale rhomboïdale a sur son milieu une bande longitudinale noire, et ses bords sont aussi de cette couleur.

Notre individu est long de six pouces.

Il appartient au Cabinet royal des Pays-Bas. L'origine n'en est pas connue; mais on ne peut guère douter qu'il ne vienne de la mer des Indes.

Bloch a enluminé dans sa planche les parties pâles de fauve ou d'orangé, probablement parce qu'il n'a vu qu'un individu sec.

Le DIAGRAMME PANTHÈRE.

(*Diagramma pardalis*, K. et V. H.)

MM. Kuhl et Van Hasselt ont envoyé de Java au Musée royal des Pays-Bas un diagramme dont les formes et les nageoires répondent à celles du plectorhynque,

mais dont le chanfrein est plus rectiligne, et qui a tout le corps, la tête et les nageoires verticales semés de taches rondes et noirâtres, sur un fond grisâtre ou blanchâtre : au-dessous de la ligne latérale elles sont moins nombreuses. Ces jeunes naturalistes l'ont appelé *diagramma pardalis*.

D. 12/18; A. 3/8; C. 17; P. 15; V. 1/5.

L'individu est long de dix pouces, et il y en a au même cabinet un squelette long de quinze.

Ses lèvres, les pores de sa mâchoire sont les mêmes que dans le plectorhynque. Ses dents sont en cardes fortes; celles du rang antérieur plus que les autres. Ses pectorales et ses ventrales sont grandes et noires.

Le Diagramme gaterin.

(*Diagramma gaterina*, nob.; *Sciæna gaterina*, Forsk.;
Holocentre gaterin, Lac., t. IV, p. 347.)

Le poisson que Forskal (p. 50, n.° 59) a nommé *sciæna gaterina* est un diagramme, et montre avec le *pardalis* la même affinité de couleur que le *pica* avec le plectorhynque.

Sa nuque est arrondie; son profil approche de la verticale; les dentelures de son préopercule, les pores de sa mâchoire inférieure sont bien marqués; sa dorsale non échancrée, mais un peu relevée et arrondie en arrière; la seconde épine de son anale très-forte. Tout son corps est d'un gris bleuâtre, plus foncé vers le dos, plus clair au ventre et à la tête; ses lèvres et ses nageoires sont jaunes; le dos, les flancs et les nageoires verticales sont semés de taches rondes, d'un brun foncé de chocolat. L'intérieur de la bouche et la face interne de l'opercule sont très-rouges. Dans la liqueur les teintes du fond, soit le jaune, soit le bleu, deviennent plus grises.

B. 7; D. 13/19; A. 3/7; C. 17; P. 15; V. 1/5.

Nos individus, rapportés de Lohaia par M. Ehrenberg, ont de six à huit pouces; il y en a à Berlin d'un pied et plus. M. Ruppel (pl. 32) en donne une figure exacte, mais enluminée de gris verdâtre.

Les Arabes nomment ce poisson *gaterin* selon Forskal, et *maral-triribi* selon M. Ehrenberg. Forskal, dans sa description du *sciæna gaterina,* dit que ses opercules sont semblables à ceux du *murdjan,* c'est-à-dire de notre *myripristis;* mais c'est une ressemblance assez éloignée. Du reste, tout ce qu'il en rapporte se retrouve sur nos individus.

Forskal (p. 51, n.° 59, *b*) parle d'un petit poisson semblable à ce *gaterina,* et qu'il nomme *sciæna abu-mgatherina,*

5

29

qui a sur le dos deux lignes brunes, sur lesquelles sont rangées des taches noires, et vers les flancs deux lignes plus pâles et sans taches.

Les pêcheurs lui ont assuré que c'est le jeune du *gaterina*, et qu'avec l'âge ses taches prennent une disposition moins régulière.

Le DIAGRAMME PONCTUÉ.

(*Diagramma punctatum*, Ehrenb.; *Holocentre radjabau*, Lacép.)

M. Ehrenberg, à qui l'on doit d'avoir retrouvé ce *gaterina* de Forskal, a rapporté trois autres diagrammes qui lui ressemblent beaucoup.

Celui qu'il nomme *diagramma punctatum* a dix rayons épineux et vingt-trois mous à la dorsale, qui, d'ailleurs, est de même forme; son corps, sa dorsale et sa caudale ont des taches rondes et brunes, et sont bordées de noir; l'anale et les ventrales sont noires à la pointe. La seconde épine de l'anale est médiocre.

D. 10/23 ; A. 3/7, etc.

L'individu est long de neuf pouces.

MM. Kuhl et Van Hasselt ont envoyé de Java un poisson que nous croyons de même espèce, ou peu s'en faut.

Ses formes sont les mêmes; ses nombres à peu près aussi.

D. 10/22 ; A. 3/7.

Des taches brunes, rondes, sont semées sur son dos et sur sa queue, des traits ou des suites de petites taches dorées sur ses joues et ses flancs. Sa dorsale et sa caudale sont bordées d'un noir violâtre, et semées de taches brunes ou noirâtres. L'anale et les ventrales sont noirâtres; les pectorales grises.

L'individu est long de deux pieds.

Ces jeunes naturalistes l'avaient nommé *diagramma ocellatum.*

Il y a depuis long-temps au Cabinet du Roi un individu desséché de cette espèce, provenu de l'ancienne collection du Stadhouder, et qui porte pour étiquette les mots malais *ikan-radjabau,* ce qui prouve qu'il provient de l'archipel des Indes. C'est lui que M. de Lacépède décrit (t. IV, p. 335 et 374) sous le nom d'*holocentre radjabau.* Ce nom étant sensiblement le même que celui de *radabayo,* que nous verrons avoir été donné au *diagramma Lessonii,* il doit avoir un sens générique.

M. Raynaud a reçu cette espèce à Batavia, et sous le même nom de *radjabau.* MM. Quoy et Gaimard l'ont prise à Vanicolo.

Il y a des variétés pour le nombre et la forme des taches des flancs, qui prennent quelquefois une forme alongée; sur les nageoires elles deviennent plus noires : quelquefois aussi l'anale est tachetée comme la dorsale. Le fond dans le poisson frais est violàtre.

Le Diagramme a taches jaunes.

(*Diagramma flavomaculatum,* Ehrenb.)

Un autre diagramme, que M. Ehrenberg a reçu sous le nom de *shotaf,* mais qui n'est pas le *shotaf* de Forskal,

a la dorsale plus basse de l'arrière, le corps cendré, marqué de séries ondulées de points dorés. Ses nageoires sont grises.

Nous n'avons pas ses nombres; mais nous devons supposer qu'ils sont les mêmes que dans le suivant.

C'est l'espèce la plus commune dans la mer Rouge, surtout à Suez.

Le DIAGRAMME SHOTAF.

(*Diagramma shotaf,* nob.; *Sciæna shotaf,* Forsk.?)

Celui-ci, qui pourrait être le vrai *shotaf* de Forskal
(p. 51, n.° 59, *c*),

a aussi la dorsale basse, et y compte quatorze épines et vingt rayons
mous. Son corps n'a aucunes taches, et est cendré dessus et blanchâtre dessous. On n'y voit de frappant que le rouge de l'intérieur
de la bouche et du dessous de l'opercule.

D. 14/20 ; A. 3/7 ; C. 17, etc.

L'individu est long de près d'un pied, et il y en a de plus grands.
L'épine de son anale est médiocre.

Forskal dit de son *shotaf* qu'il est tout brun, que ses nageoires
sont noirâtres, et qu'il atteint une longueur de deux pieds.

Le DIAGRAMME FÆTELA.

(*Diagramma fœtela,* nob.; *Sciæna fœtela,* Forsk.)

Peut-être le poisson que nous venons de décrire, est-il
plutôt le jeune de celui que Forskal (p. 51, n.° 59, *d*)
nomme *fœtela,*

et qui est décrit comme brun dessus, blanchâtre dessous et sans
taches. Il atteint une longueur de six pieds, et est gros et bon à
manger. Forskal dit que ses préopercules n'ont pas de dentelures
en dessous ; mais les dentelures s'effacent souvent dans les très-
grands poissons.

M. Ruppel donne un *diagramma fœtela* (pl. 32); mais
il nous semble y représenter plutôt une variété du *diagramma punctatum.*

Le DIAGRAMME GRIS.

(*Diagramma griseum*, nob.)

M. Dussumier a rapporté de son dernier voyage un diagramme très-semblable au *shotaf* et au *fœtela,*

mais qui a deux aiguillons de moins à la dorsale.

D. 12/21 ; A. 3/7, etc.

Ses aiguillons sont forts, surtout le deuxième de l'anale.

Ce zélé voyageur l'a trouvé sur différens points de la côte de Malabar,

et lui a vu l'intérieur de la bouche d'un orangé vif; le corps est brun clair ou gris cendré; les nageoires grises ou teintées de rose. Aujourd'hui tous les individus dans la liqueur paraissent bruns tirant à l'olivâtre.

Leur longueur est de six, sept et huit pouces.

M. Bélenger vient d'en rapporter un de la même côte, long de onze pouces, qui a conservé sa couleur grise : il l'a entendu appeler par les naturels *canimine.* Ses pores maxillaires sont peu marqués.

Nous avons fait le squelette de ce diagramme gris. La crête mitoyenne de son crâne est élevée; les intermédiaires le sont moitié moins, et les externes sont petites et presque horizontales. Il a dix vertèbres abdominales et seize caudales. Les apophyses transverses des abdominales postérieures s'alongent, et les dernières s'unissent ensemble dans le haut et rapprochent leurs extrémités du premier interépineux de l'anale, qui est très-fort, a quatre arêtes, et porte les trois épines. Sur la première vertèbre, derrière la crête mitoyenne du crâne, sont trois interépineux sans rayons, grêles et réunis. Le premier interépineux suivant porte les deux premiers aiguillons de la dorsale, et s'insère entre la première et la deuxième vertèbre; les autres s'attachent plus ou moins irrégulièrement.

Le DIAGRAMME CENDRÉ.

(*Diagramma cinerascens*, nob.)

M. Raynaud a rapporté de Trinquemalé un diagramme de la forme des précédens,

sauf un angle un peu plus aigu à l'arrière de la dorsale et de l'anale. Il est entièrement d'un cendré brun uniforme sur le corps. La partie molle de sa dorsale, sa caudale et son anale, ont de petites taches rondes et brunes entre leurs rayons.

D. 10/23; A. 3/7; C. 17; P. 17; V. 1/5.

L'individu est long de onze pouces.

Le DIAGRAMME DE THUNBERG.

(*Diagramma Thunbergii*, nob.; *Perca pertusa*, Thunb.)

M. Thunberg a donné dans les Nouveaux Mémoires de l'Académie de Stockholm (t. XIV, pl. 7, fig. 1), sous le nom de *perca pertusa*, un diagramme du Japon, auquel il attribue les nombres de

D. 10/21; A. 3/6; C. 17; P. 16; V. 1/5.

Les six pores sous le menton, par lesquels il le caractérise parmi les *perca*, sont communs à tout le genre des diagrammes. Le Cabinet du Roi le possède dans un état desséché qui ne permet pas d'en reconnaître les couleurs.

Il paraît entièrement brun clair, avec les membranes des nageoires d'un brun plus foncé. Ses nombres sont exactement ceux qu'a indiqués Thunberg.

D. 10/21; A. 3/6; C. 17; P. 16; V. 1/5.

Il est long de six pouces.

L'origine de cet individu ne nous est pas connue.

Le Diagramme capitaine.

(*Diagramma centurio*, nob.)

M. Dussumier a encore découvert aux Séchelles un beau diagramme, qui porte dans ces îles le nom de *capitaine*, et qui est très-semblable par la forme au *griseum*, mais qui s'en distingue, ainsi que de tous les autres,

par un nombre supérieur de rayons mous à la dorsale : il en a vingt-six ou vingt-sept. Cette dorsale a d'ailleurs, comme dans le *cineras-cens*, son bord à peu près en ligne droite; le premier rayon n'a que le tiers de la hauteur des suivans : en arrière elle finit en angle arrondi. Le premier aiguillon de l'anale est très-petit.

D. 10/26 ou 27; A. 3/7 ou 8; C. 17; P. 15; V. 1/5.

La hauteur à la nuque est de près du tiers de celle du poisson. Le profil descend obliquement en arc de cercle. Des lèvres lâches présentent bien cette apparence qui avait fait donner à la première espèce du genre le nom de *plectorhynque*.

Ce poisson est d'un gris brunâtre glacé d'argent, et qui devient de plus en plus argenté vers le bas. Son dos, sa nuque, sa dorsale et sa caudale sont semés de petits points bruns.

Notre individu a près d'un pied.

Le Diagramme rayé.

(*Diagramma lineatum*, nob.; *Perca diagramma*, Linn.)

Des diagrammes plus anciennement connus que tous les précédens, sont ceux-là même que Linnæus paraît avoir réunis sous son *perca diagramma*, et que Bloch (t. IX, p. 101) a rangés dans ses *anthias*, bien qu'ils n'aient pas plus que nos autres diagrammes les caractères que Bloch lui-même attribue à ce genre; car on ne leur voit d'écailles ni sur le devant du museau ni aux mâchoires. Plus tard,

Bloch[1] a fait de ces poissons des grammistes ; mais nous avons vu depuis long-temps que ce genre *grammiste* ne peut subsister.

Les différens individus que l'on possède dans les cabinets, ceux que Seba, que Bloch et d'autres ont représentés, diffèrent trop entre eux pour que l'on puisse croire qu'ils ne forment qu'une espèce. Nous les distinguerons donc comme ils nous ont paru devoir l'être, et nous attacherons particulièrement le nom de *diagramma lineatum* à deux individus venus l'un et l'autre des Moluques et à ceux qui leur ressembleront. Ils nous paraissent répondre plus spécialement à la figure 18 (pl. 27, t. III) de Seba[2], la seule que Linnæus cite sous son *perca diagramma*.

Leur forme est la même que dans le *diagramma pica*. Leurs épines dorsales diffèrent peu entre elles : la deuxième et la troisième n'ont que le tiers de la hauteur du poisson ; la première est d'un tiers moindre que la seconde. L'un des deux individus a le corps noir, avec quatre bandes blanches de chaque côté, disposées en ligne droite : la première depuis la nuque jusque vers le tiers postérieur de la dorsale ; la seconde depuis le sourcil jusqu'à la fin de la dorsale ; la troisième depuis l'œil jusqu'au milieu de la base de la caudale ; la quatrième depuis la pectorale jusque sous la base de la caudale. Il y en a trois sur la joue, dont la supérieure se continue avec la troisième du dos, passe sous l'œil et s'unit à la seconde. La deuxième du dos passe sur l'œil et descend sur le museau, où elle s'unit à sa correspondante. La dorsale a le bord blanc et une bande oblique noire sur sa partie molle. La caudale est blanche, et a trois lignes noires disposées en chevron, dont la pointe est dirigée en arrière. Le dessous de la gorge est blanc.

D. 12/20 ; A. 3/7 ; C. 17 ; P. 16 ; V. 1/5.

---

1. *Systema*, p. 182. — 2. Copiée dans l'Encyclopédie, n.° 219.

L'autre individu a beaucoup plus de blanc; son ventre l'est tout entier, et, outre les quatre bandes du premier, il en a une le long de la dorsale et deux du côté du ventre. Ses pectorales et ses ventrales sont blanches. Sa caudale a aussi des lignes en chevron; sa dorsale est blanche, avec un liséré noir et quelques taches rondes et noires sur sa partie molle. L'anale est blanche, avec quelques taches noires.

Le squelette de ce *diagramma lineatum* n'a plus que quelques petites fossettes sur le devant du crâne; celles du sous-orbitaire et du préopercule sont aussi fort petites. Il a dix vertèbres abdominales et seize caudales.

Linnæus, sous *perca diagramma,* cite deux poissons de Gronovius (les n.ᵒˢ 88 et 187 du Muséum), et Bloch y en ajoute un troisième (le n.ᵒ 297 du *Zoophylacium*), dont aucun ne peut lui appartenir; il n'y a même que le second qui ait pu offrir quelque apparence de rapprochement, et les nombreuses figures que Gronovius lui-même allègue d'après Valentyn, Seba, Margrave et d'autres, qui représentent toutes des serrans ponctués, auraient dû faire éviter ces citations erronnées.

Mais un poisson qui me paraît appartenir réellement à cette espèce, c'est le *perca lineata* de Linnæus[1] (12.ᵉ édit.). A la vérité il lui compte dix-sept rayons épineux et seize mous à la dorsale; mais sur ce petit individu il a bien pu prendre des rayons mous mutilés pour des épines. Le compte total (trente-trois) s'éloigne peu du nôtre.

---

1. Le *sciœna lineata* du *Mus. Ad. Fred.*, pl. 31, fig. 4; le *grammistes lineatus,* Bl. Schn., p. 186.

Le DIAGRAMME DE BLOCH.

(*Diagramma Blochii,* nob.; *Anthias diagramma,* Bl.)

M. Raynaud a dessiné à Trinquemalé un individu qui paraît de l'espèce donnée par Bloch (pl. 320) comme identique avec la précédente, quoiqu'elle en diffère certainement par plusieurs caractères.

Son profil est moins bombé. Ses épines dorsales sont plus hautes en avant : les deuxième, troisième et quatrième ont moitié de la hauteur ; la première n'a que le tiers de hauteur de la seconde. Le blanc ou plutôt le jaunâtre du ventre prend le tiers inférieur. Il y a sur le noir du dos trois lignes blanches entières, une allant de la nuque au milieu de la partie molle de la dorsale, une autre du front à la fin de cette partie molle, une troisième de l'œil au milieu de la base de la caudale. Entre les deux premières en est une plus étroite, qui s'arrête vis-à-vis la base de la pectorale. Dans le blanc en est une brune, étroite, peu marquée, qui commence à la pectorale et se perd vis-à-vis l'anale. Une ligne blanche impaire suit le milieu du chanfrein. La caudale n'a que trois lignes noires, une longitudinale et deux obliques. Sur la dorsale sont deux bandes obliques, une en avant et une en arrière. Il y a de l'orangé à la joue, et toute la pectorale est de cette couleur.

D. 12/16? A. 2/7; C. 17; P. 18; V. 1/5.

Le DIAGRAMME DE LESSON.

(*Diagramma Lessonii,* nob.)

M. Lesson a dessiné à Waigiou un diagramme assez voisin des précédens.

Il a de chaque côté quatre lignes longitudinales blanches argentées, sur un fond brun violâtre. Le ventre est argenté. Des suites de taches brunes forment des bandes obliques sur la dorsale et sur l'anale. La caudale est toute semée de ces taches brunes, et a aussi son bord brun. La partie épineuse de la dorsale est brune, avec une ligne pâle derrière chaque épine. Les pectorales sont pâles et les ventrales brunes.

D. 12/20; A. 3/7; C. 21 (en comptant sans doute les incomplets); P. 15; V. 1/5.

L'individu était long de quatorze pouces.

Les Malais nomment ce poisson *radabayo*.

Le DIAGRAMME A NAGEOIRES BIGARRÉES.

(*Diagramma pœcilopterum*, nob.)

M. Leschenault nous a envoyé de Pondichéry un diagramme semblable aux trois précédens, mais qui diffère cependant de tous les trois par l'espèce. Il est très-bien représenté par Seba (t. III, pl. 27, fig. 17); mais Bloch (*Systema*, p. 182) rapporte mal à propos cette figure au *perca striata* de Linnæus, qui est un poisson d'Amérique du genre des *gerres*.

Les nombres de ses rayons diffèrent considérablement.

D. 9/23; A. 3/5; C. 17; P. 15; V. 1/5.

On peut dire qu'il a plus de blanc que de noir. Sur le fond blanc se dessinent de chaque côté six ou sept bandes longitudinales noires, alternativement pleines et interrompues. Le noir est distribué sur la dorsale et sur la caudale par taches rondes ou irrégulières, et il y a de plus un liséré noir. Les ventrales et l'anale sont presque noires.

M. Leschenault nous apprend que l'on nomme ce poisson en tamoule *kal-katisé;* qu'il ne parvient qu'à huit pouces de longueur, et qu'on le pêche seulement pendant la mousson du nord-est dans la rade de Pondichéry. Il est bon à manger.

La même espèce a été rapportée de Trinquemalé par M. Raynaud.

Le *grand-tigre* de Renard (2.ᵉ part., pl. 31, fig. 146) nous en paraît une représentation grossière. Il le dit fort blanc, de bon goût et très-commun dans toutes les Moluques.

Le Diagramme peint.

(*Diagramma pictum*, nob.; *Perca picta*, Thunb.? *Lutjan peint*, Lacép.)

Une jolie espèce assez semblable à notre seconde variété du diagramme rayé, a été représentée par Seba (t. III, pl. 26, n.° 32).

Son dos et ses flancs sont noirs, et il s'y dessine trois bandes longitudinales blanches : la première marche depuis le front le long de la partie épineuse de la dorsale, et se continue sur sa partie molle entre un bord noir et une large bande longitudinale de même couleur; la seconde part de l'œil, et se continue sur la base et la fin de la partie molle de la dorsale, et même sur la caudale; la troisième vient de la joue, et se continue sur le bas de la caudale : elle n'est séparée que par un peu de gris du blanc du ventre. La membrane de la partie épineuse de la dorsale est blanche, bordée de noir. La caudale a une bande noire au milieu et deux obliques. Les ventrales sont blanches; l'anale blanche, nuée de gris; les pectorales petites et blanchâtres.

D. 10/21; A. 3/6; C. 17; P. 17; V. 1/5.

Ce petit poisson nous a été apporté de Pondichéry par Sonnerat. Il ne paraît pas passer trois pouces.

Le Musée royal des Pays-Bas en a aussi reçu plusieurs individus de Java par MM. Kuhl et Van Hasselt.

Malgré quelques différences légères dans le nombre des rayons, et d'autres qui tiennent à l'individu pour les couleurs, on ne peut douter que ce ne soit le *perca picta* du Japon, décrit et représenté en 1792 par Thunberg dans les Nouveaux Mémoires de Stockholm (t. XIII, p. 141, et pl. 5). Il lui donne :

D. 10/21 ; A. 3/7 ; C. 16 ; P. 14 ; V. 1/5.

C'est le lutjan peint de M. de Lacépède (t. V, p. 687 et 688), le *grammistes pictus* de Bloch (édit. de Schn., p. 190).

Le DIAGRAMME A BAUDRIER.

(*Diagramma balteatum*, K. et V. H.)

MM. Kuhl et Van Hasselt ont aussi envoyé un petit diagramme très-semblable à ce *pictum,*

mais dont toute la partie de la gorge et du corps, au-dessous de l'œil, est blanche, et dont la bande blanche, voisine du dos, est réduite à une petite tache sous les trois premiers aiguillons de la dorsale. La bande blanche unique naît sur l'œil, et se prolonge sur la moitié supérieure de la caudale, qui est pointue et noire dans ses deux tiers inférieurs et à son bord supérieur. Le deuxième rayon de la dorsale s'élève en pointe presque aussi haut que le corps ; les autres diminuent par degrés. La partie moyenne de cette nageoire et son extrémité postérieure sont blanches, le reste noir. Il y a du noir au bord des ventrales et de l'anale.

D. 10/23 ; A. 3/7, etc.

Ce joli petit poisson n'est long que de deux pouces.

———

C'est à quelqu'un de ces diagrammes à bandes longitudinales que l'on croit pouvoir rapporter deux mauvaises figures de Renard et de Valentyn, qui ne montrent cependant ni raies ni taches aux nageoires. Le premier (pl. 29, fig. 159) donne au poisson qu'elles représentent le nom de *prique;* l'autre (*Amb.*, t. III, p. 355, fig. 25) dit qu'il s'appelle en malais *ikan-warna* et *warna-rœpanja,* ce qui signifie *poisson téméraire,* et ajoute qu'il est blanc, dur, meilleur que la perche, et qu'il ne cède en rien aux poissons les plus exquis.

DES SCIÉNOÏDES A MOINS DE SEPT RAYONS BRANCHIAUX.

CHAPITRE XI.

Des Lobotes.

A la tête de ces sciènes à moins de sept rayons branchiaux nous plaçons un petit groupe qui n'en a que six,
et qui se distingue par un museau court, une mâchoire
inférieure proéminente, un chanfrein un peu concave et
de très-fortes dentelures au préopercule, et surtout parce
que les parties molles de la dorsale et de l'anale s'alongent
en pointes obtuses; ce qui, avec la caudale arrondie, fait
paraître la partie postérieure du corps comme divisée en
trois lobes : leur ensemble est ovale, assez épais; les épines
de ces nageoires sont fortes, et celles du dos se cachent
en partie entre les écailles. Ils n'ont que quatre pores peu
profonds, ou plutôt quatre groupes de très-petits pores,
vers le bout de leur mâchoire inférieure.

Le Lobotes de Surinam.

(*Lobotes surinamensis*, nob.; *Holocentrus surinamensis*, Bl.,
pl. 243; *Bodianus triurus*, Mitch.? pl. 3, fig. 10.)

Bloch en a décrit parmi ses *holocentres* une espèce qu'il
avait reçue de Surinam, et que nous en avons reçue également par feu M. Levaillant; mais elle descend plus loin au

sud, car M. le duc de Rivoli l'a rapportée du Brésil, et nous verrons bientôt qu'elle se porte aussi plus au nord et jusqu'à New-York, ou du moins qu'il y en existe une espèce très-voisine.

C'est un poisson de forme ovale et assez courte. Sa hauteur n'est que trois fois dans sa longueur; son épaisseur fait plus de moitié de sa hauteur. Sa nuque est bombée; la longueur de sa tête est trois fois et un tiers dans sa longueur totale; son chanfrein est large, mais un peu concave; les écailles y viennent jusques entre les yeux; la joue, le limbe du préopercule et les pièces operculaires en sont couvertes, mais il n'y en a point sur le bout du museau ni sur les mâchoires. Les orifices de la narine sont rapprochés, ovales, aussi élevés que le bord supérieur de l'orbite, dont ils s'éloignent trois fois moins que du bout du museau. Les dents sont en velours, et il y en a un rang extérieur de plus fortes et plus coniques. L'angle de son préopercule est arrondi : il a dix ou douze dentelures, dont les trois ou quatre mitoyennes sont très-fortes et pourraient passer pour des épines. Les deux pointes qui terminent l'angle de l'opercule ne s'aperçoivent guère qu'avec le doigt. L'os surscapulaire est petit, et a quelques fines dentelures; il y en a aussi dix ou douze à l'os huméral au-dessus de la pectorale. La longueur de la dorsale égale la moitié de celle du corps; ses épines sont fortes, mais médiocrement élevées; sa partie molle occupe moins d'espace que la partie épineuse, mais sa pointe se prolonge jusqu'à répondre sur le milieu de la caudale. Il en est de même de la partie molle de l'anale, dont les épines aussi sont fortes et médiocrement longues. Les pectorales sont petites, oblongues. Les ventrales sortent sous leur base; elles ont une forte épine, et leur partie molle se prolonge en pointe et dépasse les pectorales.

B. 6; D. 12/15; A. 3/11; C. 17; P. 17; V. 1/5.

Les écailles sont assez grandes : on en compte environ quarante-cinq sur une ligne longitudinale, et trente sur une verticale. Leur bord est très-finement cilié; il s'en étend de petites sur les bases des nageoires verticales. La ligne latérale est presque parallèle au dos; vers le devant elle est un peu plus convexe : elle se marque par un tube simple sur chaque écaille.

Dans leur état sec nos poissons paraissent bruns; les pectorales jaunâtres, les nageoires verticales noirâtres, le bord postérieur de la caudale blanc ou jaune, surtout aux deux extrémités. Sur l'un d'eux on voit encore à chaque écaille une petite tache ronde et pâle, comme les marque Bloch. Sa figure, qui est fort bien dessinée, montre quelques bandes nuageuses en long, en travers et sur les écailles, et donne une teinte rouge à la tête; mais l'auteur ne nous dit pas si cette enluminure a été faite d'après le frais, ou, comme il ne lui est arrivé que trop souvent, d'après des individus desséchés.

Bloch assure que l'espèce atteint la grandeur de notre perche commune; que sa chair est douce et grasse, et qu'on la regarde comme un des meilleurs poissons de Surinam.

M. Mitchill a décrit (*l. c.,* p. 418) et représenté (pl. 3, fig. 10) un poisson parfaitement semblable au nôtre et à celui de Bloch par la forme et les détails, et qui est très-probablement le même : il le nomme *bodianus triourus* ou *triple-tailed-black-perch* (perche noire à triple queue).

Il en décrit la couleur au dos comme un noir tirant sur la rouille; aux côtés et en dessous comme grisâtre, avec des taches jaunâtres et noirâtres. Derrière les yeux, sur les opercules, le long de la base de la dorsale, et aux environs de la pectorale, est une teinte jaune obscure. Il y a aussi une teinte jaunâtre dans le noirâtre des nageoires du dos, de l'anus et du ventre. La pectorale est transparente et d'un jaune pâle.

Cette description nous paraît répondre entièrement au poisson que nous avons sous les yeux, et nous ne doutons presque point que ce *bodian à triple queue* ne soit le même que l'*holocentrus surinamensis*.

On ne l'apporte que rarement à New-York. M. Mitchill

5. 31

en a vu un de treize pouces et pesant vingt-sept onces, pris sur la côte de New-Jersey, près de Powles-Hook; mais il y en a de plus grands, et qui pèsent quatre ou cinq livres. Quelques pêcheurs du pays l'appellent aussi *black-grunts* (labre noir).

Le LOBOTES DES INDES.

(*Lobotes erate,* nob.)

M. Leschenault nous a envoyé de Pondichéry un de ces lobotes, tellement semblable à celui de Surinam, même pour le blanc du bord de la caudale et pour les points pâles des écailles et la couleur jaune des pectorales, qu'on aurait bien de la peine à soutenir qu'il en diffère par l'espèce.

Nous lui trouvons seulement les dentelures du préopercule un peu plus nombreuses et plus égales, celles de l'angle dépassant moins les autres.

Notre individu est long de quatorze pouces. Il y en a de deux pieds.

Son squelette a treize vertèbres abdominales et onze caudales. Il n'y a presque point de cellules à son crâne, si ce n'est vers la tempe. La crête mitoyenne est élevée, et suivie de trois interépineux sans rayons, en avant de la dorsale. Les interépineux des aiguillons dorsaux ont chacun une lame large d'avant en arrière, mais mince. Les cubitaux sont peu développés et très-échancrés. L'anneau des sous-orbitaires est fort étroit, etc.

On nomme ce poisson à Pondichéry *ératé;* à Mahé, côte de Malabar, on l'appelle, selon M. Bélenger, qui nous l'a envoyé de ce port, *bio-coindallou.* Dans l'état de vie il est d'un brun violet.

MM. Kuhl et Van Hasselt en ont fait peindre à Java un

que nous croyons le même, mais sans consigner son nom malais sur leur figure.

Ils le représentent violet, marbré de brun-violet. La dorsale épineuse est brune, marbrée de brun plus foncé. Au bord postérieur de la caudale est un liséré noirâtre, suivi d'un liséré blanc.

M. Dussumier en a apporté du Malabar de beaux et grands échantillons.

Ils paraissent d'un gris brun, qui se compose d'un fond argenté, avec du brun sur chaque écaille, mais inégalement distribué. Les nageoires sont grises, excepté les pectorales, qui tirent au jaune. La caudale a un ruban brun, parallèle à son bord, qui est blanchâtre. Ils sont longs de plus d'un pied.

M. Raynaud en a rapporté de semblables de Trinquemalé, dans l'île de Ceilan.

Le LOBOTES DE FARKHAR.

(*Lobotes Farkharii*, nob.)

Parmi les peintures faites à Malaca pour le major Farkhar, nous trouvons une figure très-reconnaissable de lobotes, à peu près de la forme de l'*erate,*

mais un peu plus haute à proportion, à dentelures préoperculaires bien plus fortes, et dont la teinte générale est noirâtre, avec un bord jaunâtre à chaque écaille. Ses nageoires tirent sur l'orangé, et n'ont ni taches ni marbrures.

Il est probable que c'est une espèce particulière, et nous la recommandons à l'attention des voyageurs. Son nom malais est écrit (d'après l'orthographe anglaise) *eekan-pe-chaprie-o.*

Le LOBOTES DORMEUR.

(*Lobotes somnolentus*, nob.)

Tout nouvellement M. Ricord nous a apporté de Saint-Domingue un lobotes encore fort semblable aux précédens,

mais qui est tout entier d'un gris-brun glacé d'argent. Sa dorsale et son anale ont leurs parties molles noirâtres : il en est de même de la caudale, qui n'a point de blanc à son bord; ses pectorales sont un peu jaunâtres, et ses ventrales argentées. Les dentelures de son préopercule sont larges, mais courtes, et celles de l'angle ont la pointe tronquée et dentelée. Les fossettes du bout de sa mâchoire inférieure sont peu apparentes; mais il y a des groupes nombreux de très-petits pores sur les branches. Sa ligne latérale se compose d'une suite de petits arbuscules à branches nombreuses, mais très-déliées. Je trouve seize rayons mous à sa dorsale. Les autres nombres sont les mêmes.

D. 12/16; A. 3/11, etc.

C'est un poisson de seize pouces de longueur sur sept de hauteur.

M. Ricord nous apprend qu'il porte à Saint-Domingue le nom de *dormeur,* et qu'il y est très-estimé.

Le foie du *lobotes somnolentus* est mince, et n'occupe pas un grand espace dans l'abdomen. Situé en travers sous l'œsophage, il donne à gauche un lobe à bord mince et tranchant, et qui est lui-même divisé en deux par une échancrure assez profonde. Le lobe droit est très-court et a son contour arrondi. La vésicule du fiel est très-longue et fort étroite; elle s'appuie sur la face supérieure du lobe droit, et y reçoit un grand nombre de vaisseaux hépato-cystiques. Le canal cholédoque se sépare du foie à la droite de l'œsophage, et descend déboucher à la base du cœcum moyen.

L'œsophage est large, mais peu long; il se dilate en un vaste sac arrondi en arrière, et dont les parois sont épaisses et assez charnues. Cet estomac atteint plus des trois quarts de la longueur de l'abdomen. La branche montante naît près du cardia; elle est courte et très-charnue. Il n'y a que trois appendices cœcales au pylore, grosses, mais peu alongées. L'intestin remonte d'abord un peu vers le diaphragme, se courbe et se porte en arrière sans dépasser la pointe de l'estomac; il remonte jusqu'auprès du pylore, redescend et dépasse l'estomac, et fait dans ce trajet quelques ondulations; il fait ensuite un repli court sous la pointe de l'estomac, et va enfin déboucher à l'anus. L'intestin est assez large dans toute sa longueur, et la veloutée est chargée partout de rides assez grosses.

La rate est grosse, noire, et suspendue à la droite de l'estomac dans les ondulations du second repli de l'intestin.

Les laitances étaient vides et ne formaient que deux filets alongés et grêles.

La vessie natatoire est grande, oblongue : sa tunique fibreuse est argentée et très-épaisse au-dessus de l'œsophage; en arrière elle s'amincit beaucoup.

Les reins sont petits; ils aboutissent à une grande vessie urinaire, placée à l'arrière de la vessie aérienne, et qui descend entre les laitances. Les parois en sont épaisses et un peu charnues.

CHAPITRE XII.

Des Scolopsides (Scolopsides, Cuv.).

Ce genre, presque nouveau pour les naturalistes lorsque je le proposai pour la première fois, en 1817, tient encore aux sciènes, et surtout aux pristipomes et aux diagrammes, par la dentelure de son préopercule; mais il n'a point de pores sous la mâchoire, ou du moins, si l'on y en aperçoit avec peine quelquefois deux vers le bout, ils sont si petits que l'on ne peut y avoir grand égard, et d'ailleurs il a deux rayons de moins aux ouïes. Son caractère tout particulier, c'est que le deuxième sous-orbitaire se termine par un lobe arrondi et ordinairement dentelé, portant à son angle joignant l'orbite une pointe épineuse, dirigée en arrière, qui se croise le plus souvent avec une autre pointe, donnée par le troisième sous-orbitaire et dirigée en avant, mais quelquefois cachée par la peau. Du reste, le corps de ces poissons est ovale ou oblong, leur dorsale continue, leur œil grand, leur bouche médiocrement fendue, leurs dents en velours, et leurs écailles assez grandes; leurs épines dorsales se peuvent cacher dans une rainure des écailles, et ont alternativement leur côté large à droite et à gauche, comme dans tant d'autres sciénoïdes; leur caudale est plus ou moins fourchue ou taillée en croissant.

Ces poissons ont pour la plupart la tournure des pristipomes à dorsale continue; mais dans quelques espèces le profil se relève, et la nuque est convexe, comme dans quelques pristipomes à dorsale échancrée et dans la plupart des diagrammes. Leurs rayons branchiaux, et c'est encore un caractère notable, ne sont pas au nombre de plus de cinq, ou du moins, s'il y en a un sixième, il est excessivement grêle. A l'intérieur on leur trouve un estomac en cul-de-sac arrondi, un intestin peu replié et des appendices cœcales peu nombreuses.

Toutes les espèces que nous connaissons viennent de la mer des Indes. Il paraît qu'elles restent dans des tailles médiocres et ne vivent point en grandes troupes.

Il est nécessaire de faire remarquer ici que l'on ne peut pas laisser dans ce genre le *scolopsis sayanus* de M. Gilliams[1], qui a des dents au palais, et dont les sous-orbitaires, comme le préopercule, ne paraissent être que dentelés et non épineux. C'est un genre particulier, dont nous parlerons ailleurs.

Il y a, au contraire, grande apparence qu'il faut rapporter aux scolopsides le poisson publié récemment par M. Ruppel (pl. 12, fig. 3) sous le nom de *cantharus filamentosus*, et même il ne nous paraît qu'un échantillon décoloré de notre *scolopsides frenatus*.

Le SCOLOPSIDE KATE.

(*Scolopsides kate*, nob.; *Anthias japonicus*, Bl., pl. 325, fig. 2; *Lutjan japonais*, Lacép., t. IV, p. 31.)

M. Leschenault nous en a envoyé de Pondichéry une espèce qui dans ce canton porte en malabare, ou plutôt en tamoule, le nom de *mounté-kan-vekaté*.

---

1. Journal de l'Académie des sciences naturelles de Philadelphie, t. IV, 1.re part., p. 81, et pl. 3.

Son corps est ovale, assez comprimé; sa hauteur est un peu
moins de trois fois dans sa longueur. La longueur de sa tête est
d'un tiers moindre que sa hauteur. Son museau est court; sa
bouche, au bout du museau, peu fendue, à mâchoires égales. Ses
dents en velours sont sur des bandes étroites. Le bout du museau,
les mâchoires, le sous-orbitaire, n'ont pas d'écailles; mais il y en
a sur tout le reste de la tête. Son premier sous-orbitaire se termine
en arrière par un contour arrondi, à peine sensiblement dentelé;
et son angle supérieur, au bord même de l'orbite, donne un aiguillon dirigé en arrière, sur lequel croise un aiguillon dirigé en avant
et donné par le deuxième sous-orbitaire. Le préopercule a son
angle arrondi, et un arc légèrement rentrant au-dessus; l'angle et
tout le bord montant sont très-finement dentelés. L'opercule
osseux a au milieu de son bord postérieur une petite pointe aiguë:
à sa base est un sillon ou une ligne verticale finement dentelée
comme le bord même du préopercule: il n'y a point d'armure
particulière à son épaule. La convexité de sa nuque est médiocre;
sa dorsale égale et assez peu élevée (le cinquième de la hauteur
du corps); ses épines sont fortes: la deuxième et la troisième de
l'anale le sont encore plus; mais la première est fort courte. Les
ventrales sortent un peu plus en arrière que les pectorales, et les
dépassent. La caudale est médiocre, fourchue, à lobes obtus; le
supérieur un peu plus long. On ne compte qu'environ quarante
écailles sur une ligne longitudinale, et quinze ou seize sur une
ligne verticale, excepté les petites écailles de la base de la caudale:
il n'y en a point sur les nageoires verticales. La ligne latérale est
parallèle au dos, à peu près au tiers supérieur, et marquée seulement
par un petit point saillant à la base de chaque écaille.

B. 5; D. 10/9; A. 3/7; C. 17; P. 19; V. 1/5.

Nos individus, à l'état sec, paraissent jaunâtres et tirant sur l'argenté; et l'on y voit la trace d'une bande plus argentée, qui régne-
rait sous la ligne latérale: mais M. Leschenault dit que, dans l'état
frais, leur couleur est grise, légèrement vineuse.

Cette espèce ne passe pas dix pouces.

On en prend toute l'année dans la rade de Pondichéry, mais peu abondamment. Elle est bonne à manger.

L'*anthias japonicus* de Bloch (pl. 325, fig. 2) est précisément le poisson que nous venons de décrire ; nous nous en sommes assurés par l'inspection de son sujet original, et rien ne prouve mieux avec quelle légèreté cet auteur faisait faire ses figures ; car il n'a pas même laissé apercevoir dans celle-ci de trace du sous-orbitaire épineux, et il y a couvert cette partie, ainsi que le bout du museau et la mâchoire inférieure, d'écailles qui n'existent point.

Bloch dit ce poisson du Japon ; mais c'est ce qu'il a très-souvent fait pour des poissons de Java, soit que les marchands hollandais de qui il les achetait le trompassent, soit (ce que d'autres endroits de son livre nous rendent plus vraisemblable) que, dans son ignorance, entre les mots *javanese* et *japanese,* il n'y regardât pas de si près.

Le Scolopside kurite.

(*Scolopsides kurita,* nob.)

Russel place dans ses spares et nomme *kurite* un vrai scolopside, très-semblable aux précédens, et que nous avons même pendant assez long-temps été tentés de prendre pour notre première espèce : cependant sa figure donne

des dentelures nombreuses et marquées au sous-orbitaire, et plus de concavité à l'arc rentrant du préopercule ; le corps est aussi plus haut à proportion. Russel compte deux rayons mous de plus à la dorsale et un à l'anale. Enfin, il en décrit autrement les couleurs : le dessus du corps, d'un rouge obscur mêlé de vert jaunâtre ;

5.   32

le dessous, blanc teint de jaunâtre ; les nageoires, jaune d'or. Il indique les nombres :

D. 10/11 (la figure n'en montre que 10 mous); A. 3/8; C. 18 (c'est-à-dire 17);
P. 16; V. 1/5.

Son individu était long de huit pouces.

Le Scolopside de Ruppel.

(*Scolopsides Rupelii*, nob.)

M. Ruppel rapporte à ce *kurite* de Russel un scolopside de la mer Rouge, dont la forme générale est en effet à peu près la même,

mais qui paraît offrir quelques différences de détail, surtout pour le bord montant du préopercule, beaucoup moins concave dans la figure de M. Ruppel que dans celle de Russel.

Ses nombres de rayons ne diffèrent pas de ceux de la plupart des espèces.

D. 10/9 ; A. 3/7, etc.

Ce poisson, pris à Massuah, où il est très-commun,

est d'un gris verdâtre, et a toutes les nageoires rougeâtres.

Sa longueur est de cinq pouces.

Le Scolopside de Vosmaer.

(*Scolopsides Vosmeri*, nob.; *Scolopsis argyrosomus*, K. et V. H.; *Anthias Vosmeri*, Bl., pl. 321.)

Le Cabinet du Roi possédait depuis long-temps, sans en connaître l'origine, et MM. Kuhl et Van Hasselt ont envoyé récemment de Java au Musée royal des Pays-Bas, une espèce

plus haute de corps que notre première, à courbe de la nuque plus convexe, qui a deux ou trois petites dentelures sous l'épine

du premier sous-orbitaire, et dont la moitié inférieure du bord
montant du préopercule a ses dentelures redressées et saillantes en
dehors; caractère singulier, et que nous n'avions encore observé ni
dans les perches ni dans les sciènes. Les écailles sur lesquelles se
marque la ligne latérale, forment une série distincte des autres, parce
qu'elles sont sensiblement plus petites. Sa première épine anale est
plus longue à proportion; elle égale la moitié de la seconde, et, dans
notre première espèce, elle n'en fait que le tiers. Ses autres caractères sont les mêmes que dans la première espèce.

D. 10/9; A. 3/7; C. 17; P. 19; V. 1/5.

Dans son état actuel le poisson paraît d'un argenté tirant sur
le doré et teint de rougeâtre. Le disque de chaque écaille forme
une tache un peu plus foncée, surtout vers le milieu de la hauteur
du corps. Immédiatement sous la ligne latérale règne une bande
plus argentée que le reste. Les nageoires sont grises.

Nos individus ont sept à huit pouces.

Quelque dur qu'il fût de prétendre que Bloch ait pu
faire dessiner ce poisson, aussi bien que son *anthias japonicus*, sans remarquer la forme singulière de son sous-
orbitaire, et en couvrant tout le devant de son museau
d'écailles, qui n'y existent pas, nous n'en fûmes pas moins
convaincus, dès le premier moment où nous nous occu-
pâmes de ce genre, que c'est notre scolopside qu'il a représenté (pl. 321) sous le nom d'*anthias Vosmeri* (le lutjan
Vosmer de Lacépède, t. IV, p. 213). La forme générale,
le nombre des rayons, les écailles, la couleur même, ne
pouvaient pas se rencontrer à ce point; et en effet, M. Valenciennes, qui a vu à Berlin l'original de Bloch, en a
constaté l'identité avec l'espèce que nous venons de décrire.

Bloch dit aussi son individu venu du Japon, mais

probablement avec autant de raison que pour notre première espèce.

Ce qui n'est pas plus contestable, c'est que notre scolopside actuel est le *perca aurata* de Sumatra, décrit par Mungo-Park[1], ou le *lutjan galon-d'or* de M. de Lacépède (t. IV, p. 216). Nous avons même de fortes raisons de croire que ce sont des individus secs de cette espèce, conservés au Cabinet, qui ont fourni l'article du *pomacentre ennéadactyle* de M. de Lacépède (t. IV, p. 505 et 508), bien que nous ne puissions comprendre par quelle erreur il lui donne huit rayons mous aux ventrales. Le reste de sa description cadre parfaitement avec nos individus.

Le SCOLOPSIDE A COLLIER.

(*Scolopsides torquatus,* nob.)

MM. Quoy et Gaimard ont trouvé à Batavia un de ces scolopsides à corps haut et à fortes épines, comme les précédens,

dont le préopercule est armé comme dans le *Vosmeri;* mais où le bord du sous-orbitaire, au-dessous de l'épine, n'a que des dentelures presque insensibles.

D. 10/9 ; A. 3/7, etc.

Il se distingue par un large collier de couleur pâle, qui descend de la nuque, occupe tout l'opercule et s'unit à la teinte pâle de la poitrine. Le reste du corps est plus obscur; mais il y a une tache argentée sur chaque écaille. Sa caudale est jaune; nous ignorons d'ailleurs ses vraies teintes, ne l'ayant vu que dans la liqueur.

L'individu est long de cinq pouces.

---

1. Transactions de la Société linnéenne, t. III, p. 35.

Le SCOLOPSIDE A DEUX LIGNES.

(Scolopsides bilineatus, nob.; *Anthias bilineatus,* Bl.; *Lutjan elliptique,* Lacép.)

L'anthias bilineatus de Bloch (pl. 325, fig. 1), ou *lutjan elliptique* de Lacépède (t. IV, p. 213), est tout aussi cer- tainement un scolopside que le *japonicus* et le *Vosmeri,* quoiqu'il n'ait pas été moins altéré par le dessinateur. Les seuls nombres de ses rayons nous en avaient fait deviner le genre, avant que nous eussions vu le sujet original, et maintenant nous l'annonçons avec certitude.

Ses formes sont un peu plus oblongues; son sous-orbitaire de moitié plus étroit, et terminé par une forte épine, et au-des- sous, par deux ou trois petites dentelures. L'angle de son préo- percule est arrondi, et n'a qu'un petit arc rentrant en dessus. Ses dentelures sont assez marquées, et il y en a de fines, mais bien marquées aussi, au bord montant, qui toutefois ne sont pas redres- sées. L'épine de l'opercule est forte; mais on ne lui voit ni sil- lons ni dentelures.

D. 10/9 ; A. 3/7, etc.

La plupart de ses écailles sont un peu plus larges que longues. Leur partie externe est très-régulièrement ponctuée de points d'une finesse extrême, serrés et disposés par lignes. Il y a douze rayons à l'éventail de la partie radicale, et autant de dentelures.

On aperçoit dans l'individu sec qui a servi de modèle à Bloch, deux lignes bleuâtres, qui se rendent de l'œil, en montant obli- quement, vers le commencement de la partie molle de la dorsale : la moitié antérieure de l'anale y paraît teinte de noir. Le reste de ses couleurs peut avoir été argenté ; des lignes brunes règnent le long de son dos, en suivant les rangées des écailles.

L'individu de Bloch est long de six pouces.

Il y en a depuis long-temps un au Cabinet du Roi,

qui en a près de huit, et qui est devenu noir par l'effet des altérations qu'il a subies dans la liqueur; on y distingue néanmoins encore les deux lignes obliques et les traits longitudinaux de la partie supérieure.

Le SCOLOPSIDE PERLÉ.

(*Scolopsides margaritifer,* nob.)

Nous devons à MM. Lesson et Garnot une espèce très-voisine de cet *anthias bilineatus* de Bloch, que nous venons de reconnaître pour un scolopside.

Sa forme est un peu plus alongée, et son œil un peu plus grand. Le sous-orbitaire est aussi alongé; mais l'épine est plus longue et plus forte : il n'y a que trois dentelures au-dessous. Les dentelures du préopercule sont fortes, inégales, et en partie redressées. Son angle est un peu saillant.

Le dos paraît avoir été brun verdâtre. Cette teinte s'affaiblit sur les flancs. Le ventre est blanc. Les écailles du dos et des flancs ont chacune à leur base une tache argentée. La dorsale paraît grise; les autres nageoires sont plus pâles : il n'y a pas de tache noire sur le devant de l'anale.

Les nombres de rayons sont les mêmes que dans la plupart des autres scolopsides.

D. 10/9; A. 3/7, etc.

Ce poisson, long de huit pouces, a été pris à Waigiou.

Le SCOLOPSIDE MONOGRAMME.

(*Scolopsides monogramma,* K. et V. H.)

MM. Kuhl et Van Hasselt ont envoyé de Java au Muséum des Pays-Bas une espèce de scolopside

qui se fait remarquer par une partie nue et verticale à la base de son opercule, marquée de deux sillons qui font un angle très-aigu vers le bas. Les espèces précédentes n'offraient qu'un faible vestige de cette empreinte, que nous retrouverons dans plusieurs des espèces suivantes. Celle dont nous parlons maintenant a le corps oblong. L'épine de son premier sous-orbitaire est forte; mais c'est à peine si l'on voit les fines dentelures qui sont au-dessous. Les dentelures du préopercule sont aussi très-fines, et ne se relèvent pas; son angle saille médiocrement. Les épines anales sont médiocres. Le lobe supérieur de la caudale est plus alongé.

D. 10/9 ; A. 3/7, etc.

Sa couleur est argentée, et prend une teinte violâtre vers le dos. Le milieu de la longueur sous la ligne latérale est occupé par une large bande noirâtre : il y a un trait violet en travers sur la base de la pectorale. Le museau a deux rubans transverses bleus ou violets, un à la hauteur de l'œil, l'autre au bord antérieur. Les nageoires sont roses ou jaunâtres. La caudale est jaune, avec un liséré bleuâtre, Une partie de ces teintes disparaît dans la liqueur, ou par le desséchement.

L'individu de MM. Kuhl et Van Hasselt est long d'un pied.

Il y en avait depuis long-temps au Cabinet du Roi un sec, long de sept pouces, intitulé *biezienanka,* nom probablement malais.

M. Raynaud vient d'en rapporter un autre de Batavia, également long de sept pouces. Il nous apprend que les Malais de Java nomment l'espèce *passir-passir.*

Le Scolopside a ruban.

(*Scolopsides tœniatus,* Ehrenb.)

M. Ehrenberg a rapporté de la mer Rouge un scolopside qui a quelques rapports avec le *monogramma* par les formes, et surtout celles du préopercule;

mais il n'a point de sillons à l'opercule, et son sous-orbitaire est différent : il se termine par quatre dentelures, dont la seconde s'alonge en pointe.

D. 10/9; A. 3/6; C. 17; P. 18; V. 1/5.

Son dos et ses flancs sont verdâtres; son ventre blanchâtre. Une large bande brune règne au-dessus de la ligne latérale, depuis l'épaule jusqu'à la caudale. Une ligne bleue se rend de l'œil au museau. Ses pectorales, sa caudale, le bord de la portion molle de sa dorsale, ont une teinte rosée; le fond de toutes les nageoires est grisâtre.

L'individu est long de six pouces.

Les Arabes de Massuah nomment ce poisson *koont*, et il paraît que c'est en ce lieu un nom commun à tout le genre.

Le SCOLOPSIDE A DEUX TACHES.

(*Scolopsides bimaculatus*, Ruppel.)

Une espèce très-voisine du *monogramma*, et qui a le double sillon de l'opercule tout aussi prononcé, mais dont le corps est moins élevé et le sous-orbitaire moins haut, a été recueillie à Massuah par M. Ruppel, et représentée dans son Voyage (pl. 2, fig. 2) sous le nom de *scolopsis bimaculatus*. M. Raynaud nous l'a rapportée récemment de Trinquemalé, dans l'île de Ceilan.

Sa teinte générale est argentée, verdâtre vers le dos. Une large bande noirâtre règne sous la ligne latérale, depuis le tiers antérieur du tronc jusqu'auprès de la queue. Les nageoires sont rougeâtres. Il ne paraît pas de filets à la caudale.

D. 10/9; A. 3/7, etc.

Nos individus sont longs de six à sept pouces.

M. Ruppel dit que ce poisson s'apporte assez fréquemment au marché de Massuah. Il a cru le reconnaître dans le *botche* de Russel (pl. 105) ; mais ce *botche* est bien certainement un myripristis, et non pas un scolopside.

Le SCOLOPSIDE A TEMPE NUE.

(*Scolopsides temporalis*, nob.)

La mer des Indes possède une autre espèce,

où l'on remarque aussi le double sillon de l'opercule, et où le lobe supérieur de la caudale se prolonge en filet : elle ressemble également à la précédente par son opercule ; mais son sous-orbitaire a plus de hauteur et des dentelures mieux marquées ; et ce qui surtout distingue l'espèce, c'est que le nu du museau se prolonge sur le sourcil et même un peu sur la tempe. Il y a trois bandes transverses bleues sur le front, dont la plus élevée se prolonge jusqu'à la tempe, et y forme un anneau. Une quatrième, sur le bord inférieur du museau, se prolonge sous l'œil, traverse l'opercule et va finir sur l'épaule ; elle est argentée sur une partie de sa longueur. Dans l'état frais, le dos de ce poisson est légèrement verdâtre, avec des lignes longitudinales oranges. Une large bande jaune règne le long du flanc. Beaucoup de ses écailles ont une tache argentée, et ces taches sont disposées en lignes longitudinales. Le lobe supérieur de la caudale est jaune et plus long, l'inférieur rougeâtre. Les autres nageoires ont aussi des teintes rougeâtres.

D. 10/9 ; A. 3/7, etc.

Nos individus sont longs de près d'un pied.

Le premier vient de Waigiou, où on appelle l'espèce *indosse*. MM. Lesson et Garnot, à qui nous le devons, en ont fait un dessin d'où nous avons tiré la description de ses couleurs. Le second a été pris à la Nouvelle-Guinée, et le troisième à l'île de Vanicolo par MM. Quoy et Gaimard.

5.

Nous n'avons pas eu des viscères très-entiers de cette espèce, non plus que de la plupart des autres. Nous lui avons vu cependant des appendices cœcales, au nombre de trois au moins au pylore, et une très-grande vessie aérienne.

Le Scolopside bridé.

(*Scolopsides frenatus*, nob.)

Nous devons à M. Dussumier un beau scolopside des Séchelles, à peu près de la forme oblongue des précédens,

dont l'opercule a aussi le double sillon, occupant même plus de largeur ; dont le préopercule a l'angle tout aussi saillant, et le bord armé de fortes et grosses dentelures, en partie redressées et en partie fourchues. Son sous-orbitaire n'est pas plus élevé qu'au *bilineatus*, et n'a de même que trois ou quatre petites dentelures au-dessous de son épine. Les deux lobes de sa caudale s'alongent en fil ; le supérieur un peu plus que l'autre. Ses épines dorsales et anales sont assez fortes. Son dos est d'un jaune doré ; ses flancs et son ventre sont blancs : il se distingue surtout parce qu'il a le dessus du museau en avant de l'œil d'un brun violet, liséré en avant de bleu clair ou d'argenté, et par un ruban d'un beau vert, qui part de derrière l'œil et monte vers le troisième rayon de la dorsale. Le liséré argenté du museau se prolonge sous l'œil.

D. 10/9 ; A. 3/7, etc.

Les individus sont longs de dix pouces.

MM. Quoy et Gaimard en ont apporté de l'Isle-de-France d'entièrement semblables, si ce n'est qu'on leur voit une ligne argentée sur la joue, allant de l'œil à l'angle du préopercule, et une tache noirâtre sur la queue. L'écharpe verte de l'épaule s'efface aisément dans la liqueur.

Le Scolopside a masque.

(*Scolopsides personatus*, nob.)

Une espèce, encore assez semblable, a été rapportée de Batavia par MM. Quoy et Gaimard.

Par son opercule et son préopercule elle ressemble aux deux précédentes. Son sous-orbitaire, moins haut que dans le *temporalis*, l'est plus que dans le *frenatus*. Sous l'épine, qui est forte, se voient trois ou quatre dentelures bien prononcées.

$$\text{D. } 10/9 \text{ ; A. } 3/7 \text{ , etc.}$$

Cette espèce a de grands rapports avec le *temporalis* par les couleurs; mais sa tempe n'est pas nue, et c'est à peine s'il se trouve un léger rebord nu à son sourcil. A l'état frais son corps est argenté, teint de bleuâtre sur le dos, avec une large bande jaune régnant tout le long du flanc. Le dessus de son museau, en avant de l'œil, est d'un brun noir, et c'est ce qui a motivé le nom de l'espèce. Ses nageoires sont grises. La caudale est verdâtre, avec un liséré violâtre. La partie épineuse de la dorsale est lisérée de jaune.

Cette description des couleurs est prise d'un dessin fait à Batavia par M. Quoy. Les individus que nous avons sous les yeux sont longs de dix pouces.

Nous avons les intestins de cette espèce un peu plus entiers que ceux des précédentes. Son estomac est gros, renflé et court. L'intestin est large, et ne fait que deux replis. Il y a cinq appendices au cœcum. La vessie aérienne est simple et très-grande, à parois minces et argentées. Les reins sont assez gros, et se réunissent derrière la vessie aérienne en un très-gros lobe trièdre, qui donne presque directement dans le cloaque.

Le SCOLOPSIDE A DORSALE RAYÉE.

(*Scolopsides tæniopterus*, K. et V. H.)

Un scolopside envoyé de Java par MM. Kuhl et Van Hasselt, diffère peu du *monogramma* par les formes,

si ce n'est que son sous-orbitaire est plus haut, et son profil plus relevé. Une ligne violette règne tout le long de sa dorsale et au milieu de sa hauteur. Ne l'ayant pas vu frais, nous ne pouvons dire si c'est la seule différence dans la distribution de ses couleurs.

D. 10/9; A. 3/7, etc.

L'individu est long de sept pouces.

Le SCOLOPSIDE PECTINÉ.

(*Scolopsides pectinatus*, K. et V. H.)

Le Musée des Pays-Bas possède encore une de ces espèces peu élevées, différente de toutes les autres.

Son sous-orbitaire est étroit; mais il n'a aucune dentelure. Son épine est plus aiguë qu'à aucun des précédens. Les dentelures sont moins nombreuses, plus grosses et plus écartées au bord montant du préopercule, dont l'angle est assez saillant et finement dentelé; et il se trouve un rayon mou de moins à sa dorsale et à son anale.

D. 10/8; A. 3/6; C. 17; P. 16; V. 1/5.

L'individu est long de neuf pouces.

Sa couleur paraît avoir été jaunâtre, avec des points presque effacés, formant trois séries longitudinales sur le dos, et des séries obliques sur les flancs. Les nageoires ne montrent aucune tache.

Cette espèce vient de Java, et est due, comme plusieurs des précédentes, au zèle de MM. Kuhl et Van Hasselt.

Le Scolopside a maxillaire denté.

(Scolopsides lycogenis, nob.; *Lycogenis argyrosoma,*
K. et V. H.; *Holocentre cilié,* Lac.)

Le Cabinet du Roi possède depuis long-temps, et celui
des Pays-Bas vient de recevoir de Java, et toujours par les
deux jeunes naturalistes que nous avons cités si souvent,
un scolopside bien remarquable par une crête saillante
et dentelée qui règne tout du long de son os maxillaire,
dirigeant ses dents en dehors et perpendiculairement
au plan de l'os. Cette conformation singulière avait paru
à MM. Kuhl et Van Hasselt suffisante pour établir un
nouveau sous-genre, qu'ils avaient nommé *lycogenis,* et
ils appelaient l'espèce *lycogenis argyrosoma.* C'est sur
l'individu conservé au Cabinet du Roi que M. de Lacépède a décrit son *holocentre cilié* (t. IV, p. 333 et 371).
L'espèce vient d'être retrouvée à la Nouvelle-Guinée et à
Vanicolo par MM. Quoy et Gaimard.

Son profil se relève peu. Sa hauteur est trois fois et demie dans
sa longueur. Ses deux aiguillons de dessous l'orbite se croisent de
manière que c'est celui qui se dirige en avant qui est le plus saillant. L'angle de son préopercule est arrondi et ne proémine point
en arrière; ses dentelures sont fines, égales, et ne se redressent point:
il y a une pointe à l'opercule. La force de ses épines dorsales est
médiocre; celles de l'anale sont un peu plus fortes. Sa caudale est
fourchue, à pointes égales.

D. 10/8 ou 10/9; A. 3/7; C. 17; P. 16; V. 1/5.

Sa couleur paraît brun doré sur le dos, et brun rougeâtre sous
le ventre, avec des reflets métalliques. Une bandelette nacrée règne
près de la dorsale, commençant vis-à-vis le quatrième rayon, et
finissant au onzième, où elle se termine en pointe. Quatre ou cinq

petites lignes de points noirâtres se voient aussi sur le dos; et de nombreux points dorés brillent sur les flancs, où ils sont rangés en lignes longitudinales. Une zone noirâtre occupe la base de la caudale. Les nageoires sont d'un gris rosé sans taches. Dans le frais, d'après un dessin fait à Java, le dos est bleuâtre, les flancs plus pâles, la dorsale rougeâtre, la pectorale jaunâtre, les autres nageoires grises. Les taches jaunes sont rangées sur quatre lignes inégales à la moitié postérieure du corps.

Notre individu est long de six pouces.

Ce poisson a le foie petit, l'estomac en cul-de-sac, cinq appendices cœcales courtes, une vessie natatoire grande et à parois très-minces.

Son squelette a peu de cavernosités, et seulement vers le museau et vers la tempe : on y compte dix vertèbres abdominales et quatorze caudales. C'est juste sur la première caudale que commence la partie molle de sa dorsale : il y a en avant de sa partie épineuse deux interépineux sans rayons.

Le Scolopside ghanam.

(*Scolopsides ghanam*, nob.; *Sciæna ghanam*, Forsk.; *Holocentre ghanam*, Lacép.)

M. Geoffroy a rapporté de la mer Rouge une belle espèce de scolopside,

à corps peu élevé, à museau légèrement convexe, à sous-orbitaire de moyenne largeur, dont le bord a cinq dentelures, qui occupent toute sa hauteur sous l'épine, laquelle est elle-même médiocre, où l'angle du préopercule est arrondi, assez saillant, finement dentelé, où le bord montant a ses dentelures redressées, et où le sillon de l'opercule n'est pas très-marqué. Ses épines dorsales et anales ne sont pas très-fortes.

D. 10/9 ; A. 3/7 ; C. 17 ; P. 17 ; V. 1/5.

C'est surtout par sa couleur que ce scolopside se distingue. Dans la liqueur il paraît plus ou moins doré ou tirant sur le nacré, et brunâtre ou noirâtre sur le dos; à la base de chacune de ses écailles est une tache noire, en sorte que tout son flanc est semé régulièrement de ces taches en quinconce; mais le ventre n'en a point. Entre la ligne latérale et le dos est une bande formée d'une suite de taches blanches, qui se terminent à la partie molle de la dorsale vers son milieu. Deux bandes semblables accompagnent et serrent la ligne latérale, qui elle-même est brune, et la quittent pour se terminer derrière la dorsale; en avant elles s'unissent et s'étendent sur la nuque jusqu'à l'œil, dont elles traversent la partie supérieure pour aller se joindre sur le museau. Une autre ligne parallèle passe sous l'œil et se rend à la pointe de l'opercule, et même à l'épaule. Les taches noires n'appartiennent pas aux écailles mêmes, mais, comme il arrive le plus souvent, au tissu muqueux qui est dessous : elles sont formées chacune par un groupe de points. Ces écailles sont de moitié plus larges que longues. A la loupe la partie extérieure paraît très-finement dentelée et ridée; l'éventail qui sillonne leur partie radicale, a quinze ou seize rayons.

Ce poisson, long de six à sept pouces, a été pêché à Suez.

M. Ehrenberg l'a trouvé aussi à Massuah, et nous apprend que dans le frais

le dos est brun et les bandes dorées. La dorsale épineuse est bleuâtre, avec le bord jaune et une raie jaunâtre le long de son milieu. La portion molle est bordée de rose, la caudale grise, terminée par du rosé; la pectorale est grise, lisérée de rose sur le haut; les autres nageoires et le ventre sont de couleur blanche.

M. Ruppel l'a observé également, et le représente fort bien (pl. 2, n.° 1) sous le nom de *scolopsis lineatus*, parce qu'il l'a cru mal à propos le même que celui que MM. Quoy et Gaimard ont nommé ainsi.

C'est, selon toute apparence, le *sciœna ghanam* de

Forskal (p. 5o, n.° 56) dont M. de Lacépède a fait son *holocentre ghanam* (t. IV, p. 347). *Ghanam* veut dire *brebis.* Quelques-uns l'appellent aussi, comme l'holocentre sammara, *abu-msammer,* c'est-à-dire *chantre.* A Massuah on le nomme *koont.*

L'espèce, selon M. Ruppel, est commune dans la partie méridionale de la mer Rouge : on la mange; mais sa chair a une forte odeur d'éponge.

Ce scolopside ghanam a un estomac petit, suivi d'un intestin assez court, qui se replie deux fois. Il y a trois appendices au pylore, dont le mitoyen, placé sous la branche montante, est le plus long. M. Ruppel ne les a pas trouvés, cependant nous nous sommes assurés de leur existence.

La vessie aérienne est plus petite qu'aux précédens, et ses parois sont plus minces.

Le Scolopside treillissé.

(*Scolopsides cancellatus*, nob.)

MM. Quoy et Gaimard, naturalistes de l'expédition Freycinet, ont rapporté des îles Sandwich et des îles de Waigiou et de Rauwac, près de l'extrémité nord-ouest de la Nouvelle-Guinée, un scolopside assez semblable pour la forme à ce ghanam de la mer Rouge,

à museau encore un peu plus court et plus large, et dont le sous-orbitaire n'a que deux dentelures sous son épine. L'angle de son préopercule n'avance pas, et n'a point d'arc rentrant au-dessus de lui; les dentelures en sont très-fines. Ses épines dorsales sont assez grêles. La distribution de ses couleurs le distingue d'ailleurs de tous les autres : il a la moitié supérieure du corps d'un gris d'ardoise, et l'inférieure argentée. Dans le gris règnent deux bandes argentées et droites; l'une qui va du sourcil au milieu de la partie molle de la dorsale, l'autre du haut de l'œil derrière l'extrémité de la dorsale. Une ligne impaire part de la dorsale et se termine sur le chanfrein, où les deux autres, passant en avant de l'œil, s'en rapprochent sans la toucher. De chaque côté, dans le gris du dos entre les deux lignes argentées, se voient trois larges taches plus pâles que le fond. Les nageoires sont blanchâtres, et il y a une tache noire sur l'intervalle de la première à la troisième épine de la dorsale vers sa base. Dans le frais les lignes pâles sont verdâtres, et les nageoires roussâtres. L'œil est fort grand, et l'iris d'un beau jaune.

D. 10/9 ; A. 3/7 ; C. 17 ; P. 17 : V. 1/5.

Nos premiers individus n'avaient que quatre pouces.

Les mêmes naturalistes, dans leur second voyage avec le capitaine Durville, ont retrouvé cette espèce à l'île de Vanicolo, et en ont rapporté des individus longs de six pouces. Il y en a un à peu près de la même longueur au Musée de la Société zoologique de Londres, qui provient des îles Sandwich.

On avait depuis très-longtemps au Cabinet du Roi un petit individu de deux pouces, où les taches pâles de l'intervalle des lignes du dos ne se voient point. C'est probablement cette variété que MM. Quoy et Gaimard ont fait graver, d'après un dessin fait en mer, dans le Voyage de M. Freycinet, sous le nom de *scolopsis lineatus* (zool., pl. 60, fig. 3); mais le sous-orbitaire n'y serait pas bien rendu, non plus que les rayons de la pectorale et de la caudale.

M. de Mertens en a observé un à l'île d'Uléa, l'une des Carolines, où les lignes pâles sont plus larges et jaunes ; en sorte que le dos paraît orangé avec des lignes noires et sans taches transverses : la tache noire se voit toujours à la dorsale.

Ce poisson se prend dans les petites rivières et les mares

5.   34

salées de ces îles. On le nomme *katbotto* dans l'idiome de l'île de Québé, et *marabonnougo* dans celui de Vanicolo.

Nous avons disséqué ce scolopside. Son estomac est très-petit, en cul-de-sac arrondi, à parois très-minces, sans plis à l'intérieur. Le pylore est charnu, assez épais, et muni de six appendices cœcales, séparées en deux paquets de trois chacun. Les cœcums sont gros, et aussi longs que l'estomac, excepté les deux internes, qui sont de moitié plus courts.

Le canal intestinal fait deux replis, comme à l'ordinaire; il est étroit, et ses membranes sont très-minces.

La vessie natatoire est simple, membraneuse, argentée; elle occupe toute la longueur de l'abdomen.

Il ne s'est trouvé dans l'estomac que des débris de coquilles si petits qu'il a été impossible de reconnaître à quel genre elles appartiennent.

Le squelette ressemble, sur tous les points essentiels, à celui du lycogénis, le maxillaire excepté.

Le SCOLOPSIDE A DENTS CANINES.

(*Scolopsides caninus,* nob.)

Nous terminerons ce genre par une espèce plus oblongue encore que les dernières, et qui s'en distingue d'ailleurs par plusieurs caractères.

Le premier, c'est qu'elle a quelques dents plus longues que les autres, quatre ou six en avant de la mâchoire supérieure, deux un peu sur les côtés à l'inférieure; le second, c'est que son sous-orbitaire a le bord très-oblique sans dentelure, et se termine en pointe plutôt qu'il ne forme une épine distincte; le troisième, c'est que son préopercule a le bord arrondi, et que l'on n'y aperçoit qu'à peine de très-fines dentelures à sa partie montante : il y a du reste une épine à l'opercule, cinq rayons aux ouïes, et tous les autres caractères des scolopsides. Ses épines dorsales et anales sont grêles. D. 10/9 ; A. 3/7, etc.

Dans la liqueur il paraît d'un gris verdâtre, et une bande jau-nâtre s'étend le long du flanc, depuis l'opercule jusque sous la fin de la caudale, où elle s'efface.

Dans le frais, d'après un dessin de M. Quoy, il y a une teinte bleuâtre formant une espèce de bande près de la dorsale; et les nageoires sont d'un brun rougeâtre.

L'individu est long de cinq pouces.

Il vient du Havre-Dorey, à la Nouvelle-Guinée, où il a été pris par les naturalistes de l'expédition de M. Dur-ville.

CHAPITRE XIII.

Des Chéilodactyles.

Plusieurs acanthoptérygiens ont à la partie inférieure de leur pectorale des rayons simples et non branchus, quoique articulés. Nous en avons vu de nombreux exemples dans la famille des perches et dans celle des joues cuirassées. Dans les uns, tels que les trigles, ces rayons ne sont point réunis aux autres par une membrane commune, et se meuvent librement; dans d'autres, tels que les scorpènes, ils sont non-seulement unis par la même membrane, mais ils ne la dépassent point : il en est enfin, comme les cirrhites, où ces rayons, bien que réunis par la membrane commune, sont plus gros que les rayons mous, et prolongent leur extrémité au-delà des bords de la membrane. Ces différens caractères se rencontrent aussi dans la famille des sciènes, et celui que présentent les cirrhites est surtout très-marqué dans un poisson du cap de Bonne-Espérance, avec lequel M. de Lacépède a formé son genre assez mal nommé *chéilodactyle*[1], et s'est retrouvé dans des espèces de la mer du Sud, qui partagent avec celle-là tous les autres caractères génériques : un corps ovale, comprimé; une bouche peu fendue; des dents en velours et en cônes peu aigus, aux mâchoires seulement, et non pas au palais, comme les y ont tous les autres poissons que nous venons de nommer; des sous-

---

1. Il voulait dire un labre à doigts libres; mais cela signifierait *doigt en lèvre* ou *lèvre servant de doigts.*

orbitaires et préopercules sans dentelures; de nombreuses épines dorsales, et surtout des ventrales sortant sous le milieu des pectorales, encore plus en arrière que dans les cirrhites, qui ont déterminé M. de Lacépède à placer ce genre dans ses abdominaux. Néanmoins les os du bassin sont encore suspendus à ceux de l'épaule, et par conséquent ce genre est encore ce que nous appelons *subbrachien.*

Le Chéilodactyle a bandes du Cap.

(*Cheilodactylus fasciatus,* Lacép.[1])

Dans l'espèce décrite par M. de Lacépède, et qui est originaire du cap de Bonne-Espérance,

les rayons articulés, mais simples, qui occupent le bas de sa pectorale, sont au nombre de cinq, et le deuxième, qui est le plus long, dépasse du double les rayons mous, et prend le quart de la longueur du poisson. Le premier n'est guère plus long que ces rayons mous; mais les trois qui suivent le second ne diminuent que par degrés; le cinquième et dernier est encore aussi long que le premier, et bien plus fort.

Ce poisson a le corps ovale. Sa plus grande hauteur, qui est au milieu, fait le tiers de sa longueur. Sa tête est petite, et n'a pas le quart de cette longueur. Sa bouche est peu fendue, et n'atteint que moitié de l'espace qui est au-devant de l'œil. L'œil est médiocre. Les narines sont percées plus près de l'orbite que du museau. Les lèvres ont quelque épaisseur. Les dents des deux mâchoires sont en velours. La langue est lisse comme le palais, et assez libre. Sa membrane des ouïes n'a que cinq rayons, comme celle des scolopsides. On ne voit aucune dentelure ni aucune épine au sous-orbitaire, ni au préopercule. L'opercule osseux finit par deux pointes plates et obtuses, qui se distinguent mal dans son

---

1. *Chéilodactyle fascé,* Lacépède, t. V, p. 6, pl. 1, fig. 1.

bord membraneux. Le museau et les mâchoires manquent d'écailles; mais il y en a de petites au crâne, à la joue et aux pièces operculaires : celles du corps sont assez grandes; il n'y en a point sur les nageoires. La dorsale commence presque à la nuque, et se continue jusqu'à une distance de la caudale qui n'est pas du dixième de la longueur totale. Sa partie épineuse est peu élevée, assez égale, remarquable par le grand nombre de ses rayons, qui est de dix-neuf. Sa partie molle ne se sépare point par une échancrure; mais elle s'élève un peu au-dessus de l'épineuse : on y compte vingt-trois rayons. L'anale a trois épines et onze rayons mous; elle est peu étendue, et ne se porte pas autant en arrière que la dorsale. La caudale est fourchue du cinquième à peu près de la longueur totale.

B. 5; D. 19/23; A. 3/11; C. 17; P. 15; V. 1/5.

Ce poisson, dans l'état desséché où nous l'observons, paraît brun, avec des bandes verticales noirâtres au nombre de six ou sept, dont les quatre dernières sont plus marquées. Sur chaque fourche de la queue on voit cinq lignes transversales brunes.

M. de Lacépède n'avait vu qu'un de ces poissons desséché en herbier dans la collection du Stadhouder, et en a cru l'espèce nouvelle pour les naturalistes; mais elle avait déjà été décrite et représentée par Gronovius dans son *Zoophylacium;* il l'avait placée dans son genre *cynædus*[1], tout en annonçant qu'elle devait faire un genre particulier. Non-seulement ce poisson de Gronovius est de même espèce que celui de M. de Lacépède, mais j'ai tout lieu de croire que c'est le même individu qui a servi aux deux auteurs. Gronovius se trompe cependant en disant que

---

1. Cynædus *cauda bifurca, dentibus æqualibus minimis, radiis pinnarum pectoralium infimis subulatis longioribus* (Gronovius, *Zoophylacium,* fasc. I, p. 64, n.° 221, pl. 10, fig. 1).

les ventrales n'ont point d'épine ; l'épaisseur de la membrane la lui aura cachée.

Gronovius et M. de Lacépède ont avancé que ce poisson vient de la mer des Indes. Nous sommes certains qu'il se trouve surtout dans les environs du Cap, d'où feu Delalande en a rapporté plusieurs individus.

Les plus grands n'ont guère que de treize à quatorze pouces de longueur.

Nous n'avons pas eu les viscères du chéilodactyle; mais nous en avons fait le squelette. Son crâne est lisse, et il n'y a d'un peu caverneux que les bords du préopercule. Les os claviculaires sont forts; ceux du bassin sont remarquables par leur longueur, qui a déterminé la position si reculée des ventrales. Il y a quatorze vertèbres à l'abdomen, et vingt à la queue. Leurs apophyses épineuses sont hautes et fortes.

Le CHÉILODACTYLE DE CARMICHAEL.

(*Cheilodactylus Carmichaelis,* nob.; *Chœtodon monodactylus,* Carmich.)

Le capitaine Dugald-Carmichaël, dans sa Relation de l'île de Tristan-da-Cunha, insérée au douzième volume des Transactions de la Société linnéenne, donne (p. 3oo, pl. 24) la description et la figure d'un poisson qu'il nomme *chœtodon monodactylus,* mais qui est évidemment un chéilodactyle, et qui paraît même ressembler à notre espèce à bandes du Cap, sauf quelques légères différences dans les nombres et dans la disposition des rayons simples de la pectorale; différences qui suffiraient cependant pour la distinguer si elles sont constantes. L'auteur indique dans son texte les nombres des rayons :

B. 6; D. 17/24; A. 3/12; P. 11/VI; V. 1/5.

Sa figure, à la vérité, montre :

D. 17/15 ; A. 3/9.

Mais il est probable que c'est au texte qu'on doit s'en rapporter. Le premier rayon simple de la pectorale est le seul qui paraisse alongé sur la figure, et il est dit dans le texte qu'il est double des autres. M. Carmichaël rapporte à son poisson le *sparus carponemius* de la collection de dessins de S. Jos. Banks ; mais, comme nous le verrons plus loin, c'est encore une autre espèce.

Le Chéilodactyle a doigt court du Cap.

(*Cheilodactylus brachydactylus*, nob.)

Cette espèce habite avec la première, et lui ressemble pour les formes ; mais elle demeure dans des dimensions plus petites,

et se distingue par d'autres nombres de rayons, et surtout par la brièveté des rayons simples de la pectorale. Le deuxième et le troisième, qui sont les plus longs, ne dépassent les rayons mous que d'un cinquième, et sont engagés dans la membrane presque jusqu'à leur extrémité.

B. 5 ; D. 17/31 ; A. 3/9 ; C. 17 ; P. 8 et V ; V. 1/5.

Tout ce poisson est d'un brun verdâtre, un peu plus pâle en dessous, et sans autre distinction de couleur qu'une tache triangulaire noirâtre immédiatement derrière l'œil.

Notre individu n'est long que de quatre pouces.

Il a été envoyé au Musée royal des Pays-Bas par M. Van Horstock. MM. Quoy et Gaimard en ont eu d'un peu plus grands, et toujours au Cap.

Le Chéilodactyle a long doigt de l'Australasie.

(Cheilodactylus carponemus, nob.; *Cichla macroptera,* Bl. Schn.)

On trouve deux figures très-reconnaissables de chéilodactyles dans les dessins manuscrits de Forster, conservés à la Bibliothèque de Banks. Toutes deux ont été
faites à la Nouvelle-Zélande : Forster les intitule, l'un et
l'autre, *sciœna macroptera,* et c'est sur l'article qu'il avait
laissé à leur sujet dans ses papiers, que Schneider a établi son *cichla macroptera* [1]. Un dessin semblable de
Parkinson, fait dans la baie de la Reine-Charlotte, est
intitulé *sparus carponemus.*

Le poisson que ces figures représentent vient de nous
être envoyé du port du Roi-George, à la pointe sud-ouest
de la Nouvelle-Hollande, par MM. Quoy et Gaimard, de
leur expédition avec le capitaine Durville. Ses caractères
spécifiques sont fort distincts de ceux du chéilodactyle à
bandes.

Il a sept rayons simples à la pectorale, au lieu de cinq; et le
deuxième est si long qu'il prend près du tiers de la longueur du
poisson. Les mâchoires ont une rangée de dents coniques, petites
et mousses, en dehors de leurs dents en velours. Je compte distinctement six rayons à ses ouïes. Sa dorsale n'a que dix-sept épines;
mais ses rayons mous sont au nombre de trente-un. L'anale a trois
épines et dix-neuf rayons mous. L'opercule finit en angle obtus.

B. 6; D. 17/31; A. 3/19; C. 17; P. VII; V. 1/5.

Notre individu est long de dix-sept pouces.

Sa conservation n'est pas telle que nous puissions juger de ses
couleurs; mais d'après les dessins et la description de Forster,

---

1. Bloch, *Syst. posth.,* p. 342.

5.   35

ainsi que d'après le dessin de Parkinson, il paraît que ce poisson est argenté, teint de verdâtre, et quelquefois tacheté de brun vers le dos; qu'il a les nageoires jaunâtres, et que l'on voit près du haut de l'orifice de ses branchies une grande tache noirâtre.

MM. Quoy et Gaimard, qui l'ont dessiné à Hobartown, terre de Van-Diémen, le représentent d'un gris légèrement teint de violâtre, les nageoires jaunâtres, une grande partie noirâtre sur chaque lobe de la caudale, et du noir à la pointe de l'opercule.

Les viscères de cet individu étaient en assez mauvais état, nous avons pu cependant y déterminer la forme de la vessie natatoire; elle descend depuis les pharyngiens jusqu'aux deux tiers de la longueur de l'abdomen, et est lobée comme celle de plusieurs de nos sciénoïdes; elle se divise en avant en deux cornes courtes, obtuses et arrondies; puis elle en a quatre de chaque côté, et elle se termine également par deux cornes semblables à celles de sa partie antérieure : elle a en hauteur plus de la moitié de la longueur. Les parois en sont très-minces et de couleur argentée.

Le foie, quoique bien gâté, nous a paru avoir peu de volume. L'œsophage est assez large, mais très-court : il forme promptement l'estomac; et très-près du diaphragme naît la branche pylorique, qui est très-courte ou presque nulle, et n'a que deux appendices cœcales très-courtes. L'intestin fait deux replis très-longs; le rectum a un diamètre triple au moins de celui de l'intestin, ce qui lui donne une grande capacité; ses parois sont aussi très-épaisses.

L'estomac était rempli de petites coquilles; nous y avons reconnu des stomatelles : il y avait aussi un grand nombre de petits crustacés, voisins des crevettes et des salicoques.

Les habitans de la Nouvelle-Zélande prennent ce chéilodactyle à l'hameçon, et s'en nourrissent.

Le Chéilodactyle a ceintures du Japon.

(*Cheilodactylus zonatus,* nob.)

Les naturalistes qui ont fait le voyage autour du monde avec le capitaine Krusenstern, ont découvert dans les mers du Japon un chéilodactyle assez différent de ceux dont nous venons de parler, même par les formes générales. Ils l'ont représenté dans l'atlas de ce Voyage (pl. 63, fig. 1) sous le nom de *labre du Japon*.

Nous en devons un échantillon au généreux intérêt que porte aux sciences l'administration du Musée de Berlin, et il servira de sujet à notre description.

Son corps est plus haut à la région pectorale, et plus alongé de l'arrière que dans le chéilodactyle du Cap ; et son profil descend plus vite de la nuque. Sa nuque est comprimée, et son front plat entre les yeux ; au-devant de chaque orbite est une légère tubérosité, et les racines de ses maxillaires forment sur le bout de son museau deux fortes proéminences. Sa bouche est très-peu fendue, et ne prend pas moitié de l'espace en avant de l'œil. Ses lèvres sont épaisses ; ses dents en soies, presque comme dans les chétodons, mais plus courtes. Les orifices de la narine sont deux trous ronds, placés l'un au-devant de l'autre et en avant de l'orbite. L'antérieur est encore deux fois plus près de l'œil que du bout du museau. Le préopercule est rectangulaire, et a l'angle arrondi et les bords entiers. Son limbe est large, mais a le rebord antérieur obtus et peu saillant. L'opercule osseux se termine en pointe plate, au-dessus de laquelle est un arc rentrant. Je trouve six rayons ; mais le dernier est très-petit et presque cartilagineux.

La pectorale a neuf rayons branchus et cinq non divisés et plus gros ; le premier des cinq est le plus long, il dépasse d'un quart les branchus ; le second lui cède peu ; les autres vont en diminuant. Les ventrales s'attachent sous le tiers postérieur des pectorales. Leur épine n'a que moitié de la longueur des rayons mous.

La dorsale est loin d'être, comme dans le chéilodactyle du Cap, d'une hauteur uniforme. Ses trois premières épines sont fort courtes; la quatrième s'élève à près de moitié de la hauteur du corps; les suivantes diminuent lentement jusqu'à la dix-septième, qui n'a guère plus du quart de la quatrième : derrière elle s'élève le premier rayon mou, qui la surpasse du double, et la portion molle, qui a vingt-neuf rayons, diminue peu de hauteur.

L'anale est courte, haute et triangulaire; elle a trois épines, dont la deuxième est la plus forte, et huit rayons mous, dont le premier est triple des épines : sa position est sous le milieu de la partie molle de la dorsale. La caudale est demi-fourchue, et a quelques petites écailles entre les bases de ses rayons; mais les autres nageoires n'en ont point.

B. 6; D. 17/29; A. 3/8, etc.

La joue, les pièces operculaires, le crâne et le front sont écailleux; mais le museau et la membrane branchiostège sont nus. La poitrine a, ainsi que la tête, de petites écailles; mais celles du corps sont assez grandes : on en compte environ soixante sur une ligne longitudinale, et vingt et quelques sur une ligne verticale, toutes un peu mattes et à bord aminci ; leur éventail a de huit à dix rayons. La ligne latérale, d'abord au tiers supérieur, se courbe presque comme le dos, mais s'en rapproche insensiblement en arrière; elle se marque par un ou deux petits traits saillans et obliques sur chaque écaille.

A l'état sec, ce poisson paraît brun, avec sept ou huit bandes plus brunes , descendant obliquement en arrière. La caudale est semée de taches rondes et blanches.

D'après la figure que nous avons citée, le fond de la couleur dans le frais est bleuâtre sur le corps, jaunâtre sur les nageoires; les bandes sont noirâtres, et l'iris de l'œil aurore.

Notre individu est long d'un pied sur une hauteur de quatre pouces.

CHAPITRE XIV.

Des Latilus et des Maquaries ; deux petits genres de cette subdivision qui ne rentrent dans aucun des précédens. _____

DES LATILUS.

Nous avions d'abord établi ce genre d'après un poisson qui n'était décrit par M. de Lacépède que sur une peinture chinoise, mais qui nous est arrivé il y a quelques années de la mer des Indes. Cette mer nous en a fourni récemment une espèce beaucoup plus belle, qui a confirmé les caractères génériques indiqués par la première.

Les *latilus* ne sont point des coryphènes, comme M. de Lacépède l'a cru de celui dont il avait vu la figure ; mais ils forment dans la famille des sciènes à dorsale indivise un genre particulier, remarquable surtout par son profil en arc arrondi et descendant presque verticalement : son museau est ainsi très-court ; son œil grand et tout près de la courbe supérieure du profil ; l'ouverture de sa bouche, fendue jusque sous l'œil, est presque horizontale ; et du total il résulte une forme de tête qui rappelle celle du mulle plutôt que celle de la coryphène.

Le Latilus argenté.

(*Latilus argentatus*, nob.; *Coryphène chinoise*, Lacép., t. II, p. 176 et 209.)

C'est l'espèce décrite d'abord sur une peinture chinoise. Nous ne savons pas précisément de quel parage de la mer

des Indes elle nous a été envoyée; mais nous la soupçon-
nons de l'Isle-de-France, et la figure d'après laquelle on
l'a connue d'abord, prouve qu'elle traverse tout l'océan
Indien.

La longueur de sa tête égale la hauteur du corps, et est comprise
un peu plus de quatre fois et demie dans sa longueur totale. Le
corps diminue peu en arrière, et est fort comprimé surtout entre
les yeux. Dans la partie où le profil commence à descendre, il y
a deux crêtes longitudinales. Le sous-orbitaire est rhomboïdal,
plus long que haut, et sans dentelure. Les ouvertures de la narine
sont très-près de l'œil : entre elles et le bout du museau on voit
deux légères tubérosités irrégulières, qui appartiennent à l'os du
nez, au sous-orbitaire et au maxillaire : celui-ci ne s'élargit point
en arrière. La mâchoire supérieure est peu protractile; ses dents
sont en velours, sur une bande étroite; et il y en a en avant quatre
ou six en crochets, plus longues que les autres. La mâchoire inférieure a en avant des dents en velours ou en carde, sur une bande
assez large, et sur les côtés une rangée simple de quatre ou cinq
en crochets. Je ne vois aucunes dents au palais, mais le devant du
vomer forme une saillie transversale au plafond de la bouche. La
langue est aussi saillante, mais attachée par ses bords et sans dents.
Le préopercule est si finement dentelé, qu'excepté vers l'angle on a
peine à s'en apercevoir. Cet angle est arrondi, et le bord montant
vertical. L'opercule osseux finit par une pointe unique, cachée
dans la peau; il est écailleux, ainsi que la joue et le crâne; mais
le museau et les mâchoires n'ont pas d'écailles. L'ouïe est assez
ouverte, mais la membrane branchiale n'est pas fendue en dessous; elle a six rayons de chaque côté, assez forts : il n'existe point
de dentelure aux os de l'épaule. Les pectorales sont pointues, à
peu près de la longueur de la tête, et ont dix-sept rayons, dont
le sixième et le septième sont les plus longs. Les ventrales, pointues aussi, et placées sous les pectorales, sont un peu plus courtes:
leur nombre de rayons est, comme à l'ordinaire, d'un épineux et de
cinq mous. Dans l'aisselle de la pectorale est une saillie écailleuse

et verticale, formée par le coracoïdien. La dorsale et l'anale ont chacune sur toute leur longueur un peu plus de moitié de la hauteur du corps : leur membrane, très-mince, se rompt aisément, et laisse libres les bouts de leurs rayons. La dorsale en a sept simples, grêles et flexibles, et quinze articulés et branchus, le premier excepté, qui n'a point de branches. L'anale en a deux simples et douze articulés et branchus ; elle finit sous le même point que la dorsale, et commence sous son milieu. Ce qui reste entre ces deux nageoires et la caudale, égale le huitième de la longueur totale. La. caudale, un peu usée dans notre individu, paraît avoir été ronde ; elle a dix-sept rayons. Les écailles sont assez grandes, plus longues que larges : l'éventail de leur partie cachée a huit crénelures, leur partie découverte paraît lisse à l'œil ; mais à la loupe on y voit de l'âpreté et de petits cils : il n'y en a point sur les nageoires. La ligne latérale est droite, et occupe le quart supérieur.

D. 7/15 ; A. 2/12 ; C. 17 ; P. 17 ; V. 1/5.

Dans son état actuel, ce poisson paraît uniformément argenté, tirant sur le jaune verdâtre.

C'est aussi de cette couleur qu'est enluminée la peinture chinoise qui a servi de base à l'article de la *coryphène chinoise* de M. de Lacépède (t. III, p. 176 et 209) ; peinture qui ressemble trop à notre poisson pour que nous puissions hésiter à l'y rapporter.

Le Latilus cerclé.

(*Latilus doliatus*, nob.)

Notre second latilus est un très-beau poisson, que MM. Quoy et Gaimard viennent de rapporter de l'Isle-de-France, et dont nous avons reçu un dessin fort exact et enluminé d'après le frais, fait par M. Théodore Delise, jeune habitant de cette colonie, qui cultive l'histoire naturelle avec beaucoup de zèle et de succès, et auquel nous devons des figures de plusieurs autres poissons inté-ressans.

Nous le nommerons *latilus doliatus* ou *latilus cerclé*, à cause des bandes argentées et violettes qui entourent son dos.

Sa première apparence est celle d'une coryphène, à cause de son profil tombant, de sa forme alongée et de sa longue dorsale; mais il est bien moins comprimé : son front est obtus et non tranchant; sa bouche est plus horizontale, et ses yeux beaucoup moins abaissés; enfin, ses écailles sont plus grandes.

Sa hauteur aux pectorales est près de quatre fois et demie dans sa longueur; son épaisseur deux fois dans sa hauteur. La longueur de sa tête est près de cinq fois dans celle du poisson, et elle est aussi haute que longue.

Le profil commence dès la nuque à se courber en arc de cercle, ou plutôt en parabole, qui termine le museau. Le diamètre de l'œil est du quart de la longueur de la tête; il est au-dessus du milieu de la hauteur, et un peu plus avant que le milieu de la longueur. Le front est plat ou arrondi, et a entre les yeux un diamètre et demi. Les orifices de la narine, au-devant du milieu de l'œil, deux fois moins éloignés de l'œil que du bout du museau, sont voisins l'un de l'autre et peu considérables : le postérieur est ovale et simple; l'antérieur est entouré d'une petite membrane en forme d'entonnoir : plus en avant encore est un petit pore que l'on serait tenté de prendre pour un troisième orifice, mais qui ne pénètre pas. La bouche, fendue au bout du museau, descend un peu en arrière jusque sous le tiers antérieur de l'œil, dont la commissure est distante d'un diamètre. Le sous-orbitaire est plat, sans aucune armure, et ne couvre nullement le maxillaire, qui est cylindrique, ne s'élargit point en arrière, et se termine à la commissure même. L'intermaxillaire est très-peu protractile. Les lèvres sont charnues, un peu papilleuses, mais non extensibles. La mâchoire supérieure a une large bande de dents en fin velours, et extérieurement une rangée de dents pointues, dont quatre fortes en avant, huit ou dix plus faibles de chaque côté, et vers chaque angle deux fortes, un peu crochues et dirigées en avant. La mâchoire inférieure n'a des dents en velours que dans son milieu; mais la rangée de fortes et pointues occupe tout son pourtour : il y en a deux petites au milieu, une forte un peu vers le côté, puis trois ou quatre petites, et quatre ou cinq latérales fortes; vers le fond elles redeviennent plus petites. Il n'y a aucunes dents au palais ni à la langue, qui est fixée au plancher de la bouche sans liberté; mais les pharyngiens sont garnis de dents coniques et fortes.

Le préopercule est presque rectangulaire, très-finement denticulé tout autour; son bord montant est presque double de l'horizontal; son limbe est lisse et faiblement séparé de la joue. L'opercule, deux fois plus haut que large, a son angle très-arrondi, et un arc rentrant. Le sous-opercule est fort petit. L'interopercule suit le bord inférieur du préopercule, et est peu élevé.

La membrane branchiostège, soutenue par six rayons, dont les supérieurs aplatis et larges, s'unit à celle de l'autre côté pour embrasser l'isthme, mais sans s'y attacher.

Les ouïes sont assez fendues. Il y a une demi-branchie attachée à l'opercule. L'arceau externe a seul des râtelures un peu longues ; les autres sont en cônes courts, faiblement hérissés.

L'épaule n'a point d'armure particulière. Il n'y a de nu que dans l'aisselle de la pectorale, qui est taillée en pointe attachée au-dessous du milieu de la hauteur, et a le cinquième de la longueur totale : ses rayons croissent graduellement jusqu'au septième; le huitième diminue subitement d'un tiers, et les autres vont en décroissant jusqu'au dix-huitième, qui est le dernier. Tous sont articulés et branchus, excepté le premier, qui n'a que le quart de la longueur.

Les ventrales sortent exactement sous l'attache des pectorales, n'ont guère que moitié de leur longueur, et sont très-près l'une de l'autre, sans s'unir ni s'attacher au ventre. Leur épine, assez forte, est d'un tiers plus courte que le premier et le deuxième rayon mous, qui sont les plus longs.

5.   36

La dorsale commence au-dessus de l'attache des pectorales; elle n'a que six rayons épineux, dont le premier est à peine du huitième de la hauteur, et qui croissent jusqu'au sixième, qui est double du premier : ensuite viennent, sans échancrure ni interruption, les rayons mous, tous articulés et branchus, croissant médiocrement jusqu'au quatorzième, qui forme une pointe, et est suivi de deux autres, plus courts.

L'anus est un peu plus avant que le milieu.

L'anale a deux petites épines et douze rayons mous, et répond à peu près aux douze derniers rayons de la dorsale : elle est presque aussi haute; mais sa pointe n'est pas si marquée. L'espace nu de la queue, derrière ces deux dorsales, est du huitième de la longueur totale, d'un tiers moins haut que long, et de moitié moins épais que haut. La longueur de la caudale est six fois et demie dans celle du poisson; elle est un peu échancrée en arc de cercle, et a dix-sept rayons entiers, dont les deux extrêmes forment chacun une petite pointe.

Il y a plus de cent dix écailles sur une ligne entre l'ouïe et la caudale, entre les rayons de laquelle il s'en étend quelques petites. Les autres nageoires n'en ont point, ni le front, ni le sous-orbitaire, ni les mâchoires, ni la membrane branchiostège, ni le limbe du préopercule; mais il y en a sur le crâne, la tempe, la joue et les pièces operculaires.

Les écailles sont presque carrées, finement ciliées et pointillées à leur partie découverte, avec neuf crénelures obtuses à leur bord radical, et autant de stries à leur éventail. La ligne latérale est droite, parallèle au dos, et marche long-temps au quart supérieur de la hauteur.

Les couleurs de ce *latilus* sont belles et remarquables. Le fond en est un argenté glacé de rose, qui devient jaunâtre dans la liqueur. Sur le dos se voient seize ou dix-sept bandes argentées, lisérées de violet, qui descendent verticalement, et se perdent vers la ligne latérale; mais leur liséré violet descend plus bas, et forme une onde bleuâtre sur le flanc. Les intervalles de ces bandes sur le dos sont colorés d'un beau jaune. Toutes les nageoires sont d'un jaunâtre pâle. La première bande commence entre la troisième et la quatrième épine ; la dernière est sur la base de la caudale.

Cette description des couleurs est prise surtout du dessin de M. Delise.

L'individu sur lequel nous avons fait le reste de notre description, est long de seize pouces.

Le foie de ce poisson n'est pas volumineux, et il est divisé en deux lobes égaux, alongés. La vésicule du fiel est étroite et alongée, et le canal cholédoque fort mince. L'estomac est court, étranglé vers le fond ; les parois sont épaisses et très-plissées. Une forte valvule est autour du pylore. Nous n'avons pu voir que les restes d'un cœcum fort court. L'intestin lui-même n'est pas très-alongé ; ses deux replis se font assez près l'un de l'autre. Une valvule assez épaisse marque l'entrée du rectum, qui n'a de longueur environ que le quart de celle de l'intestin. Les parois du rectum sont aussi beaucoup plus épaisses que celles de l'intestin. La rate est épaisse, assez grosse, aplatie sous l'estomac, et arrondie par l'autre face. La vessie natatoire est simple, grande, à parois minces et argentées : on lui voit six à huit corps rouges, dont les postérieurs sont plus gros que les autres. Les reins sont épais, et donnent dans une vessie urinaire étroite et alongée sur le rectum.

DES MAQUARIES,

Et de la MAQUARIE DE LA NOUVELLE-HOLLANDE.

(*Macquaria australasica*, nob.)

Nous terminerons cette troisième série des sciènes par un sous-genre tout nouvellement découvert dans la rivière Maquarie, qui elle-même est une découverte très-récente pour la géographie ; et en lui donnant le même nom, nous nous faisons un plaisir de rendre hommage au général à qui l'on doit cette extension de la connaissance du globe.

Nous devons les premiers échantillons de ce poisson à MM. Lesson et Garnot, naturalistes de l'expédition Duperrey, et M. Thomas Hobbescote, archidiacre de la Nouvelle-Galles du sud, a bien voulu nous en envoyer quelques autres.

A son extérieur, surtout lorsqu'il est dans de petites dimensions, on le prendrait pour une gremille; car il en a le port, et les lacunes caverneuses de sa tète sont les mêmes; mais un premier examen fait connaître qu'il en diffère d'abord par le manque absolu de dents, et à mesure que cet examen va plus loin, il développe encore d'autres caractères, et surtout celui du nombre des rayons branchiaux réduit à cinq.

Les proportions sont tout-à-fait celles d'une perche : sa nuque est un peu bombée; son museau obtus. Sa longueur totale comprend trois fois et un tiers sa hauteur au droit des pectorales, et près de quatre fois la longueur de sa tête. Son épaisseur est deux fois et un quart dans sa hauteur. Son front, son museau, son sous-orbitaire, ses mâchoires n'ont point d'écailles. Il a une fossette longue et impaire sur le front, une de chaque côté sur l'œil en avant, deux entre les narines, deux petites sur le bout du museau, cinq ou six autour du bord inférieur de l'orbite, deux au bord inférieur du sous-orbitaire en avant, trois sous chaque branche de la mâchoire inférieure, deux au limbe inférieur du préopercule, une à son angle, et une à son limbe montant. On voit de plus deux petits pores et une petite fossette sous l'extrémité de la mâchoire inférieure. L'angle du préopercule est un peu arrondi et finement dentelé, ainsi que son bord montant; mais le bord inférieur a des dentelures plus rares et plus fortes. Le subopercule et l'interopercule sont aussi dentelés, mais encore plus finement que le bord montant du préopercule. L'opercule osseux se termine par deux pointes peu aiguës, dont l'inférieure est plus saillante. Les ouïes sont médiocrement fendues, et leur membrane ne contient que cinq rayons. Il y a de fines dentelures au surscapulaire et à la partie de l'huméral qui est au-dessus de la pectorale. Quoique la nuque soit aussi longue que la tête, comme elle va en montant, la dorsale commence presque vis-à-vis la base de la pectorale; elle a onze épines fortes, dont la première est très-petite; la quatrième et la cinquième sont les plus longues et surpassent la moitié de la hauteur du corps. L'échancrure avant la partie molle n'est pas très-profonde; cette partie, qui n'est pas aussi longue que l'épineuse, a onze rayons, enveloppés à leur base de petites écailles. L'anale commence un peu plus en arrière, mais finit au même endroit; elle a trois fortes épines, surtout la seconde, et huit rayons mous, aussi en partie enveloppés de petites écailles vers leur base. L'espace derrière la dorsale et l'anale jusqu'à la caudale, fait le cinquième de toute la longueur, et est de moitié moins haut que long. Nous ne pouvons bien décrire la caudale, dont le bord est usé dans notre individu; mais elle a dix-sept rayons, comme dans presque toutes les perches et les sciènes. Les pectorales sont médiocres, un peu pointues; les ventrales sortent un peu plus en arrière et les dépassent un peu; elles sont plus épaisses et non moins pointues.

Ainsi les nombres de l'espèce se comptent comme il suit:

B. 5; D. 11/11; A. 3/8; C. 17; P. 16; V. 1/5.

Les écailles de ce poisson, rudes au toucher, comme dans les perches, sont un peu plus longues que larges, ciliées et pointillées dans leur partie visible, coupées carrément à leur racine, marquées de seize à dix-huit rayons, et d'autant de crénelures; il y en a sur la joue et les trois opercules, ainsi qu'à la gorge et à la poitrine, mais point à la membrane des ouïes, ni aux autres endroits déjà indiqués comme nus; on en compte cinquante-six ou cinquante-sept jusqu'aux petites de la base de la caudale. La ligne latérale suit la courbure du dos, et ne se marque que par des tubes simples.

Dans la liqueur ce poisson paraît tout entier d'un brun roussâtre et verdâtre. Sa gorge et sa poitrine sont blanchâtres; il y a un peu de noirâtre vers la pointe et le bord externe de ses ventrales.

Notre individu est long de six pouces, haut d'un pouce et trois quarts.

Mais MM. Lesson et Garnot nous apprennent que l'espèce arrive à une grande taille. Sa chair est très-délicate. Elle se prend à Bathurst, ville nouvellement fondée sur la rivière Maquarie, à cent cinquante milles de son embouchure.

La maquarie a le foie en travers sous l'œsophage et se prolongeant dans l'hypocondre gauche en un lobe mince, aplati et assez long. Le foie recouvre dans sa partie moyenne le pylore et la crosse du duodénum. Au-dessus de cette courbure de l'intestin est la vésicule du fiel, qui est petite et alongée. L'œsophage est court, assez large, et il se dilate promptement en un estomac de moyenne grandeur, alongé et arrondi en arrière. Le pylore s'ouvre à la partie antérieure de l'estomac; il est muni de huit cœcums disposés de chaque côté de l'estomac : ceux du milieu sont plus courts que les autres. Le duodénum est assez gros; il descend jusqu'auprès de l'anus, où il se plie, pour remonter vers la pointe de l'estomac : près de cette pointe le diamètre de l'intestin offre une diminution très-remarquable. L'intestin grossit de nouveau, et se replie pour se rendre à l'anus, en augmentant un peu son diamètre vers le rectum. La rate est ovoïde, assez grosse, placée en arrière de l'estomac. La vessie natatoire est grande, simple, à parois minces, argentées, en tout semblable à celle d'une perche. Les reins sont peu volumineux, de couleur noire. La vessie urinaire est bien petite, si elle existe. Le péritoine est du plus grand éclat d'argent mat.

Je n'ai trouvé dans l'estomac que des débris d'insectes.

DES SCIÉNOÏDES A MOINS DE SEPT RAYONS BRAN-
CHIAUX ET A LIGNE LATÉRALE INTERROMPUE.

Avec les maquaries se terminerait le genre *sciæna* tel que Linnæus paraît l'avoir conçu, et les genres dont nous allons traiter forment un groupe plus séparé, qui ne présente pas la même apparence, que l'on pourrait même sous plusieurs rapports considérer comme une autre famille. Leur tête n'a point de renflemens caverneux ; leur vessie natatoire ne présente jamais d'appendices ; leur corps est généralement court et de forme ovale ; mais, comme les vraies sciénoïdes, ils ont quelque armure aux pièces operculaires et des appendices au pylore, et ils manquent de dents au palais. C'est ce qui nous a déterminés à les rapprocher de cette famille. Ils en formeront, si l'on veut, une annexe, comme nous avons mis les mulles à la suite des percoïdes, ou, si on l'aime mieux, ils formeront une famille voisine, mais séparée.

On ne peut du moins pas méconnaître les rapports de ces poissons entre eux ; il faut de l'attention pour saisir leurs différences, tandis que leur ressemblance frappe au premier coup d'œil. Cependant les auteurs les ont dispersés dans des genres fort différens. Ainsi les amphiprions avaient été associés aux holocentrums ; les premnades aux chétodons, aux serrans, aux scorpènes ; les pomacentres et les glyphisodons aux chétodons, bien qu'ils n'en eussent aucun caractère.

Ce serait plutôt parmi les labroïdes que l'on pourrait trouver à ces divers genres quelques analogues ; car plusieurs labroïdes ont aussi la ligne latérale interrompue, et tous ont le palais sans dents. Néanmoins plusieurs différences extérieures, légères à la vérité, et surtout cette circonstance importante qu'aucun labroïde n'a d'appendices cœcales au pylore, ni même d'estomac en cul-de-sac, ne nous permettent pas d'adhérer à ce rapprochement.

Tous les poissons dont nous allons parler sont petits, et, à peu d'exceptions près, vivent dans la mer des Indes, dont ils embellissent les rivages par l'éclat des couleurs qui brillent sur la plupart de leurs espèces : on les y voit sans cesse nageant avec vivacité entre les rochers et dans les petites flaques d'eau que la mer laisse lors du reflux. Quoique mangeables pour la plupart, aucune de leurs espèces ne fournit un article important de nourriture, à cause de leur peu de volume, et parce qu'ils ne voyagent pas en grandes troupes.

CHAPITRE XV.

Des Amphiprions et des Premnades.

DES AMPHIPRIONS.

Bloch, cherchant tous les moyens de mettre quelque précision dans la distribution de cette immense portion de la classe des poissons à laquelle appartiennent les perches, les sciènes et les spares de Linnæus, a imaginé dans son *Systema* de l'édition de Schneider, de réunir sous le nom d'*amphriprions*, ou de *doubles-scies*, un cer-

tain nombre d'espèces qui ont à la fois l'opercule et le préopercule dentelés; mais, d'après ses vues méthodiques trop
artificielles, il a confondu sous ce genre de sa création
quatre ou cinq sortes de poissons très-divers, et notamment des *holocentrums* (dans le sens restreint que nous
donnons maintenant à ce mot), des *anabas,* des *poly-
prions* et des *trachychtes.* Nous avons dû détacher ces
quatre genres, et après avoir fait cette opération, il nous
est resté un genre vraiment naturel par la ressemblance
de ses espèces, qui toutes ont le corps ovale; une dorsale
indivise, la ligne latérale finissant vers la fin de cette dorsale, la tête obtuse, les dents sur une seule rangée aux
deux mâchoires, le palais sans dents, cinq rayons aux ouïes,
le préopercule dentelé, et surtout les trois autres pièces
operculaires, l'opercule, le subopercule et l'interopercule,
fortement dentelés à leur bord et striés à leur surface. Ce
caractère est si frappant, qu'on ne pourra méconnaître les
poissons auxquels il appartient, et c'est à eux que nous
réserverons en conséquence le nom d'*amphiprion.*

L'*anabas* seul pourrait en être rapproché; mais, outre
son préopercule sans dentelure, ses dents en velours et
sa ligne latérale, qui recommence après avoir été interrompue, il est tellement distinct par les appendices, en
forme de labyrinthe, placés au-dessus de ses branchies,
qu'il était impossible de le laisser dans le même genre.

Les amphiprions sont d'assez petits poissons, que leurs
couleurs ont fait remarquer, et qui ont en conséquence
été décrits d'assez bonne heure par les collecteurs de cabinets.

Ils viennent tous de la mer des Indes, et surtout de
son archipel.

5.   37

L'AMPHIPRION SELLE.

(*Amphiprion ephippium*, Schn.; *Lutjanus ephippium*, Bl.;
Lutjan selle, Lac.)

L'espèce appelée *selle,* à cause de la grande tache qu'elle
a sur le dos, a été publiée pour la première fois, en 1749,
par Klein[1], mais avec une figure peu exacte et des caractères génériques controuvés[2]. Il en a paru un dessin plus
correct en 1758, dans le troisième volume de l'ouvrage
de Seba (pl. 26, fig. 25), où l'on en fait un chétodon. Bloch
(pl. 250, fig. 2) a donné la troisième figure, qui est la
meilleure, bien qu'il s'y trouve encore plusieurs défauts.[3]
Cependant aucun de ces écrivains ne nous fait connaître
les habitudes de l'espèce. Bloch dit l'avoir reçue de Tranquebar, et nous l'avons eue de l'île de Bourbon par M.
Moreau de Jonnès; mais nous avons lieu de croire qu'elle
est principalement originaire de l'archipel des Indes, et
particulièrement des îles les plus fréquentées par les Hollandais; car c'est de leurs cabinets que sont venus la plupart des individus que l'on conserve en Europe. Son
anatomie nous a prouvé qu'elle vit principalement de
végétaux.

C'est un petit poisson de forme ovale et assez épaisse; sa longueur
n'est guère plus du double de sa hauteur; son épaisseur est le tiers
de cette hauteur. Sa nuque et son profil se courbent rapidement vers
le bas, en sorte que son museau est court, et que la longueur de sa
tête ne fait pas tout-à-fait le quart de sa longueur totale. La hauteur
de la tête surpasse d'un quart sa longueur. Le crâne et la face sont
assez larges, légèrement convexes dans les deux sens, sans crête

---

1. *Miss. V*, p. 60, et pl. 12, fig. 1. — 2. PROCHILUS *ore edentulo, etc.*
3. Il continue la ligne latérale jusqu'à la caudale.

ni inégalité apparente. La bouche, peu protractile et peu fendue ,
descend en arrière. L'œil est bien plus haut que la bouche, près de
la ligne du profil. On ne voit d'abord qu'un orifice de la narine,
l'inférieur, qui même est un trou assez petit, percé à peu près entre
l'œil et le bout du museau; l'autre orifice est si petit qu'il faut une
loupe pour le découvrir. Les lèvres sont charnues, mais il n'y a
point de lèvre double ou sous-orbitaire comme dans les labres. Le
maxillaire, quand la bouche se ferme, se retire dans un sinus de
la joue où il n'est pas recouvert. Il n'y a à chaque mâchoire qu'une
rangée de dents petites, égales, serrées, coniques et obtuses. Le
palais en manque, ainsi que la langue, qui est grosse, obtuse, libre
à sa pointe. Les dents pharyngiennes sont en gros velours ras. Les
écailles du crâne descendent jusque entre les yeux. Plus avant le
museau est nu, ainsi que les mâchoires; mais la joue et les trois
pièces operculaires sont écailleuses. Les sous-orbitaires entourent
la presque-totalité de l'œil d'un cercle, à la surface duquel se
voient des lignes saillantes, irrégulières, comme des veines; tout
le bord en est finement dentelé, et vers la mâchoire il y a une
dentelure plus forte que les autres. Le bord montant du préopercule est rectiligne et deux fois plus long que l'autre; son angle est
arrondi, son limbe veiné presque autant que le sous-orbitaire, et
tout son pourtour est finement dentelé en scie. L'opercule, le
sous-opercule et l'interopercule ont chacun un contour arrondi,
et des bords découpés en dentelures pointues, dont les intervalles
se prolongent en avant en autant de sillons, qui creusent le tiers
postérieur de la surface de ces pièces. Je ne puis trouver que cinq
rayons à la membrane des ouïes, bien que Bloch lui en donne
six. La réunion de celles des deux côtés n'est pas très-longue, et
n'a pas d'écailles; mais les opercules sont assez serrés contre
l'épaule, et laissent peu d'ouverture aux ouies : au-dessus de leur
fente sont deux écailles dentelées, qui correspondent à l'os surscapulaire; mais le reste de l'épaule n'a rien de semblable. L'aisselle de
la pectorale est nue, mais sans écaille particulière. Cette nageoire
est ronde, et de grandeur médiocre. Les ventrales s'attachent par
leur base interne à l'abdomen, et entre elles au moyen d'une

courte prolongation de leur membrane. Sur la base de leur épine
est une petite écaille triangulaire, et entre elles en est une autre.
Les ventrales naissent sous la base des pectorales, et sont à peu
près aussi longues. Le deuxième et le troisième rayon mou dépassent un peu les autres, et forment une pointe aiguë. La dorsale
commence vis-à-vis la naissance des pectorales; elle s'élève peu: sa
partie molle finit en angle aigu. L'anus répond à la fin des ventrales; l'anale finit comme la dorsale : la partie nue de la queue,
entre elles et la caudale, fait à peu près le huitième de la longueur
totale. La caudale est coupée carrément.

D. 11/15 ; A. 2/14 ; C. 15 ; P. 19 ; V. 1/5.

Les écailles sont médiocres : il y en a environ cinquante-cinq
sur une ligne depuis l'ouïe jusqu'à la caudale, et vingt-trois ou
vingt-quatre sur une ligne verticale; celles de la base de la dorsale
et de l'anale se séparent des autres par un sillon longitudinal. Il y
en a entre les rayons de ces deux nageoires, surtout à leur partie
molle, où elles vont jusqu'à moitié de la hauteur; il en va aussi
entre les rayons de la caudale sur moitié de sa longueur : leur contour est arrondi, un peu plus large que long; leur bord externe
finement pointillé; l'interne marqué de quatre ou cinq crénelures et
d'autant de petits sillons. La ligne latérale, placée au quart supérieur, suit la courbure du dos, dont elle se rapproche cependant
un peu en arrière; elle finit vis-à-vis la fin de la dorsale, et sans
renaître plus bas, quoique Bloch l'y ait marquée.

Ce poisson grandit peu; nous n'en avons pas de plus de cinq
pouces.

Il paraît d'une couleur pâle, sur laquelle se montre de chaque
côté une grande tache obscure, qui occupe en longueur toute celle
de la dorsale, et qui descend en s'arrondissant jusqu'à peu de distance de l'anale; mais, aucun auteur n'ayant décrit cette espèce sur
le frais, il est difficile de dire quelles sont alors ses vraies nuances.
Bloch enlumine le fond de rougeâtre et la tache de noir; et il a
remarqué que la tache noire devient d'autant plus grande à proportion, que l'invidu lui-même l'est davantage.

L'amphiprion selle a le foie petit, situé en travers sur l'œsophage, et divisé en deux lobes triangulaires et pointus. Il est jaunâtre.

L'estomac est en cul-de-sac arrondi, médiocre, à parois excessivement minces.

Il y a deux petites appendices au pylore.

L'intestin fait deux replis avant de se rendre à l'anus; ses parois sont très-fines, et il n'est dilaté sur aucun point de sa longueur.

La vessie natatoire est très-mince, oblongue, remplissant presque toute la voûte de l'abdomen.

Les laitances sont fort petites; et l'on voit entre elles, comme nous l'observerons dans les premnades, dans les glyphisodons, une petite vessie mince, blanche, transparente, que nous croyons être la vessie urinaire.

L'estomac était rempli d'herbes.

———

A la suite de cet *ephippium* il convient de placer certains amphiprions dont plusieurs sont assez communs dans les collections faites aux Indes, et qui sont tous remarquables par des bandes verticales pâles sur un fond plus ou moins brun ou fauve. Ces bandes varient en largeur et même en nombre. Il en résulte des dispositions assez diverses, et qui rentrent en partie les unes dans les autres. C'est ce qui paraît avoir déterminé Linnæus, autant du moins que l'on peut en juger par ses citations, à considérer toutes ces combinaisons comme des variétés d'une seule espèce, qu'il nommait *perca polymna*.

Bloch a rangé ces poissons sous deux espèces, et il est probable qu'il faut en faire un plus grand nombre. Cependant on ne pourra obtenir à cet égard une certitude absolue que par des observations faites sur les lieux, et après avoir comparé une quantité suffisante d'individus.

Il paraît que l'on trouve de ces amphiprions, soit d'une ou de plusieurs espèces, dans toutes les parties de la mer des Indes. Nous en avons de l'île de Bourbon, de Pondichéry et des Moluques. C'est surtout à Amboine que les Hollandais en ont beaucoup recueillis.

Valentyn, Renard et Seba en ont représenté plusieurs; mais il est difficile d'appliquer leurs figures avec justesse, parce qu'elles n'expriment pas bien les caractères des opercules, et il y en a qui pourraient se rapporter à des poissons d'autres sous-genres, qui ont à peu près les mêmes bandes, tels que le *premnas trifasciatus* et le *dascyllus aruanus*. Ces auteurs cependant, et des dessins faits par différens voyageurs, qui nous ont été communiqués, nous apprennent, ainsi qu'un article de Commerson, ce que nous n'aurions pu deviner d'après les individus conservés dans les cabinets; c'est que dans l'état frais tous ces poissons ont le fond du corps ou noir ou d'un beau jaune foncé, avec des reflets dorés, et que leurs bandes sont d'un gris pâle ou verdâtre, ou d'un bleu argenté clair, ce qui en fait des êtres très-agréables à voir, et qui offrent un superbe spectacle lorsqu'ils nagent et qu'ils jouent dans l'eau de la mer.

L'AMPHIPRION A DEUX BANDES.

(*Amphiprion bifasciatus,* Bl. Schn.[1])

Nous commencerons par celui que Bloch a décrit et représenté (pl. 316, fig. 2) sous le nom d'*anthias bifasciatus* (l'*amphiprion bifasciatus* de son *Systema,* p. 204).

---

1. *Anthias bifasciatus,* Bloch; *Lutjan jourdain,* Lacép., t. IV, p. 235; *Holocentrus bifasciatus,* Schn.

Schneider le place une seconde fois dans le *Systema* (p. 567), sous le nom d'*holocentrus bifasciatus;* car la description de Kœhlreuter, qu'il cite [1], se rapporte évidemment à un poisson identique. Le Cabinet du Roi possède un individu parfaitement semblable à la figure de Bloch. Il ressemble à l'*ephippium* par tous les détails de sa conformation, si ce n'est qu'il est un peu moins haut à proportion, que la partie épineuse de sa dorsale s'abaisse davantage en arrière, et que le nu de son front remonte bien plus haut, et jusque derrière les yeux; ce qui est d'autant plus à noter, que Bloch, dans son grand ouvrage, en plaçant ce poisson parmi ses *anthias,* tandis qu'il laissait l'*ephippium* parmi ses *lutjans,* semblait indiquer tout le contraire.

Cet individu est dans la liqueur. Le fond de sa couleur paraît un brun plus ou moins foncé. Sa première bande va depuis la nuque jusqu'au bas de l'interopercule. Son bord antérieur touche à l'œil, et prend tout le bord postérieur du préopercule et du subopercule. La seconde forme d'abord une bordure à la portion molle de la dorsale, puis s'élargit, embrasse les dernières épines de cette même nageoire, et descend verticalement à l'anus. Il n'y en a point de troisième; mais la caudale, qui est arrondie, a le bord supérieur et l'inférieur blancs, qui, s'élargissant en arrière, viennent à se toucher à son extrémité. L'anale a un liséré blanc, étroit. Le reste de la surface des trois nageoires verticales est brun ou noir, comme le corps; les nageoires paires sont entièrement de cette couleur.

B. 5; D. 11/14; A. 2/12; C. 15 ou 17; P. 17; V. 1/5.

De toutes les figures de Seba (t. III, pl. 26, fig. 20 à 24) je n'en vois aucune qui ressemble complétement à ce pois-

---

1. *Nov. Comm. Petrop.*, t. X, p. 340, et pl. 8, fig. 4.

son. Bloch lui rapporte particulièrement la figure n.° 6 de Valentyn et la figure 49 de Renard, que ces deux écrivains disent être celle d'un poisson appelé aux Moluques *ikan-jourdain;* mais ni l'une ni l'autre n'a la même distribution de couleurs sur la queue : c'est plutôt notre *amphiprion xanthurus,* qui est représenté dans Renard, et il semble que la description de Valentyn (t. III, p. 349) convient bien davantage à notre *amphiprion polymnus* qu'à celui-ci, si même ce n'est pas une espèce ou variété particulière qui ressemblerait, mais plus en grand, à notre *amphiprion percula.*

L'AMPHIPRION A LARGES BANDES.

(*Amphiprion laticlavius*, nob.)

Nous avons reçu récemment de la Nouvelle-Guinée, par MM. Quoy et Gaimard, des individus très-semblables à ce *bifasciatus,*

si ce n'est que la deuxième bande y est du double ou du triple plus large, occupe au moins moitié de la longueur de la dorsale, et se termine en s'arrondissant bien avant d'avoir atteint l'anus. La première bande est aussi plus large, et couvre la nuque, la tempe, les trois pièces operculaires, et tout le bord montant du préopercule; mais sa caudale est comme dans le *bifasciatus* ordinaire, et nous apprenons par les notes de ces Messieurs que c'est de jaune qu'elle est lisérée. La poitrine paraît moins brune que le reste du corps, et dans le frais elle tire au verdâtre.

D. 11/11; A. 2/11.

Ces poissons n'ont guère que quatre pouces.

L'AMPHIPRION A TROIS BANDES.

(*Amphiprion trifasciatus*, nob.)

Un individu, conservé aussi au Cabinet du Roi,

a deux bandes semblables à celles du *bifasciatus;* mais il y en a une troisième plus apparente avant la base de la caudale, qui elle-même n'a point de bord blanc : elle est brune, ainsi que toutes les autres nageoires. Une ligne blanche horizontale suit de chaque côté la base de la dorsale épineuse, depuis la première bande verticale jusqu'à la seconde.

B. 5; D. 11/14; A. 2/13; C. 15; P. 17; V. 1/5.

Nous l'appellerons provisoirement *amphiprion trifasciatus*. Le *bifasciatus* et le *trifasciatus* viennent des Moluques. Il paraît que Gronovius a décrit à peu près deux individus semblables dans son *Musœum ichtyologicum* (p. 38).[1]

L'AMPHIPRION POLYMNE.

(*Amphiprion polymnus*, Bl. Schn.[2])

C'est ici que doivent venir les individus pareils à celui auquel Bloch (pl. 3ı6, fig. ı) réserve particulièrement le nom de *perca polymna*.

Ils ont le corps et les nageoires brunes, et trois larges bandes blanches lisérées de noir : celle de la base de la queue est aussi prononcée que les autres. Bloch donne les nombres des rayons comme il suit :

B. 6; D. 11/15; A. 3/12; C. 14; P. 16; V. 1/5.

---

1. *Sciœna lineis obliquis lacteis in utroque latere.*
2. *Anthias polymnus*, Bl.; *Lutjan polymne*, Lac., t. IV, p. 2ı4.

Mais je ne crois nullement aux six rayons branchiaux, et je doute beaucoup des trois épines anales. Il me paraît aussi que la figure 122 de Renard, rapportée par Bloch à ce poisson, appartient plutôt à notre premnade à trois bandes : mais dans le recueil hollandais de peintures faites aux Indes à la fin du dix-septième siècle, sous les yeux de l'amiral Corneille de Vlaming, recueil d'où Renard et Valentyn ont tiré presque toutes leurs figures, j'en trouve une toute semblable à celle de Bloch, où le fond de la couleur est d'un jaune orangé, et celle des bandes et de la caudale d'un gris de perle.

Ce sont probablement là les vraies couleurs du poisson. Il y porte le nom de *bottok*.

*L'*Amphiprion perchot.

(*Amphiprion percula*, nob.[1])

Un charmant petit poisson, dont Bloch (pl. 316, fig. 3) ne fait qu'une variété du précédent, me paraît bien devoir former une espèce distincte.

Il est d'un orangé plus ou moins vif. Ses trois bandes et toutes ses nageoires paraissent blanches, avec un liséré noir bien prononcé. Sa bande mitoyenne forme en avant une pointe, qui va jusques assez près de l'épaule.

D. 10/15 ; A. 2/12, etc.

Nos individus n'ont que deux et trois pouces.

Ils viennent de la mer des Indes.

---

1. *Lutjan perchot*, Lacépède, t. IV, p. 240 ; variété du *Lutjan polymne*, *ibid.*, p. 224 ; *Anthias polymna*, Bloch, pl. 316, fig. 3 ; *Perchot de la Nouvelle-Bretagne*, Commerson, Manuscrits.

Klein avait déjà donné une fort bonne figure de ce poisson (*Miss. IV*, pl. 11, fig. 8); mais celle de Seba (t. III,
pl. 26, fig. 29), que Bloch lui rapporte, à la vérité avec
doute, ne lui appartient pas. Il y en a une, également
très-bonne, par Michel Tyson, dans les Transactions phi-
losophiques (t. LXI, pl. 8, p. 245). Commerson l'a aussi
observé, et en a laissé une excellente description, dont
M. de Lacépède a tiré son article du *lutjan perchot*
(t. IV, p. 239).

Nous apprenons par cette description que le fond de sa couleur
est orangé, et celle des bandes d'un bleu pâle. Il ne passe pas la
longueur du petit doigt.

Commerson l'avait eu en Juillet 1768, au port Praslin,
dans la Nouvelle-Bretagne, où il se tient entre les coraux
et dans les trous des roches. Nous lui laisserons le nom
spécifique que lui avait donné cet habile naturaliste.
MM. Lesson et Garnot l'ont pris au Havre-Dorey, à la
Nouvelle-Guinée, où les Papous le nomment *chéné*. Ils
l'ont trouvé aussi à Borabora, l'une des îles de la Société,
et MM. Quoy et Gaimard l'ont eu à la Nouvelle-Irlande
et à Vanicolo.

Il est trop petit pour qu'on cherche même à l'employer
comme aliment.

L'AMPHIPRION A TUNIQUE NOIRE.

(*Amphiprion tunicatus*, nob.)

MM. Lesson et Garnot ont rapporté de Vanicolo un
amphiprion très-semblable à tous égards au perchot,

mais qui en diffère, parce qu'il est plus alongé, et que l'intervalle
entre sa première et sa deuxième bande, au lieu d'être orangé,

est d'un bleu-noir très-foncé, excepté la partie ventrale, qui est
jaunâtre. L'intervalle de la deuxième à la troisième bande, et la
tête, sont d'un bel orangé ou d'un rouge de minium. La caudale,
l'anale, la partie molle de la dorsale, et les ventrales, sont du
même orangé, mais bordées de noir et avec un fin liséré blanc.
La pectorale est transparente, un peu jaunâtre, et a un large bord
noir. La partie épineuse de la dorsale est grise, lisérée de blanc.
Les trois bandes sont blanc d'argent, lisérées de noir. La deuxième
est plus étroite que dans le perchot, et envoie en avant une proéminence bien prononcée.

L'AMPHIPRION OCELLÉ.

(*Amphiprion ocellaris*, nob.)

M. Valenciennes a observé au Cabinet de la Société
zoologique de Londres un petit amphiprion de Sumatra, semblable au perchot,

mais dont les bandes ne sont point bordées de noir. La caudale est
bordée de blanc, brune à la pointe, et porte vers le bas un grand
ocelle blanchâtre. La pectorale est brune, bordée de blanc.

Sa longueur est d'un pouce trois quarts.

L'AMPHIPRION A QUEUE NOIRE.

(*Amphiprion melanurus*, nob.)

Un autre du même pays et de même taille

a la queue sans ocelle, brune, ainsi que la pectorale. La première
bande a seule son bord antérieur noirâtre.

L'AMPHIPRION A VENTRE JAUNE.

(*Amphiprion chrysogaster*, nob.)

Un individu d'une huitième sorte, rapporté de l'île de
Bourbon par M. Leschenault,

paraît d'un noir prononcé, et a trois bandes blanches, toutes les trois bien marquées et plus étroites que dans les précédens. Les parties molles de la dorsale et de l'anale, ainsi que toute la caudale, sont lisérées de blanc. En outre, toute la région de la gorge et de la poitrine, jusqu'à l'anus et jusqu'à la hauteur des pectorales, paraît blanche, ainsi que les quatre nageoires paires, le bord extrême des pectorales seul excepté, qui est noir.

D. 10/15; A. 2/12, etc.

Mais cette description, faite sur des individus altérés par la liqueur, ne donnerait qu'une faible idée de la beauté de l'espèce. M. Desjardins vient de nous l'envoyer de l'Isle-de-France en échantillons presque frais, et où l'on voit que les bandes sont d'un beau gris de perle, et la poitrine et les nageoires paires d'un beau jaune d'or.

L'Amphiprion a nageoires jaunes.

(*Amphiprion chrysopterus*, nob.)

Nous rapprochons de ce *chrysogaster* un autre amphiprion, dont nous avons vu une figure parmi les dessins des naturalistes russes,

et qui est noir, avec deux bandes bleu-clair placées comme les deux premières du chrysogaster, mais où le front, le museau, la joue, la gorge, la poitrine, les nageoires paires, et la dorsale et l'anale, sont d'un bel orangé. La caudale est d'un gris roussâtre, taillée en croissant, et a ses angles un peu prolongés en filets.

D. 10/15; A. 2/13, etc.

L'individu est long de six pouces sur deux et demi de hauteur.

L'AMPHIPRION A QUEUE JAUNE.

(*Amphiprion xanthurus*, nob.; *Jourdain*, Renard, pl. 7, fig. 49.)

Une onzième sorte, enfin, de ces amphiprions à bandes,
outre la bande de l'opercule et celle du milieu du corps, a la caudale toute entière de couleur pâle, et se confondant, au moins dans
l'état où nous l'observons, avec la bande de sa base. Cette caudale est
un peu fourchue, le cinquième rayon de chaque lobe se prolongeant en pointe. Le museau aussi est pâle ou blanchâtre, depuis le
front et tout autour de la bouche. Les pectorales n'ont de brun que
leur base; le reste de leur étendue est de la même couleur que les
bandes: mais les ventrales, l'anale et la dorsale sont de la même couleur foncée que le reste du corps.

C'est très-probablement une figure imparfaite de cet
amphiprion qui est gravée dans le Dictionnaire classique
d'histoire naturelle sous le nom de *spare Mylius*. Cette
figure, faite à l'Isle-de-France, a été probablement coloriée d'après le frais, et elle nous apprend que la caudale
et les pectorales sont jaunes, les bandes blanches, et le
museau roussâtre.

D. 10/15; A. 2/13; C. 16; P. 19; V. 1/5.

C'est aussi la seule combinaison de couleurs qui réponde un peu à la figure 49 de Renard, que Bloch a
rapportée à celle que nous avons décrite la première.

Nous avons disséqué quelques-uns de ces amphiprions à bandes
latérales.

Les viscères de l'*amphiprion polymne* diffèrent peu de ceux de
l'*ephippium*. Le foie est plus à gauche et plus gros. L'estomac est
plus petit et plus globuleux. Des deux appendices cœcales, celle
qui est cachée sous le foie est beaucoup plus petite, et l'autre

beaucoup plus grosse que leurs correspondantes dans l'*amphiprion ephippium*. La vessie aérienne est plus petite.

Le foie de l'*amphiprion chrysogaster* est situé tout-à-fait à gauche : il est quadrilatéral, mince, et occupe en longueur le tiers de celle de l'abdomen. L'œsophage est court, et se dilate de suite en un estomac oblong, dépassant un peu le foie; ses parois sont excessivement minces. Le pylore naît à la partie antérieure de l'estomac, auprès du cardia : il est muni de deux appendices cœcales, assez grosses, dont la plus longue est en dessous de l'estomac; elle ne le dépasse pas : l'autre est placée entre le bord du foie et l'estomac. L'intestin fait quatre ou cinq replis sur lui-même, sans montrer aucune dilatation; ses parois sont excessivement minces. Il y a une petite vessie natatoire assez mince, d'un bel éclat d'argent. Le péritoine est blanc rougeâtre, veiné de noirâtre. L'estomac et l'intestin étaient pleins d'herbes.

Le squelette de ces poissons a généralement douze vertèbres abdominales, treize caudales et trois interépineux sans rayons avant la dorsale. Ses côtes et leurs appendices sont assez robustes. D'ailleurs il n'offre rien de particulier que l'on ne puisse juger par l'extérieur.

DES PREMNADES.

J'ai donné en 1817, dans mon Règne animal, le nom de *premnades* à un genre de petits poissons très-voisins des amphiprions, quoique les naturalistes qui en ont parlé les aient placés parmi les chétodons. Ils ont les mêmes formes, la même ligne latérale, finissant sous la fin de la dorsale, sans recommencer plus bas; les mêmes dents obtuses, disposées sur une seule rangée, et à peu près les mêmes nombres de rayons; mais leurs opercules sont moins armés et leurs sous-orbitaires le sont davantage. Le sous-orbitaire des premnades, et c'est là en effet leur principal caractère, produit sous l'œil une ou deux fortes épines dirigées en arrière, dont la plus longue dépasse même souvent le bord du préopercule. Il s'y joint encore quelques autres dentelures. Il y a aussi des dentelures au bord montant du préopercule et au bord du sous-opercule : on en aperçoit même quelques vestiges vers l'angle obtus qui termine l'opercule; mais il n'y a pas ces sillons si remarquables dans l'amphiprion.

Ce nom de *premnade* ($\pi\varrho\tilde{\eta}\mu\nu\alpha\varsigma$) se trouve dans différens auteurs grecs, où on l'écrit aussi *premas* et *premadia*. Comme on ignore à quels poissons il appartenait, j'ai cru pouvoir le donner à ceux-ci. J'avoue cependant que j'aurais pu mieux choisir, puisque dans quelques endroits d'Athénée et d'Hesychius il est dit que le *premas* ou *premnas* ressemble au thon.

La Premnade a trois bandes.

(*Premnas trifasciatus*, nob.; *Chœtodon biaculeatus*, Bl.[1])

Il n'a été décrit jusqu'à présent qu'une seule espèce de premnade, savoir, le *chœtodon biaculeatus* de Bloch (pl. 219, fig. 2), ou l'*holacanthe deux-piquans* de M. de Lacépède (t. IV, p. 528 et 537), déjà représenté par Renard (pl. 22, n.° 122) sous le nom de *tontel-ton*. A la vérité, Bloch rapporte cette dernière figure à l'*amphiprion polymne ;* mais c'est mal à propos. La figure grossière de Renard laisse déjà voir un vestige de l'épine, et elle est encore plus sensible dans l'original, que j'ai trouvé parmi les peintures recueillies par Corneille de Vlaming, aussi

---

1. *Holacanthe deux-piquans*, Lacép.; *Holocentre Sonnerat, ib.; Lutjanus trifasciatus*, Bl. Schn.

sous ce nom de *tontel-ton*, ou *tontel-tonnetje* (petite tonne d'amadou), qui se rapporte apparemment à sa couleur rougeâtre et aux cercles dont il est entouré. Cette figure nous apprend que la couleur naturelle du poisson frais, comme celle des amphiprions à bandes, est un jaune ou rouge orangé, avec des bandes d'un blanc de perle, et non pas bleue, avec des bandes pourpres, comme l'a enluminé Bloch d'après un individu mal conservé.

Ce fait est constaté encore par un des noms hollandais que portent nos échantillons, et qui est *rode-steen-brasem* (brème de roche rouge).

Nous nous sommes assurés qu'il a été fait des doubles emplois de ce poisson, comme de tant d'autres. C'est incontestablement l'*holocentre Sonnerat* de M. de Lacépède (t. IV, p. 344 et 391), décrit d'après un individu conservé encore au Cabinet du Roi, avec les mêmes noms de *tanda-tanda* et de *kakatœe-itam*. C'est encore le poisson décrit par Kœlreuter[1], que M. Schneider veut nommer *lutjanus trifasciatus*[2]. Nous voyons, enfin, par les étiquettes d'individus envoyés des Moluques, qu'il s'y nomme aussi *mattablok*.

C'est près de Banda qu'avait été pris l'individu de Corneille de Vlaming.

La hauteur de la tête ne surpasse pas sa longueur, proportion moindre que dans les amphiprions, et cette longueur est presque quatre fois dans la longueur totale. La hauteur du corps n'y est que deux fois et demie, et son épaisseur est deux fois et demie dans la hauteur. Le profil s'abaisse rapidement en arc de cercle. L'œil est haut, médiocre. La bouche est peu fendue ; le préopercule, rectan-

---

1. *Nov. Comm. Petrop.*, t. X, p. 346, et pl. 8, fig 5.
2. *Addend. ad Syst. Bloch.*, p. 567 et 568.

5.   39

gulaire, a l'angle un peu arrondi et le bord montant assez irrégulièrement crénelé de huit ou dix dentelures. La surface de l'opercule est finement et irrégulièrement striée de très-petits rayons;
mais il n'y a pas de sillons à son bord, qui montre seulement une
très-petite pointe vers le haut, et quelques vestiges de dentelures
vers le bas. Le subopercule en a cinq ou six; mais l'interopercule
n'en a aucunes. L'os le plus remarquable de la face est le sous-orbitaire : il a deux fortes épines : l'une, qui part d'entre l'œil et la
bouche, ne dépasse pas beaucoup l'angle des mâchoires; l'autre,
qui est placée au-dessus, et part de dessous l'œil, s'étend plus loin
que le bord montant du préopercule. On compte six rayons branchiaux.

Il y a des écailles sur la joue et sur l'interopercule; mais le
front, le museau, les mâchoires, l'opercule, le sous-opercule, le
limbe du préopercule et toute la membrane des ouïes en manquent. Sur le corps comme sur la tête elles sont petites. On en
compte soixante-cinq sur une ligne horizontale et trente-cinq
sur une verticale : il n'y en a point sur les nageoires. La ligne latérale finit sous le tiers postérieur de la partie molle de la dorsale.
La dorsale est du tiers de la hauteur du corps, légèrement si-
nueuse par un arc rentrant entre sa partie épineuse et sa partie
molle. L'anale correspond à la partie molle de la dorsale pour la
longueur et la hauteur. Derrière ces deux nageoires est une partie
de queue nue, égale au neuvième de la longueur totale. Les pectorales et la caudale sont arrondies.

D. 11/16; A. 2/13; C. 17; P. 16; V. 1/5.

Les individus sur lesquels a été prise la description
précédente, et qui ressemblent le plus aux figures de Vlaming et de Renard ,   .

ont sur le fond orangé trois bandes blanchâtres, finement lisérées
de noir, qui l'embrassent complétement. La première prend depuis
la nuque jusqu'à la gorge, entourant ainsi toute la tête, derrière
le préopercule; la seconde va depuis l'intervalle de la partie épi-

neuse et de la partie molle de la dorsale jusqu'à l'anus; la troisième entoure la partie nue de la queue.

Ils n'ont que deux et trois pouces.

Il me paraît que c'est l'un d'eux que représente Seba (t. III, pl. 26, fig. 29). MM. Kuhl et Van Hasselt en ont fait peindre un tout semblable à Java,

mais dont le fond est d'un brun-rouge pourpré, au lieu d'orangé.

Ils l'ont nommé *premnas leucodesmus*. Nous pensons que ce n'est qu'une variété.

Nous n'oserions affirmer que les différences de couleur dont nous allons parler soient spécifiques et constantes, bien qu'elles soient accompagnées de quelques différences légères dans le détail des formes, et cependant nous croyons devoir les signaler et les indiquer par des noms. Le temps nous apprendra si ces noms désignent des espèces ou des variétés.

La Premnade a demi-ceinture.

(*Premnas semicinctus*, nob.)

Certains individus ont des bandes plus étroites et beaucoup moins complètes que dans les précédens. Celle du milieu du corps et de la queue ne descend pas même jusqu'à la hauteur de la ligne latérale; celle de la nuque se termine au haut de l'opercule, et vers le bas de la même pièce il y en a une autre, qui descend obliquement de son angle postérieur vers le préopercule. Ils ont cinq pouces de longueur. Un de ces individus a trois épines à son sous-orbitaire d'un côté.

Je n'en vois point encore de figure dans les auteurs.

La PREMNADE UNICOLORE.

(*Premnas unicolor,* nob.; *Scorpæna aculeata,* Lac.)

Nous en avons un d'une troisième sorte,
d'une couleur uniforme, et où l'on n'aperçoit qu'un léger vestige
de bande. Il a aussi trois épines au sous-orbitaire. Son sous-opercule
n'a que deux ou trois dentelures.

Ses nombres de rayons sont un peu différens des autres.

D. 10/18; A. 2/14; C. 16; P. 18; V. 1/5.

C'est un individu semblable que représente Seba (t. III,
pl. 26, fig. 19); mais il n'y montre que deux épines au sous-
orbitaire.

Quelque surprenante que l'assertion puisse paraître, il
est certain que c'est ce *premnas unicolor* que M. de
Lacépède a décrit (t. III, p. 258 et 268) sous le nom de
scorpène aiguillonnée. Nous en avons pour garant l'individu qui lui a servi de sujet, et même c'est l'individu
de Seba. On lui a retrouvé, en le dévernissant, le vestige
d'une bande dont on aperçoit la trace dans la figure de
ce collecteur.

Les viscères des *premnades* ressemblent beaucoup à ceux des
glyphisodons.

Le foie est petit, situé presque entièrement à gauche. Un petit
lobe passe par-dessus l'œsophage, et est caché entre l'estomac et
le duodénum.

L'œsophage est court, mais large; il se dilate en un estomac
arrondi de la grosseur d'un pois.

Le pylore naît auprès du cardia; il est muni de trois cœcums
courts, mais assez gros.

L'intestin fait cinq replis inégaux, sans changer sensiblement de
diamètre avant de se rendre à l'anus.

Les laitances sont très-petites; et entre elles se montre la vessie aérienne, qui est grande, globuleuse, à parois minces et transparentes.

CHAPITRE XVI.

Des Pomacentres et des Dascylles.

DES POMACENTRES.

M. de Lacépède a établi dans la famille des chétodons un genre qu'il nomme *pomacentre,* et auquel il donne pour caractères de joindre aux dents en cheveux des chétodons, une dentelure sans piquans aux opercules; mais, à le prendre à la rigueur, aucune des espèces qu'il y range ne porte ces caractères. Son *pomacentre ennéadactyle,* décrit sur des individus qui sont encore au Cabinet du Roi, est notre *scolopsis Vosmeri;* le *burdi* et le *simmam,* empruntés de Forskal, sont des *serrans* ou des *diacopes;* le *filament,* la *faucille* et le *croissant* sont de vrais chétodons[1]; et il ne reste de susceptible de faire un genre particulier que sa première espèce, ou son *pomacentre paon,* qui cependant n'a rien moins que des dents flexibles. Cependant comme depuis quelque temps il nous est arrivé plusieurs espèces analogues à ce pomacentre paon par tous les caractères de nature générique, nous en ferons le type d'un genre auquel nous conserverons ce nom, mais en le définissant autrement.

Nos pomacentres seront des poissons très-voisins des amphiprions et des premnades, et encore plus des glyphisodons : de forme oblongue, à tête obtuse, à dents sur

---

1. *Chœtodon setifer,* Bl.; *Chœtodon falcula, id.; Chœtodon frontalis,* nob.

une seule rangée, à préopercule dentelé, sans épines ni dentelures à l'opercule, à cinq rayons branchiaux, à ligne latérale finissant sous la partie molle de la dorsale. Leur sous-orbitaire est souvent dentelé; et alors ils ne diffèrent des *scolopsis* que pour n'avoir pas des dents en velours ni une ligne latérale continuée sur la queue. Sur ce dernier point ils ressemblent aux glyphisodons, et ils en ont même quelquefois les dents échancrées; mais ils s'en distinguent par les dentelures de leur préopercule et par une forme en général plus alongée.

Le POMACENTRE PAON.

(*Pomacentrus pavo*, Lacép.[1])

Le paon a été décrit et représenté pour la première fois par Bloch (pl. 198, fig. 1), et en a reçu ce surnom, parce que ce naturaliste lui trouvait quelques rapports de couleur avec l'oiseau célèbre auquel le nom appartient en propre; ils ne peuvent consister que dans les rayures transversales des écailles, qui imitent un peu celles des plumes du dos et des scapulaires du paon, ou tout au plus dans la tache ronde et bleue qui marque l'angle de l'opercule, et qui rappelle imparfaitement les yeux de la queue de ce bel oiseau.

La hauteur de son corps est près de trois fois dans sa longueur totale, et elle comprend trois fois son épaisseur. Sa tête est petite, à peu près aussi haute que longue ; elle entre quatre fois et demie dans la longueur totale. Le museau est court, obtus; le profil légèrement convexe; l'œil plus avant que le milieu de la tête, assez près de la ligne du profil; la bouche, peu fendue, descendant en arrière:

---

1. *Chœtodon pavo*, Bl.; *Pomacentre paon* et *Holocentre diacanthe*, Lacép.

quand elle s'ouvre, la mâchoire inférieure saille plus que l'autre.
Une seule rangée de dents serrées, petites; régulières, garnit chaque mâchoire : on aperçoit une échancrure aux latérales d'en bas;
le palais en est dépourvu. Une suite de sous-orbitaires forme autour
de l'œil en dessous un cadre étroit, à peine dentelé pour le doigt;
mais le préopercule l'est plus sensiblement et d'une manière visible
à l'œil. L'opercule paraît rond; mais, en réalité, sa partie osseuse
a vers le haut deux petites pointes à peu près cachées dans la membrane. Le haut de cet opercule s'unit à la partie voisine de l'épaule
par une petite membrane d'un contour arrondi; et c'est cette membrane qui est teinte en bleu et qui forme à cet endroit une tache
ronde.

Les rayons branchiaux sont au nombre de quatre. Il y a des
écailles sur le crâne, sur la joue et sur toutes les pièces operculaires. Celles de l'opercule et celles du corps sont grandes : on n'en
compte que trente-deux ou trente-trois sur une ligne entre l'ouïe
et la caudale, et douze ou treize sur une ligne verticale. Elles sont
plus larges que longues, ou en ellipse transverse, n'ont que sept ou
huit stries à l'éventail de leur partie cachée, et paraissent, à la loupe
seulement, très-finement pointillées et ciliées. Il s'en porte entre les
bases des rayons des nageoires verticales. La ligne latérale se marque
très-distinctement par des tubes contigus, et chacun un peu fourchu en arrière; elle cesse sous le milieu de la partie molle de la
dorsale : il n'y en a pas vestige sur la queue. La dorsale commence au-dessus de la base des pectorales; l'anale sous le milieu du
corps : toutes deux finissent vis-à-vis l'une de l'autre, et leur angle se
prolonge en une pointe aiguë, ou même en un filet. La portion
épineuse de la dorsale s'élève graduellement, et se continue sans
échancrure avec la partie molle, qui occupe deux fois moins d'espace en longueur. Il y a un sillon aux côtés du corps, le long de
sa base, ainsi que le long de celle de l'anale, qui marque les écailles
entre lesquelles elles peuvent se cacher. La partie nue de la queue est
du septième de la longueur totale. La caudale est fourchue, et ses
lobes prolongés en longues pointes aiguës. Les rayons courts de sa
base sont un peu en épines. Les pectorales sont un peu obtuses, et

les ventrales pointues. Une petite écaille pointue se remarque sur
la base de chaque ventrale, et entre elles il y en a une triangulaire.

B. 4; D. 13/13; A. 2/13; C. 15; P. 16; V. 1/5.

A proprement parler, les écailles de ce pomacentre sont toutes
transparentes. C'est le corps muqueux placé sous elles qui donne
au poisson la jolie distribution de couleurs qui le caractérise, et
qui le fait ressembler à certaines toiles peintes d'un dessin délicat.
Dans notre individu, conservé dans la liqueur, le fond paraît d'un
brun tirant sur le violet. Toute la tête, l'épaule et la poitrine sont
semés de petites taches rondes assez serrées, qui paraissent d'un
blanc verdâtre. Sur le museau et à la tempe elles s'alongent un peu
en lignes, et il y en a une qui va d'un œil à l'autre en se courbant en avant. Trois séries de ces taches règnent avec un peu d'irré-
gularité le long du bord inférieur du corps jusque sur la fin de
l'anale; et il y en a aussi, mais de plus serrées et plus irrégulières,
le long du bord supérieur du corps jusqu'au bout de la dorsale. Le reste de l'espace sur chaque face du corps a des lignes
transversales de la même couleur, un peu arquées, et faisant comme
des bordures d'écailles, mais d'écailles bien plus larges que longues, ou, si l'on aime mieux, représentant des espèces de losanges
très-alongées dans le sens vertical. Les nageoires sont brunes, avec
de très-petits points bleuâtres sur la base de la pectorale et de la
dorsale. Bloch donne à son individu des teintes plus fauves et
plus bleues; mais MM. Quoy et Gaimard, qui ont décrit l'espèce
sur le frais à Amboine, nous apprennent qu'elle est d'un brun
bleuâtre, et que ses points et ses linéoles sont bleu de ciel. La
tache de l'opercule est d'un bleu foncé. Les pectorales sont jaunes,
les ventrales et la caudale jaune verdâtre, l'anale brune.

Le poisson que nous venons de décrire, et qui est
bien certainement le *chætodon pavo* de Bloch, dont
M. de Lacépède a fait son pomacentre paon, ne laisse pas
que d'avoir été décrit séparément par ce dernier naturaliste, et sur le même individu qui nous a servi de sujet

(t. IV, p. 338 et 3,73), sous le nom *d'holocentre dia-*
canthe. Il suffit de comparer la description du *chœtodon*
pavo, ou du poisson nommé mal à propos ainsi, avec
celle de l'holocentre diacanthe, pour s'assurer de l'identité de l'espèce.

Ce joli poisson habite la mer des Moluques. MM. Quoy
et Gaimard viennent de l'en rapporter.

On conserve dans le Cabinet royal des Pays-Bas un
pomacentre fort voisin du paon, s'il n'en est pas une
simple variété, que nous appellerons *perspicillatus.*

> Dans la liqueur sa couleur générale paraît jaunâtre. Deux traits
> blancs courts vont d'un œil à l'autre; un trait blanc longitudinal
> va sous l'œil de la mâchoire à la fin du sous-orbitaire. La nuque
> et les joues sont semées de points blancs. Un trait blanc, peu
> marqué, se montre transversalement à chaque écaille. On voit une
> tache brune sur les septième, huitième, neuvième rayons épineux
> de la dorsale, et une autre à la fin de cette nageoire. L'anus est
> coloré en noir.
>
> D. 13/13; A. 2/13; P. 18; V. 1/5; C. 17.

Il est long de cinq pouces et large de deux.

L'origine n'en est pas connue.

Le POMACENTRE BLEU.

(*Pomacentrus cœruleus,* nob.)

Le pomacentre bleu, rapporté de l'Isle-de-France par
MM. Quoy et Gaimard, zoologistes de l'expédition Freycinet, et représenté dans la relation de ce voyage (zool.,
pl. 64, fig. 2), est très-semblable au *pavo;*

> son front est seulement plus régulièrement convexe, son œil un
> peu plus grand, et les lobes de sa queue un peu moins aigus.
>
> D. 13/15; A. 2/15; C. 17; P. 16; V. 1/5.

5.   40

La tache bleue d'au-dessus des ouïes est plus petite. Le fond de sa couleur est d'un beau bleu clair dans toute la région supérieure, au-dessus de la ligne latérale. Depuis le museau jusqu'à la queue, des petites lignes vermiculées noires sont si fréquentes et s'unissent tellement, qu'il y a autant de noir que de bleu. A compter de la ligne latérale, il y a plus de bleu, et le noir forme sous chaque écaille une tache vers la base, et trois ou quatre points ou petites lignes longitudinales sur le disque. Le long de la base de l'anale est une double série de petits points bleus. Des points ou des traits de la même couleur forment de petites séries entre les rayons de la dorsale, de l'anale et de la caudale, qui vont en montant à mesure qu'elles s'éloignent du corps. Le fond de ces nageoires est d'un brun noirâtre. Les pectorales sont grises, les ventrales bleuâtres. Ce joli pomacentre est long de quatre pouces.

Il a trois cœcums grêles au pylore. Son estomac est ovoïde, un peu alongé. Son canal intestinal est mince, et fait plusieurs replis avant de se rendre à l'anus. Son foie est petit et noirâtre. Le péritoine est bleuâtre ou blanc laiteux, ponctué de noirâtre. La vessie natatoire est mince, petite, et ses parois sont d'un beau blanc, légèrement bleuâtre.

Son squelette a onze vertèbres abdominales et quinze caudales, et deux interépineux sans rayons avant la dorsale. Ses côtes et leurs appendices sont assez fortes.

Le POMACENTRE A BRAS NOIR.

(*Pomacentrus brachialis,* nob.)

Nous avons trouvé dans le Cabinet de M. Brongniart un pomacentre qui lui a été rapporté par Riche, l'un des naturalistes de l'expédition de d'Entrecasteaux,

et qui est de forme oblongue. Son sous-orbitaire est fort étroit et non dentelé. Sa couleur paraît entièrement d'un brun roux, avec une tache noire sur la base extérieure de la pectorale.

D. 12/14 ; A. 2/13 ; C. 16 ; P. 15 ; V. 1/5.

Il n'a que trois pouces.

Nous ne savons pas où Riche l'a recueilli. Il est mal conservé.

MM. Kuhl et Van Hasselt viennent d'en envoyer un semblable de Java,

tout entier d'un gris brunâtre, avec une tache d'un brun noirâtre à la base de la pectorale. Son sous-orbitaire ne paraît pas dentelé; mais il y a des dentelures fines tout autour de son préopercule.

D. 13/14 ; A. 2/14, etc.

Le POMACENTRE VERT.

(*Pomacentrus viridis,* Ehrenb.)

M. Ehrenberg a dessiné à Massuah, et M. de Mertens à Guam, un petit pomacentre

entièrement d'un beau vert d'aigue-marine, plus pâle en dessous, plus bleu au dos et à la caudale, qui est fortement taillée en croissant. Sa taille n'est pas de trois pouces.

D. 12/10 ; A. 3/9, etc.

Nous ne pouvons pas juger d'après les figures, si cette espèce a le sous-orbitaire entier ou dentelé.

Le POMACENTRE A TROIS POINTS NOIRS.

(*Pomacentrus tripunctatus,* nob.)

MM. Quoy et Gaimard ont rapporté de l'île de Vani-colo un très-petit pomacentre

à sous-orbitaire non dentelé, tout entier d'un brun foncé, avec un point noir au haut de l'opercule, un autre moins marqué sur la partie molle de la dorsale, et une tache noire, précédée d'un petit trait blanc, sur la queue immédiatement derrière la dorsale. Sa caudale est en croissant et ses lobes assez pointus. Il n'a que dix-huit lignes ou deux pouces.

D. 13/15; A. 2/14.

Le Pomacentre de Vanicolo.

(*Pomacentrus vanicolensis*, nob.)

Un autre pomacentre de l'île Vanicolo, également rapporté par MM. Quoy et Gaimard, ressemble extraordinairement au précédent par ses couleurs.

Il paraît aussi tout brun, et n'offre de marque distinctive bien sensible qu'une très-petite tache ou plutôt un point blanc, immédiatement derrière la dorsale, suivi d'une teinte noirâtre. On lui voit aussi un point noir dans le haut du bord operculaire; mais son sousorbitaire est sensiblement dentelé, et a vers sa base antérieure une forte dent bien distincte. Sa caudale est médiocrement échancrée.

D. 13/14; A. 2/14, etc.

Il est long de deux pouces et demi.

Des individus plus petits, de dix-huit lignes, montrent de plus une légère tache noire sur le milieu de la partie molle de la dorsale.

Le Pomacentre a sous-orbitaire échancré.

(*Pomacentrus emarginatus*, nob.)

Un pomacentre fort voisin du *vanicolensis* a été recueilli à Waigiou par MM. Lesson et Garnot.

Son sous-orbitaire est aussi étroit et presque aussi fortement dentelé; il est comme échancré, parce que sa première dentelure est plus forte, plus séparée et subdivisée à sa pointe. Sa couleur paraît entièrement brune, sauf la caudale, qui est jaunâtre. La base de la pectorale semble aussi avoir été jaunâtre : on aperçoit quelques points blancs vers la base de la portion molle de la dorsale.

D. 13/13; A. 2/13, etc.

Sa longueur est de trois pouces et demi.

C'est peut-être cette espèce que Seba représente tome III, pl. 26, fig. 26, 27 et 28.

Le POMACENTRE A QUEUE D'OR.

(Pomacentrus chrysurus, nob.; *Chœtodon chrysurus,*
Brouss., *Coll.*)

Feu Broussonnet a laissé dans la collection qu'il a léguée à la Faculté de médecine de Montpellier, un pomacentre de la mer du Sud, qu'il appelait *chœtodon chrysurus*

et qui a le sous-orbitaire conformé comme les deux précédens. Sa forme générale est un peu plus oblongue.

D. 13/15; A. 2/15, etc.

Dans la liqueur il paraît d'un brun assez uniforme. L'épithète que Broussonnet lui avait donnée, fait juger que sa caudale était jaune. Il est long de trois pouces.

Le POMACENTRE A TRAIT SOUS L'OEIL.

(Pomacentrus tœniops, nob.)

MM. Quoy et Gaimard ont rapporté de l'Isle-de-France un pomacentre,

plus haut à proportion, à nuque plus relevée, à profil plus tombant que les précédens, et dont les sous-orbitaires, un peu plus élevés de l'avant, sont finement dentelés sous l'œil. Sa hauteur n'est pas deux fois et demie dans sa longueur. Ses écailles sont aussi bien plus grandes : il n'en a que vingt-six ou vingt-sept sur une ligne longitudinale et quatorze ou quinze sur une verticale. Les angles de ses nageoires verticales sont moins aigus.

D. 12/17; A. 2/13; C. 15; P. 17; V. 1/5.

Sa couleur paraît d'un gris brunâtre. Chaque écaille a le milieu plus nacré, et le bord plus brun. La tête, les opercules et la base du devant de l'anale sont semés de quelques petites taches ou gros points d'un blanc bleuâtre. Une petite tache noirâtre est à la base de la dorsale sous son bord postérieur. On en voit aussi quelquefois une sur la base de la pectorale à son bord supérieur. Un ruban nacré, qui va du museau sous l'œil, où il se rétrécit, est le trait qui fait reconnaître le plus aisément cette espèce.

Des individus plus petits et mieux conservés, venus de l'île Guam, l'une des Mariannes,

sont d'un brun beaucoup plus foncé, sur lequel les points bleus ressortent davantage. Je leur trouve un rayon mou de moins à la dorsale.

La même espèce a été apportée de Bolabola, ou Borabora, l'une des îles de la Société, par MM. Lesson et Garnot. Les habitans la nomment *emaho*.

Son squelette, bien que moins oblong que celui du pomacentre bleu, a douze vertèbres abdominales et quinze caudales, et trois interépineux sans rayons avant la dorsale.

Le POMACENTRE LITTORAL.

(*Pomacentrus littoralis*, K. et V. H.)

MM. Kuhl et Van Hasselt ont nommé *pomacentrus littoralis* une petite espèce de Java,

d'un brun violet uniforme, à reflets verdâtres, mais sans taches ni points, dont le sous-orbitaire est aussi peu élevé et presque aussi fortement dentelé qu'au *vanicolensis* et à l'*emarginatus*.

D. 13/13; A. 2/11, etc.

Sa caudale est légèrement en croissant. Il ne passe pas trois pouces.

On en avait depuis long-temps au Cabinet du Roi un individu sec, venu des Moluques, et M. de Mertens l'a aussi dessiné dans ces îles.

Le POMACENTRE NÉGRILLON.

(*Pomacentrus nigricans*, nob.; *Holocentre négrillon*, Lacép.)

C'est encore à MM. Quoy et Gaimard que le Cabinet du Roi doit le pomacentre négrillon; mais il avait déjà été décrit sous ce dernier nom par Commerson. Sa description est même d'un détail et d'une exactitude remarquables; c'est elle qui a fourni l'article de l'*holocentre négrillon* dans l'ouvrage de M. de Lacépède (t. IV, p. 332 et 367). Commerson dit qu'il a vu une seule fois beaucoup d'individus de cette espèce ensemble, mais sans indiquer le parage où il avait fait cette rencontre. MM. Quoy et Gaimard ont trouvé leur échantillon aux îles Sandwich.

Ce pomacentre est plus haut de corps qu'aucun des précédens; sa hauteur n'est que deux fois dans sa longueur. Sa nuque est moins convexe, et son profil descend plus uniformément vers la bouche. Son sous-orbitaire est étroit et n'a que de très-fines dentelures dans sa moitié postérieure. Le préopercule n'a aussi que des dentelures peu marquées, et il y a à l'opercule, dans la moitié supérieure de son bord osseux, deux petites pointes, qui se sentent avec le doigt sans paraître beaucoup à l'œil. Les dents sont très-fines, sur une rangée serrée, tronquées carrément, mais non échancrées. Du reste ses caractères sont les mêmes que dans les autres espèces.

D. 13/16; A. 2/13; C. 16; P. 19; V. 1/5.

Sa couleur est entièrement d'un brun noirâtre, et est demeurée telle dans la liqueur. Commerson ajoute qu'il a les iris des yeux d'un beau bleu. L'espèce arrive à peine, dit-il, à la taille d'une tanche médiocre.

Notre individu a quatre pouces.

Le POMACENTRE A RUBANS.

(*Pomacentrus fasciatus*, nob.)

Les côtes de Java produisent un pomacentre remarquable par les bandes verticales plus ou moins prononcées, qui nous l'ont fait nommer *fasciatus*.

Sa forme est à peu près celle du *tæniops;* son sous-orbitaire est aussi finement dentelé; son préopercule l'est assez fortement.

Les plus grands individus, longs de quatre pouces et plus, ont le dos brun noirâtre, et le dessous jaunâtre. Une bande fauve prend de la nuque, une autre au-dessus des pectorales, une troisième sous le commencement de la partie molle de la dorsale, et un vestige de quatrième derrière la fin de la dorsale, que suit une tache noire sur la queue. Il y a une petite tache noire dans le haut de l'ouverture des branchies, et l'on en voit de plus trois ou quatre autres entre l'angle de l'opercule et la pectorale. La dorsale participe aux bandes du dos, et sa dernière portion brune a dans son milieu une grande tache noire plus foncée. L'anale a du noirâtre à son angle postérieur. La caudale est peu échancrée.

D. 13/13; A. 2/13; C. 17; P. 18; V. 1/5.

Le POMACENTRE A TROIS TACHES.

(*Pomacentrus trimaculatus*, nob.)

Une espèce de pomacentre très-voisine de la précédente, que nous en avons même regardée long-temps comme une variété,

a le brun ou le noir de son dos réduit à trois taches rondes, dont une occupe la nuque au pied de la dorsale, l'autre est vers le milieu de la partie épineuse de la dorsale, et la troisième à sa base postérieure. Il y a de plus un petit bandeau noirâtre en travers du front, un peu au-dessus des yeux.

D. 13/13; A. 2/13, etc.

Ces caractères sont pris d'un individu de trois pouces, depuis long-temps à l'état sec au Cabinet du Roi. Un dessin envoyé de Batavia par MM. Kuhl et Van Hasselt, et fait sur un individu de près de sept pouces, nous apprend que le fond de la couleur est fauve, avec un trait vertical bleu sur chaque écaille, et de petites taches bleues sur la partie molle de la dorsale et de l'anale. La dorsale a au bord un fin liséré blanc.

Le POMACENTRE A TROIS LIGNES.

(*Pomacentrus trilineatus*, Ehrenb.)

Un pomacentre remarquable par son sous-orbitaire étroit, mais dont le bord a quatre ou cinq dentelures assez fortes, a été rapporté de la mer Rouge par M. Ehrenberg.

Son préopercule est aussi fortement dentelé.

D. 13/14 ou 13/13; A. 2/13, etc.

Il paraît noirâtre, avec trois points bleus sur chaque écaille. Sa caudale paraît avoir été jaunâtre, et blanchâtre au bout. Une petite tache ronde et noire, entourée de points bleus, est placée sur le dos de la queue immédiatement derrière la dorsale. Une ligne bleue règne de chaque côté depuis le sourcil jusque vers la nuque; et, d'après le dessin que M. Ehrenberg en a pris sur le frais, il y en a une de même couleur le long de la base de la dorsale, et une le long de son bord. La portion molle de cette nageoire est jaunâtre, et a un ocelle ovale noir et bordé de bleu sur sa moitié antérieure.

L'individu est long de quatre pouces.

Il y en a depuis long-temps au Cabinet du Roi un individu des Moluques, devenu fauve clair par l'action de la liqueur.

Le POMACENTRE PONCTUÉ.

(*Pomacentrus punctatus*, nob.)

On doit encore aux recherches faites à l'Isle-de-France par MM. Quoy et Gaimard, un pomacentre qu'ils ont représenté planche 64, fig. 1, et nommé *pomacentre ponctué.* Il se distingue fortement de tous les précédens par son sous-orbitaire, qui est plus haut qu'à aucun d'eux, et presque aussi haut que large, et de figure rhomboïdale. Tout le bord postérieur en est distinctement dentelé en scie. Presque toutes ses dents sont sensiblement échancrées.

D. 12/15; A. 2/13; C. 17; P. 17; V. 1/5.

C'est une grande et belle espèce, elle paraît d'un gris brun; toutes les parties de sa tête sont irrégulièrement semées de points bleuâtres, inégaux; mais sur le reste du corps il y a régulièrement un point au milieu de chaque écaille : il s'en porte aussi quelques-uns sur les bases de la dorsale et de l'anale; mais les autres nageoires n'en ont pas. Sous la fin de la dorsale est une tache ronde, noire, entourée du côté du corps d'un demi-cercle bleuâtre.

L'individu est long de près de cinq pouces.

MM. Lesson et Garnot ont rapporté la même espèce de Bolabola, mais en échantillons plus petits. Sur l'un d'eux l'ocelle est presque effacé.

C'est très-probablement cette espèce ou une espèce très-voisine que Forster a nommée *chœtodon lividus,* et dont la description est insérée sous ce nom dans le Système posthume de Bloch (p. 233, n.° 70).

On lui donne une seule série de dents, le sous-orbitaire et le préopercule dentelés, le corps ovale, la queue fourchue, les écailles larges, ciliées; la ligne latérale finissant avec la dorsale, et les nombres suivans de rayons.

B. 4; D. 12/15; A. 2/12; C. 18; P. 19; V. 1/5.

Sa couleur est plombée, avec des lignes de points blanchâtres du côté de la queue. Toutes ses nageoires sont brunes.

Forster l'avait observée dans la mer Pacifique.

Le POMACENTRE A FRONT PLAT, *ou* PETITE-JAQUETTE DE LA MARTINIQUE.

(*Pomacentrus planifrons*, nob.)

Les côtes orientales de l'Amérique possèdent aussi des pomacentres, et nous en avons un fort semblable au négrillon, envoyé par M. Plée de la Martinique, où on l'appelle vulgairement *petite-jaquette*.

Il a de grands rapports de forme avec le négrillon. Sa dorsale et son anale sont plus pointues. Son profil, depuis le museau jusqu'au crâne, est à peu près rectiligne, ce qui nous l'a fait nommer *pomacentrus planifrons*. La portion nue de sa queue est extrêmement courte.

D. 12/15; A. 2/13; C. 17, etc.

Dans la liqueur il est brun, avec une tache noire dans l'aisselle de la pectorale et un peu sur sa base, et une autre sur le dessus de la queue immédiatement derrière la dorsale. On aperçoit quelques taches plus pâles du côté de l'anale, au milieu de chaque écaille.

C'est un petit poisson qui ne passe pas trois pouces.

Il est peu estimé, et on l'abandonne aux Nègres. Il faut remarquer que ce nom de *jaquette* est aussi donné par nos colons à un glyphisodon, et qu'il avait déjà été appliqué ainsi dès le temps de Margrave par les Portugais.

Le POMACENTRE BRUN.

(*Pomacentrus fuscus*, nob.)

M. Delalande nous a rapporté du Brésil un pomacentre oblong et à front et nuque bombés comme au *fasciatus*, et qui lui ressemble en général plus qu'à aucun autre pour la forme ; mais qui paraît tout entier d'un brun uniforme, avec une teinte plombée au bord de chaque écaille. Ses dentelures sont très-fines au préopercule et au sous-orbitaire. Les angles de ses nageoires sont médiocrement aigus.

D. 12/15 ; A. 2/13 ; C. 15 ; P. 18 ; V. 1/5.

Notre individu est long de quatre pouces.

Cette espèce dans l'ordre naturel pourrait être placée près du *fasciatus*. C'est pour laisser ensemble les pomacentres américains que nous en parlons ici.

Le foie du pomacentre brun est petit, noir, et divisé en deux lobes égaux, triangulaires et pointus, situés en travers sous l'œsophage de chaque côté de l'estomac.

La vésicule du fiel est médiocre.

L'estomac est globuleux, assez renflé, mais peu alongé ; il est très-mince. Le pylore s'ouvre auprès du cardia. On trouve trois cœcums égaux entre eux ; un à droite, caché sous le foie, et les deux autres du côté opposé, cachés entre l'estomac et l'intestin.

L'intestin qui suit le pylore est assez large ; il se porte un peu en arrière de l'estomac, où il se courbe pour remonter presque à sa pointe : alors il se replie de nouveau, son diamètre devient très-petit ; arrivé auprès de l'anus, il remonte vers le diaphragme jusqu'auprès du pylore ; il se plie pour se replier encore dans l'anse formée par le pli du duodénum ; il remonte alors, passe au-dessus de l'avant-dernier repli, augmente de grosseur, et se rend droit à l'anus.

La rate est petite, alongée, noire, et cachée sous les appendices cœcales et les replis de l'intestin.

Les vésicules séminales étaient peu développées dans notre individu. La vessie natatoire est très-grande, à parois très-minces, grisâtres.

Les reins sont assez renflés vers l'anus, où ils se réunissent pour donner directement dans la vessie urinaire, qui est assez grande et fortement adhérente aux enveloppes des laitances, entre lesquelles elle est située.

Le péritoine est blanc rougeâtre, ponctué de noirâtre.

L'estomac était rempli de débris de polypier, que nous croyons être des sertulaires.

DES DASCYLLES.

Les *dascylles* ressemblent aux pomacentres, aux dents près, qui ne sont pas tranchantes et sur une seule rangée, mais sur une bande en velours ras, et celles du rang extérieur plus fortes, coniques et pointues.

Le DASCYLLE A LARGES BANDES.

(*Dascyllus aruanus*, nob.; *Chœtodon aruanus*, L.)

L'espèce sur laquelle nous établissons ce sous-genre, se voit communément dans presque toutes les collections d'histoire naturelle faites dans la mer des Indes. C'est un petit poisson remarquable par les larges bandes noires et blanches qui le colorent. J'en trouve une bonne figure dans le recueil manuscrit de Corneille de Vlaming, où il est nommé *jésuite*. Linnæus en a fait graver une dans son *Musæum Adolphi Frederici* (pl. 33, fig. 8), mais d'après un individu dont les nageoires étaient un peu usées. Il lui donne le nom de *chœtodon arcuatus*, qu'il a changé ensuite, dans son *Systema* (10.ᵉ et 12.ᵉ éd.), en celui de *chœtodon aruanus*, par où il a peut-être voulu indiquer que l'espèce vient des îles d'Aroé; mais en réalité on la trouve dans toute la mer des Indes et dans toutes les parties chaudes de la mer du Sud. Nous en avons de Bolabola, de Tongatabou, d'Oualan, de Guam, de la Nouvelle-Irlande; c'est de l'Isle-de France qu'il nous en est venu le plus. Forskal croit même l'avoir reconnu dans l'*abudafur* de la mer Rouge, et en effet M. Ehrenberg l'a rapporté de Massuah. M. Ruppel l'y a aussi observé.[1]

Bloch a figuré ce petit poisson (pl. 198, fig. 2); mais son individu avait la queue à moitié usée, ce qui lui a fait croire et dire, contre Linnæus et aussi contre la vérité, que la caudale n'est pas fourchue. Son article a servi de base à celui du *lutjan arauna* de M. de Lacépède (t. IV, p. 720). Bloch rapporte encore à cette espèce des figures de Renard (pl. 30, n.° 165), de Valentyn (n.° 491), de Seba (t. III, pl. 26, fig. 23) et de Klein (*Miss. IV,* pl. 11, fig. 3). Mais, quoiqu'elles puissent en partie avoir en effet été faites d'après notre poisson, aucune d'elles n'est parfaitement exacte ni propre à le faire reconnaître avec sûreté.

Sa forme haute et comprimée, son museau à peine sortant de la courbe circulaire du devant de son corps, ont pu le faire prendre pour un chétodon; mais ses dents ne sont pas celles de ce genre, et ne ressemblent pas non plus à celles des pomacentres, dont il a d'ailleurs plusieurs autres caractères : elles sont en velours ras sur une bande à chaque mâchoire, et celles du rang extérieur sont plus fortes, coniques, serrées et assez égales.

Sa hauteur n'est qu'une fois et demie dans sa longueur totale; et si l'on supprimait la queue, il paraîtrait presque circulaire. Le profil du front, du museau et de la gorge, forme en effet une courbe à peine anguleuse au museau; la bouche est peu fendue,

—————

1. C'est son *pomacentrus aruanus* (Voyage, poissons, p. 39).

un peu descendante en arrière, et ne se porte pas jusque sous
l'œil, qui est haut et assez grand. On ne voit pour la narine
qu'un petit trou rond; l'autre, s'il existe, est infiniment petit. Les
sous-orbitaires forment un cadre assez étroit et finement dentelé; le
préopercule est aussi finement dentelé tout autour; son angle est
arrondi; son bord postérieur rectiligne monte un peu obliquement
en arrière. L'opercule a vers le haut deux petites pointes peu saillantes. La partie inférieure de son bord est très-finement dentelée;
deux écailles du surscapulaire ont aussi des dentelures, mais il n'y
en a point au reste de l'épaule. Sur chaque ventrale est une écaille
pointue, et entre elles un groupe d'écailles dont la dernière est
triangulaire. La dorsale est assez haute, à peu près égale; sa partie
molle, qui forme une pointe, n'occupe pas en longueur le tiers de
l'épineuse. L'anale est aussi un peu en pointe, et la caudale fourchue et à lobes assez pointus.

B. 5; D. 12/12; A. 2/12; C. 15; P. 16; V. 1/5.

Toutes les parties de la tête, les mâchoires et la membrane branchiale exceptées, sont couvertes d'écailles : on n'en compte que
vingt-six depuis l'ouïe jusqu'aux petites de la base de la caudale,
et seulement quatorze ou quinze sur une ligne verticale : il y en
a entre les bases des épines et sur presque toutes les parties molles
de la dorsale et de l'anale. Celles du corps sont coupées un peu
obliquement, arrondies à leurs angles; la loupe seule aperçoit une
âpreté à peine sensible dans leur partie externe, et de très-petits cils
à leurs bords. Leur racine n'a que cinq crénelures et autant de
rayons en éventail. La ligne latérale placée au quart supérieur,
courbée comme le dos, finit avec la dorsale; mais il y en a une
autre portion droite sur le milieu de la queue, qui est cependant
beaucoup moins marquée que celle du dos.

La distribution du noir et du blanc sur ce petit poisson est
très-régulière. L'espace depuis la mâchoire inférieure jusques et
compris les trois premières épines de la dorsale est noir; mais
dans ce noir est entre les yeux une grande tache blanche, ronde,
allant d'un œil à l'autre. Le bord postérieur de ce premier noir

rase l'œil en arrière ; il monte obliquement en arrière. La seconde bande noire embrasse les ventrales, la base des pectorales, et monte moins obliquement que la première, jusqu'aux sixième, septième, huitième et neuvième épines dorsales, en sorte que la bande blanche qui est entre deux, est plus large dans le bas, et plus étroite dans le haut. La troisième bande noire est encore plus verticale; elle embrasse la partie molle de l'anale, celle de la dorsale, et tout l'espace intermédiaire. Un bord noir réunit les trois bandes dans le haut de la dorsale. Sa pointe postérieure est blanche, ainsi que la fin de la queue et toute la caudale.

Les petits individus ont les couleurs plus vives. Un noir pur, un blanc argenté y tranchent nettement l'un sur l'autre. Dans les grands, qui au reste ne passent guère trois pouces, il y a moins de pureté.

Nous en avons un où la caudale semble avoir du brun ou du noirâtre à la base, et qui pourrait justifier la quatrième bande que marquent les figures de Renard et la figure 9, pl. 11, de Klein.

D'après Valentyn (*Amb.*, t. III, p. 5o1, n.° 489), les nageoires seraient d'un jaune de citron et l'iris des yeux bleu. Nous n'avons pas d'autre autorité à citer sur ses couleurs dans l'état frais; car, par un hasard assez singulier, Commerson n'a pas décrit un poisson si commun à l'Isle-de-France.

Outre ce nom de *jésuite* dont nous avons parlé ci-dessus, les Hollandais d'Amboine lui donnent encore, selon Valentyn, celui de *pigeonneau varié* (*bont-duifje*), et selon Renard ils l'appellent *bourguignon* (*bourgonjese*).

Les viscères de ce poisson ressemblent beaucoup à ceux des glyphisodons.

Le foie est petit, presque entièrement placé du côté gauche. La vésicule du fiel est assez grande et blanche.

L'estomac est ovoïde, arrondi en arrière. Il y a trois cœcums au pylore : l'un des trois, qui est caché sous le bord du foie, est très-petit[1]; les deux autres sont presque aussi longs que l'estomac, et cachés entre lui et les replis de l'intestin. Le canal intestinal est mince et fait cinq replis avant de se rendre à l'anus.

La vessie natatoire est très-mince, et occupe les deux tiers postérieurs de la cavité abdominale, se portant même un peu de chaque côté des vertèbres de la queue. Le péritoine est noir assez foncé.

L'estomac était rempli de matières animales, difficiles à reconnaître dans leurs espèces.

Son squelette a douze vertèbres abdominales et treize caudales, trois interépineux sans rayons avant la dorsale.

Le DASCYLLE A NAGEOIRES BORDÉES.

(*Dascyllus marginatus,* Ehrenb.; *Pomacentrus marginatus,*
Ruppel.)

La mer Rouge produit encore un petit dascylle, que M. Ehrenberg en a rapporté,

et qui est bleuâtre, avec le bord des écailles jaune, ce qui le fait paraître jaune tacheté de bleu ; le devant est plus uniformément brun verdâtre. Une large bande noire occupe le bord de la partie épineuse de sa dorsale ; la portion molle a une partie de son bord supérieur noire, et l'anale tout son bord antérieur. Sa queue et sa caudale sont bleuâtres, ainsi que la pectorale, qui a sur sa base une bande noirâtre. Les ventrales sont noirâtres et terminées en filet. Il est un peu plus haut et par conséquent plus arrondi que l'espèce commune. Son opercule n'a pas de dentelure sensible.

D. 12/14 ; A. 2/12, etc.

Les Arabes de Massuah nomment ce petit poisson *saffé*.

---

1. Ce qui a empêché M. Ruppel de le voir. Il n'en compte que deux.

Tout nous fait croire que c'est le *pomacentrus margina-*
tus de M. Ruppel (Poiss., pl. 8, fig. 2). Forme, grandeur,
couleurs, tout en est semblable, excepté le nombre des
rayons mous de la dorsale, dont M. Ruppel ne compte
que dix.

Ce voyageur a observé dans ce pomacentre un estomac obtus,
musculeux; deux appendices pyloriques, un intestin une fois et
demie aussi long que le corps, et une vessie membraneuse, qui
donne un lobe obtus de chaque côté des vertèbres caudales.

L'espèce est abondante au printemps à Massuah parmi
les coraux. [1]

Le DASCYLLE A TROIS TACHES.

(*Dascyllus trimaculatus*, nob.; *Pomacentrus trimaculatus*,
Ruppel.)

C'est ici qu'il faut très-probablement placer le pomacentre à trois taches, observé à Massuah par M. Ruppel
(Poiss., pl. 8, fig. 3).

Ses formes et les détails de ses caractères sont les mêmes que
dans le précédent; mais sa taille est bien plus considérable, et
il est entièrement d'un gris noir, avec trois taches blanches seulement, une au-devant de la dorsale, et une de chaque côté sur
la ligne latérale, vis-à-vis la septième et la huitième épine du dos.
Sa caudale est un peu en croissant.

Ce poisson est long de quatre à cinq pouces.

D. 12/15; A. 2/14, etc.

M. Ruppel décrit ses viscères comme semblables à ceux de notre
première espèce, et il lui a reconnu ses trois cœcums.

---

1. Ruppel, *loc. cit.*, p. 38.

CHAPITRE XVII.

Des Glyphisodons, des Étroples et des Héliases.

DES GLYPHISODONS.

Forskal avait annoncé la nécessité de séparer ce genre de celui des chétodons, et indiqué ses caractères[1]. M. de Lacépède l'a admis et lui a donné un nom; mais il l'a fort mal connu. Il n'y a placé que deux espèces, dont il avait été dit expressément par les auteurs que leurs dents étaient échancrées[2] (le *chœtodon saxatilis* de Linnæus, et le *chœtodon maculatus* de Bloch); et il en a laissé plusieurs autres (les *chœtodon sordidus, marginatus, Mauritii, bengalensis, suratensis*) dans le genre des chétodons, probablement parce qu'il n'est pas fait mention de ce caractère dans les descriptions qu'il avait consultées. Ce qui n'est pas moins singulier, c'est que, trouvant dans les papiers de Commerson et de Plumier des figures de vrais glyphisodons, et d'espèces déjà comprises en partie parmi celles que nous venons de citer, il les a données comme des espèces nouvelles de chétodons ou même de labres; enfin, il a adopté sans discussion et avec toutes ses conséquences l'accumulation de synonymes attribués par Bloch à l'un de ces poissons (le *chœtodon saxatilis*), et même c'est d'un de ces faux synonymes qu'il a tiré le nom

---

1. Forskal, p. 59, *b, abu-def-duf.* Le poisson qu'il citait ainsi pour exemple est précisément le *chœtodon* ou plutôt le *glyphisodon sordidus.*

2. Le nom vient de γλυφις, échancrure, et d'ὀδος, dent.

de *moucharra*, qu'il lui donne ; car *moucharra,* quoi qu'en ait dit Bloch, n'est proprement que le nom basque d'un sargue[1] ; il a été transporté par les Espagnols d'Amérique à des gerres[2] ; mais il n'appartient point à des glyphisodons : c'est un mot qui littéralement signifie *fer de lance.*

Bloch, sous cette première espèce du *chœtodon saxatilis*[3] de Linnæus, rangeait le *pilote* de Renard[4], le *gat* de Forskal[5] et le *jaguacaguare* de Margrave[6], d'où il concluait que l'espèce habite la mer des Indes, celle d'Arabie et celle du Brésil, et M. de Lacépède répète la même chose ; mais alors on ne voit pas pourquoi ils n'en ont pas fait aussi un poisson d'Europe, car le *moucharra* de Duhamel, qu'ils mettent dans la même synonymie, est bien certainement du golfe de Gascogne.[7]

Ce qui est vrai, c'est qu'il y a des glyphisodons dans les deux océans, mais que ce ne sont pas les mêmes ; malgré les rapports de forme et de couleurs de quelquesunes de leurs espèces, elles se distinguent par d'autres caractères. C'est surtout dans la mer des Indes qu'ils sont nombreux. Commerson seul y en avait recueilli cinq, et en avait fait dessiner trois ; mais il n'en a laissé dans ses manuscrits aucune description.

Tous ces poissons se ressemblent beaucoup entre eux, et ne ressemblent guère moins aux pomacentres, dont ils ne se distinguent presque que par leur préopercule non

---

1. Voyez Duhamel, Pêches, 2.ᵉ part., sect. 5, p. 121, et pl. 11, fig. 3.

2. Notre *gerres moxarra.* Voyez De Humboldt, *Observ. zool.,* t. II, p. 185.

3. Bloch, 6.ᵉ part., p. 71. — 4. Renard, 1.ʳᵉ part., pl. 33, fig. 176. — 5. P. 62, n.° 87. — 6. *Bras.,* p. 156. Pison, p. 68.

7. Il avait été envoyé à Duhamel de Saint-Jean-de-Luz. Ce nom de *mocharra* ou *moxarra* ne se trouve cependant point dans l'ouvrage de Cornide sur les poissons de Gallice.

dentelé. Ils ont le corps comprimé, ovale, couvert, ainsi
que la tête, de grandes écailles; le profil arrondi; la bouche
petite; des dents aux mâchoires seulement, sur une seule
rangée, serrées, égales, étroites, à bout tranchant et le
plus souvent échancré; l'opercule et le préopercule sans
dentelure; la ligne latérale finissant sous la fin de la dorsale; la membrane de la dorsale formant un lambeau derrière chaque aiguillon : ils s'accordent même ordinairement
dans les nombres de leurs rayons, surtout des épineux,
dont il y a presque toujours treize à la dorsale et deux
à l'anale, comme dans beaucoup de pomacentres. Il n'est
pas, enfin, jusqu'à la distribution des couleurs, qui ne se
ressemble dans plusieurs espèces : elles y sont disposées par
larges bandes verticales, alternativement claires et foncées,
à peu près comme dans les sargues. Les petites espèces,
qui se rapprochent davantage des pomacentres par leurs
formes plus oblongues, leur ressemblent aussi davantage
par des couleurs plus vives.

On a peu de détails sur l'histoire de ces poissons. Il
paraît qu'ils se tiennent parmi les rochers, surtout parmi
les récifs de corail, ce qui leur a fait donner dans nos
colonies le nom de *chauffe-soleil*. On les mange, mais on
ne voit pas qu'ils soient très-recherchés.

Le GLYPHISODON SAXATILE.

(*Glyphisodon saxatilis*, Lacép.[1])

Nous décrirons d'abord l'espèce la plus commune en
Amérique, celle qui y a été observée par Margrave et par

---

1 *Jaguacaguare*, Marg. ; *Chœtodon saxatilis*, Linn.; *Chœtodon marginatus* et
Chœtodon Mauritii, Bl. et Lac.; *Chétodon sargoïde*, Lacép.

Plumier, et qui comprend, selon nous, les *chætodon marginatus* et *Mauritii* de Bloch, et le *chétodon sargoïde* de M. de Lacépède.

C'est un des poissons que Linnæus a englobés sous son espèce du *chætodon saxatilis,* et même il paraît que c'est le seul qu'il ait voulu y laisser, puisque, dans sa douzième édition, il fixe son habitation au Brésil, et ne lui reconnaît pour synonyme originaire que le *jaguacaguare* de Margrave[1] et de Pison[2]. Malheureusement la figure qu'il en a donnée[3], et les caractères qu'il lui a assignés, ne sont pas assez précis pour en éloigner les espèces orientales que nous décrirons après celle-ci, ou plutôt il a hésité lui-même pendant quelque temps à distinguer des poissons si semblables; et voilà pourquoi, dans sa dixième édition, il regardait ce *chætodon saxatilis* comme un poisson des Indes; voilà pourquoi il assigne à cette espèce dans un endroit treize[4], dans un autre quatorze épines dorsales.[5]

C'est probablement parce qu'ils n'avaient que la dixième édition que Forskal a cru retrouver le *chætodon saxatilis* dans un poisson de la mer Rouge et Osbeck dans un autre des côtes de Java. Ce doute ne pouvait plus subsister après la douzième édition, où Linnæus déclare son espèce américaine. Et cependant Bloch non-seulement réunit le poisson de Forskal à celui de Margrave (6.ᵉ part., p. 71), mais il en présente lui-même un différent, auquel il attribue même trois aiguillons à l'anale (pl. 206, fig. 2), quoique ni Linnæus ni Forskal n'eussent varié à cet égard, et en eussent toujours marqué deux. Ce qui est encore plus

---

1. *Bras.*, p. 156. — 2. *Ind.*, p. 68. — 3. *Mus. Adolph. Fred.*, pl. 27, fig. 3. — 4. *Amœn. acad.*, t. I, p. 312. — 5. *Mus. Ad. Fred.*, p. 64, n.° 37.

extraordinaire, il leur associe le *moucharra* du golfe de Gascogne[1], qui est un sargue; et toutefois on serait encore heureux s'il n'eût fait que ces fautes, qu'un naturaliste attentif aurait aisément relevées; mais il en a commis d'autres, qui n'ont pu être reconnues qu'en remontant à des sources inédites, dont peu de personnes disposent. Voyant dans le recueil des peintures laissé par le prince Maurice une figure, qui est probablement celle qui a servi d'original au graveur de Margrave, et sans faire attention qu'elle portait ce même nom de *jaguacaguare,* il la donne, en l'altérant encore un peu (pl. 213, fig. 1), comme une espèce distincte, sous le nom de *chætodon Mauritii.* Trouvant ensuite dans les manuscrits de Plumier un dessin plus correct de ce poisson, il en fait une troisième espèce (pl. 207), et la nomme *chætodon marginatus.* Vient alors M. de Lacépède qui adopte ces espèces factices, et qui, trouvant dans les peintures sur vélin d'Aubriet une copie de ce même dessin de Plumier[2], en fait une quatrième espèce, et l'appelle *chétodon sargoïde.*

Voilà donc une espèce quadruplée; la voilà placée à la fois aux Indes et au Brésil; la voilà confondue avec un poisson d'un autre genre et qui est d'Europe, et tout cela faute d'avoir observé les plus simples règles de la critique. C'est ainsi que l'ichtyologie a été si malheureusement embrouillée dans ces derniers temps, et que nous avons tant

---

1. Duhamel, Pêches, sect. 5, p. 121, pl. 11, fig. 1.

2. Il paraît que Plumier changeait quelquefois ses phrases lorsqu'il recopiait ses dessins. Celui-ci est étiqueté sur l'original de la Bibliothèque du Roi : SARGUS *fasciatus, pinnulis acutioribus et cauda lunata;* sur le manuscrit de Bloch : SESERINUS *fasciatus, cauda falcinulata,* et sur le vélin d'Aubriet : SARGUS *subrotundus et fasciatus;* mais l'identité du dessin n'en est pas moins évidente, même dans les mauvaises gravures que l'on en a faites.

de peine à nous démêler dans la confusion que l'on y a introduite.

Le *jaguacaguare*, le *glyphisodon d'Amérique*, le *chœtodon saxatilis* enfin, a été nommé *jaqueta* ou *jaquette* par les Portugais du Brésil, parce qu'ils trouvaient quelque rapport entre ses couleurs et celles du vêtement de leurs Nègres[1]. Ce nom se conserve encore à la Martinique, selon M. Plée; mais on l'y donne en même temps à un pomacentre, et notre glyphisodon y porte aussi, en commun avec une espèce d'un genre très-voisin, celui de *chauffe-soleil.* A la Guadeloupe, du temps du père Plumier, on appelait notre espèce actuelle *railée* (sans doute par corruption de *rayée*). Je vois par l'étiquette d'un dessin de M. Lerminier qu'aujourd'hui on lui donne le nom de *portugaise,* qui appartient proprement à des chétodons. A Saint-Domingue on la nomme *demoiselle,* aussi comme beaucoup de chétodons.

Cette espèce n'est pas confinée aux côtes de l'Amérique. Nous en avons reçu par MM. Quoy et Gaimard, des îles du cap Vert en 1827, et de l'Ascension en 1829, des individus qu'il est impossible de distinguer de ceux des Antilles et du Brésil.

Margrave dit qu'elle se mange, et Pison, que c'est seulement le peuple qui s'en nourrit. A Saint-Domingue, selon M. Ricord, elle n'est mangée que par les Nègres pauvres. C'est tout ce que l'on sait de son histoire.

Sa forme est comprimée et ovale. La courbe de son dos et celle de son ventre sont à peu près également convexes. Sa plus grande hauteur, au milieu du tronc, est deux fois et un quart dans sa lon-

---

1. Margrave, *loc. cit.*

gueur, la caudale comprise, et, en ne comptant pas cette nageoire,
elle y est une fois et un tiers. Son épaisseur est trois fois et demie
dans la hauteur. La courbe du dos se continue en descendant avec
celle du profil, et ce n'est que près de la bouche qu'elle devient
un peu concave, en sorte que la mâchoire supérieure se relève
un peu. La longueur de la tête est quatre fois et demie dans la
longueur totale; sa hauteur est un peu supérieure à sa longueur.
L'œil est tout entier dans la moitié supérieure et dans la moitié
antérieure; son diamètre est à peu près du tiers de la longueur de
la tête. La bouche est au bout du museau, et fort petite; car sa fente
ne prend pas moitié de l'espace au-devant de l'œil. Chaque mâchoire a une rangée de trente-six à quarante dents environ, serrées,
égales, étroites, terminées en biseau; celles d'en bas sont légèrement échancrées. Il n'y en a ni au palais ni sur la langue, qui est
petite, plate et reculée dans le fond de la bouche. Le sous-orbitaire
est peu élevé, et s'étend sous l'œil comme une bande assez étroite.
Sa surface est veinée. Je n'ai pu apercevoir, même à la loupe, qu'un
seul orifice à la narine; il est petit, rond, et a ses bords un peu
saillans. Le bord postérieur du préopercule monte un peu obliquement en arrière et est rectiligne, mais son angle est arrondi;
son limbe est fort étroit. L'opercule a en hauteur le double de sa
longueur. Sa partie osseuse, légèrement échancrée vers le haut par
un arc rentrant, y fait deux angles saillans peu marqués. La fente
des ouïes ne va que jusqu'au-dessous de l'œil, où les membranes
de chaque côté s'unissent et embrassent l'isthme en dessous : il y
a six rayons à chacune. L'épaule n'a pas d'armure particulière. La
pectorale, attachée un peu obliquement au-dessous du milieu de
la hauteur, a le quart de la longueur totale; elle est coupée en
demi-ovale, et a dix-huit rayons. Les cinq ou six qui suivent le
premier sont les plus longs.

B. 6; D. 13/13; A. 2/12; C. 15; P. 18; V. 1/5.

Les ventrales s'attachent près l'une de l'autre vis-à-vis le bas de
l'attache des pectorales; elles ont un cinquième de moins en longueur, et leur premier rayon mou leur forme une pointe assez

aiguë. L'épine n'a que moitié de la longueur de ce rayon. Il y a une pièce écailleuse au-dessus de leur base, et une entre elles. La dorsale commence au-dessus de la naissance de la pectorale; elle a treize aiguillons assez forts, dont le plus long n'a guère que le sixième de la hauteur; et treize rayons mous, dont le quatrième, le cinquième et le sixième sont les plus longs et forment un angle saillant. Sa longueur est un peu moins de moitié de celle du poisson, et les rayons mous n'y tiennent que moitié de la place des épineux. L'anale répond à la moitié postérieure de la dorsale, forme un angle à peu près également saillant, et a deux forts aiguillons et douze rayons mous. Le premier aiguillon n'a que le tiers de la longueur du second. La caudale est fourchue; son lobe supérieur, un peu plus long que l'autre, a sa longueur comprise trois fois et demie dans la longueur totale. Ses rayons entiers ne sont qu'au nombre de quinze. La portion de queue sans nageoire n'a que le onzième du corps en longueur; sa hauteur est du septième. Il ne manque d'écailles qu'aux lèvres, sur le bout du museau et au sous-orbitaire; tout le reste de la tête et du corps en est couvert, et il y en a de petites sur les bases des nageoires verticales, qui s'étendent en partie entre leurs rayons. On en compte trente ou trente-une depuis l'ouïe jusqu'aux petites de la base de la caudale, et quinze sur une ligne verticale; elles sont plus larges que longues : leur partie visible est demi-circulaire et se montre à la loupe finement pointillée et ciliée; leur partie cachée est coupée carrément, et son éventail a sept ou huit rayons terminés par autant de crénelures rondes. La ligne latérale est parallèle au dos, un peu au-dessous du quart supérieur de la hauteur; elle se marque par un petit arbuscule sur chaque écaille, et va se terminer sous le bord postérieur de la dorsale.

Séché ou conservé depuis long-temps dans la liqueur, comme on le voit dans les cabinets, ce poisson paraît d'un gris jaunâtre, avec cinq bandes verticales noirâtres, larges, qui s'effacent vers le ventre. La première prend naissance de la dorsale et descend vers la pectorale; la seconde répond au dessus du milieu des ventrales; la troisième au dessus de la naissance de l'anale; la quatrième au dessus de son milieu ; la cinquième prend de la fin de la dorsale à celle de l'anale : il y en a quelquefois un vestige de sixième sur la naissance de la caudale. Une petite tache noire marque le haut de l'aisselle de la pectorale. Enfin, les nageoires verticales ont leur bord noirâtre, étroit, qui s'élargit et se montre mieux à leurs pointes.

D'après la figure de Plumier, le poisson frais est plus beau. Le fond de sa couleur est argenté, avec des reflets dorés vers le dos et bleus vers la tête. Le fond de la couleur des nageoires est bleuâtre.

C'est aussi ce qu'annonce la description de Margrave, et un individu qui nous a été apporté dans un grand état de fraîcheur par M. Achard, répond en effet à ces indications.

Nos individus ont de six à huit pouces de longueur. Ni le texte de Margrave ni la figure de Plumier n'en donnent davantage aux leurs.

La cavité abdominale de ce glyphisodon est très-haute, peu large, et rétrécie antérieurement, à cause de la grande obliquité du diaphragme, qui descend de l'insertion de l'œsophage jusque sur les ventrales.

Le foie, qui s'appuie sur le diaphragme, est donc lui-même situé très-obliquement dans le ventre. Ses deux lobes sont petits ; le lobe droit l'est surtout beaucoup plus que le gauche.

L'œsophage est très-court.

Le cardia est marqué par un fort étranglement.

L'estomac est un vaste sac à parois minces, qui occupe presque toute la longueur de l'abdomen. Le pylore s'ouvre à la partie antérieure de l'estomac, un peu au-dessous du cardia. Il y a trois appendices cœcales longues, coniques et grosses à leur base, et se terminant en une pointe fort aiguë. Une d'elles longe la face dorsale de l'estomac ; les deux autres suivent la face opposée.

L'intestin est gros presque également dans toute sa longueur ; il fait plusieurs replis avant de se rendre à l'anus.

Les sacs à ovaires, dans l'individu que nous avons disséqué, étaient petits et rejetés vers l'arrière de l'abdomen, d'où ils descendent presque verticalement pour déboucher derrière l'anus.

La vessie aérienne est grande, simple, très-mince, non fourchue.

Les reins sont gros, et occupent seulement la région supérieure de l'abdomen.

La crête mitoyenne du crâne est très-élevée dans le squelette, et les deux crêtes intermédiaires viennent se joindre en avant à sa base. Entre cette crête et le premier interépineux de la dorsale il y a trois interépineux sans rayons. Les vertèbres sont au nombre de vingt-six, dont les onze premières appartiennent à l'abdomen, et les trois dernières s'unissent pour former l'éventail qui porte la caudale. Les côtes sont grandes et ont chacune une appendice à leur base. La douzième vertèbre, qui est la première caudale, a une apophyse descendante, élargie de droite à gauche, à laquelle est suspendu un très-fort interépineux, qui grossit vers le bas, où il a de chaque côté un fort sillon, et qui porte les deux épines anales. Le trou du cubital est fort petit; celui du radial l'est moins. Le coracoïdien descend fort bas, et est plat et pointu. Les os du bassin forment un triangle isoscèle, deux fois et demie plus long que large.

Il y a dans la mer des Indes plusieurs glyphisodons à bandes verticales et à deux épines à l'anale, très-difficiles à distinguer du *glyphisodon saxatilis* de Linnæus. Nous allons les décrire successivement, après quoi nous essayerons d'en fixer la nomenclature.

Le GLYPHISODON RAHTI.

(*Glyphisodon rahti,* nob.[1])

Le premier de ces glyphisodons à bandes les a aussi
au nombre de cinq, mais un peu autrement placées que
dans le *saxatilis*.

La quatrième prend de la deuxième moitié de la partie molle de
la dorsale, et va jusqu'à l'anale, et la cinquième est au bout de la
partie nue de la queue. Ses nombres sont les mêmes que dans l'espèce
d'Amérique, et il lui ressemble par la forme autant qu'il est possible, seulement le sous-orbitaire, étroit dans l'un et dans l'autre, se
rétrécit à proportion davantage en arrière dans l'espèce des Indes.

Nous avions ce poisson de l'ancienne collection du
Stadhouder. M. Ehrenberg l'a rapporté de la mer Rouge,
et MM. Quoy et Gaimard de Java, de Célèbes et de la
Nouvelle-Guinée. C'est probablement aussi l'espèce que
M. Ruppel indique (atlas, poissons, p. 35) sous le nom de
saxatilis, et qu'il dit se nommer *get* à Mohila, comme le
glyphisodon sordidus.

Le GLYPHISODON DE WAIGIOU.

(*Glyphisodon waigiensis,* nob.[2])

Le deuxième est beaucoup plus comprimé, et a le museau plus
court ; sa tête étant d'un quart plus haute que large. Il est aussi
plus court dans sa totalité. Ses bandes sont placées de manière que
la quatrième prend du milieu de la partie molle de la dorsale, et
que la cinquième est sur le milieu de la partie nue de la queue.

MM. Quoy et Gaimard en ont rapporté quelques indi-

---

1. *Rahti-pota*, Russ.? fig. 86.
2. Quoy et Gaimard, zoologie du Voyage de Freycinet, p. 391.

vidus des îles de Waigiou et de Rauwak, et ont décrit l'espèce dans le Voyage de M. Freycinet (partie zoologique, p. 391) sous le même nom que nous. Le plus grand de ces individus n'a que trois pouces et quelques lignes.

Le GLYPHISODON ABDOMINAL.

(*Glyphisodon abdominalis*, nob.[1])

Le troisième est facile à distinguer de tous les autres, parce qu'il a la tête plus longue que haute, et le profil concave dès l'entre-deux des yeux. Ses bandes sont placées de manière que la quatrième prend de la fin de la partie épineuse de la dorsale, et la cinquième de la fin de la partie molle, comme dans l'espèce d'Amérique, avec laquelle d'ailleurs la forme de sa tête empêche de le confondre. Il nous a semblé que ses ventrales sont un peu plus en arrière que dans les autres espèces.

C'est ce qui nous a engagés à lui donner l'épithète d'*abdominalis*.

Nous le devons aussi à MM. Quoy et Gaimard, qui l'ont rapporté des îles Sandwich, et qui en ont inséré la description dans le Voyage de Freycinet (partie zoologique, p. 390). Ils lui ont conservé le même nom spécifique.

Le GLYPHISODON DU BENGALE.

(*Glyphisodon bengalensis,* nob.[2])

Nous avons trouvé le quatrième parmi les poissons secs de Commerson, et il nous a été facile d'y reconnaître l'ori-

---

1. Quoy et Gaimard, zoologie du Voyage de Freycinet, p. 390.
2. *Chætodon bengalensis*, Bl., pl. 213, fig. 2? *Chætodon saxatilis*, Forsk.? p. 62, n.° 87; *Labre macrogastère*, Lacép., t. III, pl. 19, fig. 5.

ginal d'une figure qui est parmi ses dessins, et que M. de Lacépède a fait graver (t. III, pl. 19, fig. 3) sous le nom de *labre macrogastère.*

La comparaison la plus soignée que j'en aie pu faire avec l'espèce d'Amérique, ne m'a donné que des différences bien légères, et dont quelques-unes ne sont peut-être pas constantes.

Son sous-orbitaire est plus haut, et cette circonstance le distingue aussi des deux précédens; son préopercule, pour la partie de la joue, l'est un peu moins. Il y a une bande de plus, c'est-à-dire qu'on en voit une venant de la nuque, quatre des différens points de la dorsale, et la sixième en arrière de la dorsale, mais tout près de son bord postérieur. Quelques-unes des écailles disposées autour de la nuque ont leur disque plus brillant et plus brun que les autres; ce qui y forme comme un demi-collier. Le bord de la dorsale est noir.

MM. Quoy et Gaimard viennent d'en rapporter de beaux échantillons de l'île de Vanicolo.

Ces quatre poissons paraissent aujourd'hui tous plus ou moins grisâtres ou verdâtres, et ont des bandes plus ou moins brunâtres ou noirâtres, suivant l'état plus ou moins parfait de conservation où ils se trouvent[1]; ils ont tous les mêmes nombres de rayons,

D. 13/13; A. 2/11, etc.,

si ce n'est que quelquefois dans la même espèce il y a un rayon mou de plus à la dorsale et à l'anale.

D. 13/14; A. 2/12.

C'est parmi ces différens glyphisodons verdâtres et à

---

1. M. Ehrenberg, qui a dessiné sur le frais l'espèce de la mer Rouge, nous apprend qu'elle a le corps argenté, teint de bleuâtre sur les flancs et de verdâtre sur le dos, et les bandes noires. Ces teintes doivent se retrouver, à peu de chose près, dans les espèces du même groupe.

bandes qu'il faut chercher le *chœtodon saxatilis* ou le *gat* de Forskal (p. 62 , n.° 87), celui de Bloch (pl. 206, fig. 2), le *chœtodon bengalensis* de Bloch (pl. 213, fig. 2), et le *rahti-pota* de Russel (n.° 86); mais il n'est pas facile de rapporter ces noms aux espèces précises que ces auteurs ont observées.

Le *chœtodon bengalensis* a les bandes placées à peu près comme dans notre troisième espèce, mais sa tête est toute différente, et au total il nous paraît ressembler davantage à la quatrième. On ne nous dit pas comment sont disposées celles du *gat;* mais la figure du *rahti* les montre à peu près comme dans notre première espèce des Indes. Il est certain d'ailleurs que cette première espèce a été rapportée de la mer Rouge par M. Ehrenberg, et par conséquent on peut croire que c'est le *gat* ou le *chœtodon saxatilis* de Forskal. Nous nous sommes assurés que c'est aussi le *chœtodon saxatilis* de Bloch, et cela par une comparaison immédiate de son individu avec les nôtres. Sa figure nous a long-temps induits en erreur, parce qu'il y donne trois épines à l'anale; mais c'est bien certainement une faute, occasionée sans doute parce que le premier rayon mou, rompu à son extrémité, aura été regardé par le dessinateur comme une épine.

Bloch, dans son *Systema* (p. 232), le dit des eaux douces de Surinam, mais sans doute parce qu'il l'aura confondu avec l'espèce d'Amérique. Il se fait ensuite, comme son éditeur Schneider, beaucoup de difficultés sur l'identité du *chœtodon saxatilis* de Linnæus avec le *sparus fasciis quinque transversis*, etc., de Gronovius [1]. Mais ces

---

1. *Mus. icht.*, p. 37, n.° 89, et *Zoophyl.*, t. I, p. 64, n.° 222.

difficultés ne viennent que de ce que Gronovius n'a pas
aperçu l'échancrure des dents. Pour tout le reste, sa description est bien celle d'un glyphisodon; mais, comme
on s'y attend bien, on ne peut deviner parmi toutes ces
espèces à bandes celle qu'il a eue particulièrement sous
les yeux.

Je pense même que c'est ici qu'il faut chercher le *chætodon rotundus* de Linnæus, qui traîne depuis long-temps
dans les systèmes sans que l'on ait deviné ce que c'est. Il
le décrit dans le Muséum d'Adolphe-Fréderic (p. 64), et
sa description est très-conforme à ce que nous voyons
dans nos glyphisodons; mais il dit : *Pinna dorsi radiis* 26,
quorum 23 *priores spinosi*, et ces nombres sont marqués
en chiffres. Les dixième et douzième éditions du *Systema
naturæ*, et Gmelin (p. 1254, n.° 22), ont copié 23, et M. de
Lacépède aussi[1]. Or, qui a jamais vu un chétodon, et
même un poisson quelconque, avec vingt-trois aiguillons et seulement trois rayons mous? C'est que c'est une
faute d'impression. Mettez 13 au lieu de 23, et tout s'ar-
range : on a D. 13/13; A. 2/12, etc.; tous nombres de glyphisodons. On s'explique même ainsi comment Linnæus a
pu le croire à la fois d'Amérique et des Indes. Peu de
poissons se ressemblent autant que ceux-ci dans les deux
océans.

Bloch n'a pas admis ce *chætodon rotundus* dans son
Système posthume, et Shaw n'en parle que comme d'une
espèce peu connue.

Quant au *chætodon saxatilis* d'Osbeck (n.° 273), c'est
tout autre chose. Ce qu'il dit de ses couleurs et des nom-

---

1. *Chétodon rondelle,* Lacépède, t. **IV**, p. 452 et 471.

5.　　　　　　　　　　　　　44

bres de ses rayons (D. 13/26; A. 5/20, etc.) annonce un chétodon proprement dit voisin du *vagabundus* ou du *decussatus*. C'est sans aucune apparence que Linnæus et ses copistes le rapportent à l'*holacanthe ciliaire*.

Forskal dit de son *gat*, que sur les côtes d'Arabie il n'est pas commun, et qu'il se tient dans la profondeur entre les roches de corail. M. Ehrenberg l'a entendu appeler *saffe* par les Arabes de Massuah. Commerson ne dit point où il a pris ses individus, et n'a même laissé aucune note à leur égard; mais d'après ce que nous apprennent les collections de MM. Quoy et Gaimard, on trouve de ces poissons dans les parties les plus diverses de l'archipel des Indes. Ils doivent être rares à la côte de Coromandel, car nous n'en avons reçu ni de M. Sonnerat ni de M. Leschenault; mais cela tient probablement à la nature sablonneuse de cette côte.

Le GLYPHISODON A SEPT BANDES.

(*Glyphisodon septemfasciatus*, nob.)

Il y a aussi à l'Isle-de-France un glyphisodon à sept bandes verticales, que MM. Quoy et Gaimard viennent d'en rapporter.

Ces bandes, qui forment son principal caractère, sont grises, et le fond de la couleur est d'un vert pâle. La première est sur la nuque, et va au préopercule; la seconde part de devant la dorsale, et descend vers l'orifice des ouïes; les quatre suivantes partent de différens points de la dorsale; la septième est sur la queue, immédiatement après la dorsale. La dorsale a un bord noir à sa partie épineuse. La caudale est toute très-pâle : il y a une petite tache noire à l'aisselle de la pectorale en dessus. Le sous-orbitaire est un peu plus haut que celui du rahti, sans l'être autant qu'au *ben-galensis.*

D. 13/13 ; A. 2/12, etc.

Nos individus n'ont que trois pouces et trois pouces et demi.

Le Glyphisodon bleu-céleste.

(*Glyphisodon cœlestinus*, Solander.[1])

Une sixième espèce de la mer des Indes est plus facile à distinguer par le noir qui teint le bord supérieur et le bord inférieur de sa caudale. Nous l'avons aussi trouvée parmi les poissons secs de Commerson, et il ne nous a pas été difficile de la reconnaître dans le dessin du même naturaliste que M. de Lacépède a fait graver (t. III, pl. 19, n.° 2) sous le nom de *labre six-bandes,* quoiqu'il n'y en ait que cinq. Nous en trouvons aussi un dessin dans le recueil de Parkinson à la Bibliothèque de Banks, où il est appelé *chætodon cœlestinus,* et il y en a sous le même nom une très-bonne description dans les papiers de Solander; enfin, c'est, à n'en pas douter, sa figure qui est dans Renard (pl. 33, fig. 176) et, moins bien, dans Valentyn (n.° 75).

Bloch rapporte ces figures à son *chætodon saxatilis,* et y joint le n.° 177 de Renard, et les n.°ˢ 492 et 493 de Valentyn; mais le n.° 177 de Renard est une sériole, et les deux figures de Valentyn sont de vrais chétodons.

L'original du n.° 176 de Renard porte dans le recueil de Corneille de Vlaming (n.° 61) le nom d'*ikan-sian,* que Valentyn écrit *ikan-siam,* ce qui le lui fait traduire

---

1. *Labre six-bandes*, Lacépède, t. III, pl. 19, fig. 2 ; *Lootsmannetje,* Renard, t. I, pl. 33, n.° 176; *Ikan-siam,* Valentyn, n.° 75.

poisson de Siam. Renard le confond avec le *pilote,* apparemment à cause de la ressemblance des couleurs, et faute de faire attention à la grande différence des formes. A cet égard il ressemble au précédent, si ce n'est

qu'il paraît un peu plus oblong, et qu'il a les dents encore plus fines et au nombre de plus de cinquante à chaque mâchoire. Ses nombres de rayons sont les mêmes qu'aux autres.

D. 13/13 ; A. 2/13, etc.

Il a une bande verticale venant de la nuque, deux de la partie épineuse de la dorsale, une de sa partie molle, et une sur le bout de la queue près de la caudale. Les quatre premières s'étendent sur la dorsale elle-même, et la quatrième descend sur l'anale. La caudale a de plus à chaque lobe, près du bord externe, une bande longitudinale. Dans le sec ces bandes paraissent noires sur un fond gris bleuâtre ; mais, d'après Solander, Parkinson et Renard, dans le frais le fond est bleu-clair, et les bandes bleu-foncé ou bleu-noir. Vers le bas elles deviennent d'un bleu verdâtre. La partie claire de la caudale est d'un cendré pourpré.

Son squelette, aux différences près que l'on voit à l'extérieur, ressemble à celui du saxatile.

Nos individus sont longs de six pouces.

Outre ceux que Commerson avait desséchés, MM. Quoy et Gaimard viennent d'en rapporter de l'Isle-de-France, d'où M. Desjardins nous en a aussi envoyé quelques-uns. M. Dussumier en a rapporté un de la côte de Malabar. Celui de Solander et de Parkinson venait d'Uliétéa, l'une des îles de la Société, où on le nomme *emamou.*

Le Glyphisodon sale.

(*Glyphisodon sordidus*, nob.; *Chœtodon sordidus*, Forsk.
et Gmel.[1])

Les poissons desséchés de Commerson nous ont offert
une septième espèce,

dont les bandes, au nombre de cinq, sont très-peu apparentes; ou
dont on peut dire plutôt qu'elle a, au lieu de bandes obscures,
cinq lignes verticales plus pâles que le fond, et qui se distingue en
outre par une tache ronde d'un brun noir placée sur le dessus de
la queue, immédiatement derrière le bord postérieur de la dorsale.

Ce poisson, semblable d'ailleurs de tout point à notre quatrième espèce, a cela de remarquable que l'on compte quatorze
rayons mous à son anale et quinze à sa dorsale.

L'individu de Commerson est long de six pouces.

Un autre individu, rapporté dans la liqueur par Péron, n'a que
deux pouces et demi.

M. Ehrenberg a trouvé la même espèce à l'île de
Macuer, près de Tor et non loin du mont Sinaï.

Tout nous démontre que c'est le *chœtodon sordidus* de
Forskal, dont la description est parfaitement conforme,
jusque dans les détails, à ce que nous observons dans notre
échantillon. M. Ruppel, qui l'a fort bien représenté (pl. 8,
fig. 1), est de même opinion.

Forskal rapporte que ce poisson se nomme à Djidda
abu-defduf; qu'on le prend avec des filets parmi les
récifs de corail, et qu'il est d'un goût agréable. Il parvient, dit-il, à la longueur d'un empan.

L'individu de M. Ehrenberg ne laissait presque pas aper-

---

1. *Pomacanthe sale*, Lacépède, t. IV, p. 519; *Calamoia-pota*, Russel, p. 85.

cevoir ses bandes; il était long de sept pouces : c'est aussi la taille de celui de M. Ruppel.

Le *calamoia-pota* de Russel (n.° 85) est encore la même espèce, et porte exactement les mêmes caractères. Cet auteur le dit long de six pouces, mais ne parle point de son histoire.

M. Ruppel l'a entendu appeler *get* près de Mohila : ainsi *get* ou *gat* est un nom générique. Ce qu'il dit de ses viscères s'accorde avec ce que nous avons vu dans d'autres glyphisodons.

> Un estomac petit, charnu, obtus; le pylore près du cardia; trois petits cœcums; un intestin une fois aussi long que le corps, faisant plusieurs plis; une vessie natatoire très-mince.

L'espèce vit en troupes parmi les coraux.

M. de Lacépède (t. IV, p. 519) a fait du poisson de Forskal un pomacanthe, sans doute parce que le voyageur danois a décrit l'échancrure de l'opercule comme s'il y avait deux épines; mais sur ce point tous les glyphisodons sont conformés de la même manière.

Le GLYPHISODON SPAROÏDE.

(*Glyphisodon sparoides*, nob.[1])

Commerson, à qui nous devons tant de poissons de ce genre, en avait encore préparé et dessiné un que M. de Lacépède a fait graver d'après son dessin (t. IV, pl. 11, fig. 1), mais en le considérant, contre toute raison, comme une variété du sparaillon (*sargus annularis*). Les nombres seuls des épines, tels qu'ils sont marqués sur la figure,

---

1. Variété de *Sparaillon*, Lacépède, t. IV, pl. 11, fig. 1.

auraient dû le préserver de cette erreur : il y en a, comme dans tous les glyphisodons, treize à la dorsale et deux à l'anale; le sparaillon en aurait, comme tous les sargues, onze à la première, trois à la seconde. D'ailleurs le poisson lui-même, tel que nous l'avons trouvé parmi ceux de Commerson, ne laisse aucun doute sur le genre auquel il appartient. Ses dents seules, au nombre de plus de cinquante à chaque mâchoire, le distinguent amplement de tous les sargues.

Il est d'autant plus probable que Commerson l'avait trouvé à l'Isle-de-France, que plus récemment MM. Quoy et Gaimard l'en ont aussi rapporté. Ils l'ont indiqué dans la partie zoologique du Voyage de M. Freycinet (p. 394) sous le nom de *glyphisodon sparoides*, que nous lui avions donné; mais ils ont mal saisi le sens de notre étiquette, quand ils ont dit que ce n'est qu'une variété du sparaillon de M. de Lacépède.

Sa forme est toujours la même que dans la quatrième espèce; ses nombres aussi.

D. 13/13; A. 2/12, etc.

Il a le sous-orbitaire aussi étroit que dans la première.

Sa couleur est un gris argenté, teint de plombé dans la partie du dos. Une tache oblongue, noire, maillée d'argenté, occupe chaque côté de la queue, sous la fin de la dorsale.

Les individus de Commerson ont six pouces de longueur. Ceux de MM. Quoy et Gaimard sont plus petits.

Le GLYPHISODON PERLÉ.

(*Glyphisodon margariteus*, nob.)

Enfin, le dernier des glyphisodons desséchés de Commerson

est entièrement de ce gris argenté et de ce plombé qui teignent l'espèce précédente; mais il n'a point la tache noire qui la distingue, peut-être n'en est-il qu'une variété : car il montre exactement les mêmes formes et les mêmes nombres de rayons.

L'individu est long de cinq pouces.

MM. Quoy et Gaimard viennent d'en rapporter de semblables, mais plus frais, de l'Isle-de-France.

Leur teinte générale est un brun-foncé violâtre. Sur les flancs et le ventre le milieu de chaque écaille est argenté, ce qui forme sur ces parties des suites assez régulières de taches. La dorsale et l'anale ont leurs bases très-brunes, et le bord de la partie épineuse de la dorsale est d'un brun-violet foncé. La caudale paraît d'un gris pâle.

Le GLYPHISODON DE CURASSAO.

(*Glyphisodon curassao*, nob.; *Chœtodon curassao*, Bl., pl. 212.[1])

Il y a au Cabinet du Roi un glyphisodon sec, dont l'origine est inconnue, et qui ne présente d'autre coloration

qu'un grisâtre argenté, avec des teintes nuageuses violâtres du côté du dos. Sa caudale est moins profondément fourchue qu'aux autres, ou plutôt elle n'est qu'un peu échancrée. Avec les mêmes dents et les mêmes nombres d'aiguillons que tous les précédens, il offre la singularité d'avoir un rayon mou de moins à la dorsale qu'à l'anale. Ses écailles sont aussi plus grandes qu'à la plupart des autres; il n'en a que vingt-six sur une ligne longitudinale, et douze sur une ligne verticale; leur bord est cilié.

D. 13/12; A. 2/13, etc.

La longueur de notre individu est de trois pouces et demi.

Sa forme est élevée proportionnellement; car sa longueur n'est que double de sa hauteur.

---

1. *Chœtodon curassao*, Lacép., t. IV, p. 463.

Il nous avait paru répondre sous tous les rapports à la figure et à la description que Bloch donne (pl. 213) de son *chætodon curassao*, qu'il nomme ainsi, parce qu'il l'avait reçu comme venant de l'île du même nom, et la comparaison immédiate que nous en avons faite a confirmé notre conjecture. Son individu est plus grand d'un quart que le nôtre.

Le GLYPHISODON DORÉ.

(*Glyphisodon aureus*, K. et V. H.)

Le Cabinet royal des Pays-Bas a reçu de Java par MM. Kuhl et Van Hasselt un glyphisodon que ces naturalistes ont nommé *aureus*,

parce qu'il est tout entier d'un doré uniforme, à quelques teintes violettes près, qui occupent la partie moyenne de la caudale et un peu du bord postérieur de la dorsale et de l'anale. Sa dorsale est pointue en arrière; son anale un peu arrondie; sa caudale échancrée en croissant. Ses nombres sont les mêmes qu'au curassao, avec lequel il a des rapports intimes, même pour le nombre et la grandeur des écailles, et pour les cils de leurs bords.

D. 13/12; A. 2/13; C. 17; P. 16; V. 1/5.

Il est long de cinq pouces, haut de deux et demi.

Le GLYPHISODON MÉLAS.

(*Glyphisodon melas*, K. et V. H.)

Le même Cabinet a reçu de ces deux jeunes naturalistes un glyphisodon qu'ils ont nommé *melas*,

parce qu'il est entièrement d'un brun noirâtre, et que ses nageoires sont encore plus noires que le corps. Il a les écailles aussi grandes que les deux précédens (vingt-six dans la longueur, douze dans la hauteur); mais leur bord n'est pas cilié. Sa dorsale et son anale sont arrondies; sa caudale presque coupée carrément; ses pectorales grandes, arrondies; ses ventrales un peu alongées en fil.

D. 18/12; A. 2/9; C. 19; P. 16; V. 1/5.

Les deux descriptions que nous venons de donner ont été faites à Leyde par M. Valenciennes.

Le GLYPHISODON NOIR.

(*Glyphisodon ater*, Ehrenb.)

Un glyphisodon tout semblable, et entièrement noir, a été apporté de Massuah par M. Ehrenberg, qui l'a nommé *glyphisodon ater;*

seulement il a douze rayons mous à l'anale; mais peut-être l'individu de Java était-il défectueux en ce point.

Celui de Massuah est long de cinq pouces.

Le GLYPHISODON GRANDE-ÉCAILLE.

(*Glyphisodon macrolepidotus*, nob.; *Bodianus macrolepidotus*, Bl.)

Nous devons ajouter à tous ces glyphisodons le *bodianus macrolepidotus* de Bloch (pl. 230; *bodian macrolépidote*, Lacép., t. IV, p. 286). Cette grande figure, qui paraît si exacte, a été faite d'après un petit individu qui passe à peine trois pouces, et est fort mutilé. Nous l'avons examiné, et nous lui avons trouvé tous les caractères des glyphisodons. Bloch compte à sa dorsale quatorze épines et huit rayons mous; mais il n'y en a que treize des premiers, et plusieurs des mous sont cassés, en sorte qu'il ne les a pas comptés. Un léger trait de l'opercule a été transformé par le dessinateur en une grosse épine.

Sa forme est oblongue, et il a le sous-orbitaire fort étroit, et les écailles plus grandes à proportion que la plupart des autres; mais il est du reste impossible d'en caractériser l'espèce, tant il a été maltraité par les préparateurs.

Nous n'en parlons même ici que pour faire de plus en plus apprécier le peu d'authenticité de tant de figures de poissons étrangers publiées par cet ichtyologiste, et qu'il arrangeait sans aucun scrupule pour la grandeur, et même pour les détails de conformation, suivant la place qu'il lui convenait de fixer aux espèces dans son Système. Il avait fait l'emplette de ce méchant exemplaire à un encan hollandais, et on le lui avait donné comme venant des Indes orientales.

Le Glyphisodon glauque.

(*Glyphisodon glaucus*, nob.)

Un glyphisodon de moyenne taille, et de l'île Guam, ressemblerait même assez à ce macrolépidote de Bloch,

par sa forme oblongue, s'il n'avait le sous-orbitaire plus élevé : ses écailles sont aussi un peu moins grandes. Il paraît tout entier d'un gris brunâtre plus ou moins foncé, sans taches ni bandes aucunes. Sa dorsale et son anale se terminent un peu en pointe; sa caudale est échancrée.   D. 13/14 ; A. 2/12, etc.

Sa longueur est de trois pouces et demi.

———

Les trois espèces suivantes ont cette même forme oblongue, et se distinguent en outre par deux ou trois rayons mous de plus à la dorsale.

Le Glyphisodon sombre.

(*Glyphisodon luridus,* nob.)

Feu Broussonnet avait la première dans sa collection sous le nom de *chœtodon luridus*[1], et elle y est indiquée comme originaire de Madère.

Sa couleur paraît avoir été entièrement noire ou brun noirâtre. Sa dorsale et son anale ont leur angle postérieur prolongé en pointe; il en est à peu près de même des lobes de sa caudale.

D. 13/16; A. 2/14.

L'individu est long de près de quatre pouces.

Le Glyphisodon a queue d'or.

(*Glyphisodon chrysurus,* nob.)

Il s'est trouvé dans les collections faites par feu M. Plée dans l'île de Saint-Thomas un glyphisodon desséché, assez semblable à ce *luridus* par sa forme générale et par les nombres de ses rayons.

D. 12/16; A. 2/13; C. 17; P. 18; V. 1/5.

Sa dorsale et son anale sont couvertes d'écailles presque aussi complétement que dans les vrais squamnipennes. Il a au moins cinquante dents à la mâchoire inférieure, et près de quatre-vingts à la supérieure. Tout son corps est brun de chocolat; mais sa caudale est en entier d'un beau jaune.

L'individu est long de cinq pouces et demi.

L'espèce ne porte pas de nom particulier à Saint-Thomas.

---

1. Elle se trouve nommée ainsi, mais sans description, à la fin des chétodons de Gmelin (p. 1269). Il y a aussi un *chœtodon luridus* dans les manuscrits de Solander, mais c'est un *acanthure.*

Le GLYPHISODON BORDÉ.

(*Glyphisodon limbatus,* nob.)

L'île de Bourbon a procuré à MM. Quoy et Gaimard, à leur dernier voyage, un glyphisodon encore assez semblable aux deux précédens par ses formes et par les nombres de ses rayons.

Il a un peu d'âpreté au bord de son préopercule. Ses nageoires verticales ont des écailles plus grandes, et qui s'y étendent aussi loin que dans le *chrysurus.* Ses ventrales sont assez longues pour atteindre l'anale au milieu de sa deuxième épine.

D. 12/17; A. 2/14; C. 17; P. 19; V. 1/5.

Sa couleur est un brun foncé, tirant un peu à l'olivâtre. Les parties molles de la dorsale et de l'anale sont plus noirâtres, et il y a surtout une large bordure noire à la partie épineuse de sa dorsale. Ses dents sont légèrement échancrées, comme dans les précédens.

———

Nos différens voyageurs ont rapporté de la mer des Indes des glyphisodons plus petits que ceux dont nous avons parlé jusqu'ici, et remarquables par des couleurs plus vives. On les trouve entre les îles et près des rivages parmi les rochers, où ils se jouent avec des pomacentres, de petits chétodons et plusieurs autres petits poissons, également bien colorés.

Le GLYPHISODON A GOUTTELETTES.

(*Glyphisodon lacrymatus*, nob.[1])

Le glyphisodon à gouttelettes est encore à peu près de
la forme des grands que nous avons décrits d'abord;
mais c'est surtout de la partie postérieure qu'il est élevé. Sa caudale
est à peine échancrée.

D. 12/13; A. 2/13, etc.

Il est brun, semé de gouttelettes rondes d'un blanc de lait. Sa longueur n'est que de dix-huit lignes.

Il vient de l'île Guam, l'une des Mariannes.

Le GLYPHISODON A UNE TACHE.

(*Glyphisodon unimaculatus*, nob.)

Le glyphisodon unimaculé

est un peu plus oblong, et a une tache noire à la base de la dorsale,
vers son bord postérieur. Sa caudale est un peu échancrée en arc
rentrant, et sa couleur générale est d'un roux vineux uniforme. Ses
nombres sont les mêmes que dans la plupart des espèces.

D. 13/13; A. 2/11, etc.

L'individu est long de deux pouces et demi.

C'est Péron qui l'a rapporté de Timor.

Ce poisson a le foie plus gros que celui du *glyphisodon saxatilis.*
Son estomac est plus court, plus cylindrique : il y a de même
trois appendices cœcales au pylore, une au-dessus et deux en dessous
de l'estomac; elles sont très-courtes. L'intestin fait plusieurs replis.
Il y a une vessie aérienne grande et simple.
Le péritoine est brun, assez foncé.

---

1. *Glyphisodon vida*, Quoy et Gaimard, zoologie du Voyage de Freycinet,
pl. 62, fig. 7.

Les suivans sont d'une forme encore un peu plus oblongue et plus semblable à celle des pomacentres; ils ont la
caudale ou très-peu échancrée, ou même arrondie au bout.

Le GLYPHISODON AZURÉ.

(*Glyphisodon azureus*, Q. et G.[1])

Le glyphisodon azuré, par exemple,

a sa hauteur trois fois dans sa longueur. La partie molle de sa dorsale et de son anale est fort pointue; mais sa caudale est arrondie.

D. 13/12; A. 2/12.

Il a la tête et le corps d'un bleu d'azur; la caudale jaune; les
pectorales et les ventrales jaunâtres. Je doute si la dorsale et l'anale
étaient bleues ou jaunes.

Il est long de deux pouces et demi.

MM. Quoy et Gaimard, à qui nous le devons, l'avaient pris
à Timor; à leur dernier voyage ils l'ont retrouvé aux îles
des Amis. Ce joli poisson est déjà représenté dans le recueil
de Vlaming (n.° 192) sous le nom hollandais de *coninginne*
(reine); toutes ses nageoires y sont jaunes : Renard l'a gravé
(n.° 150), mais en le coloriant tout autrement.

Le GLYPHISODON A OPERCULE BLANC.

(*Glyphisodon leucopomus*, nob.)

MM. Lesson et Garnot ont trouvé à l'île d'Oualan un
glyphisodon de la forme et de la taille de l'azuré,

et qui a de même la queue arrondie; mais qui paraît tout entier
d'un gris violâtre, excepté l'opercule, qui est blanc, avec une petite

---

1. Zoologie du Voyage de Freycinet, pl. 64, fig. 3.

tache noire à l'angle de sa partie membraneuse. On voit aussi une tache noire sur le milieu de sa caudale.

D. 13/12; A. 2/12, etc.

L'individu est long de deux pouces et demi.

Le GLYPHISODON UNIOCELLÉ.

(Glyphisodon uniocellatus, Q. et G.[1])

Le glyphisodon uniocellé ressemble à l'azuré, même par les couleurs;

mais il a une tache ronde et noire de chaque côté du dos, près de la base et de la fin de la dorsale, c'est-à-dire à peu près au même endroit que l'unimaculatus; mais, outre la couleur et la grandeur, il en diffère par sa caudale, qui est arrondie, et par son sous-orbitaire, qui est moins élevé.

D. 13/13; A. 2/11, etc.

L'individu n'a que dix-huit lignes.

Il a été pris à Timor par MM. Quoy et Gaimard, et à leur second voyage ils l'ont retrouvé à Vanicolo.

Le GLYPHISODON D'ANTJER.

(Glyphisodon Antjerius, K. et V. H.)

Nous avons vu parmi les dessins envoyés de Java par MM. Kuhl et Van Hasselt, un petit glyphisodon, pris à la côte d'Antjer au nord de l'île,

et qui est aussi de couleur bleue, avec un ocelle; mais cet ocelle est placé sur le commencement de la partie molle de la dorsale. Sur le front est de chaque côté une ligne blanche et une autre plus bleue.

---

1. Zoologie du Voyage de Freycinet, pl. 64, fig. 4.

Sa longueur est à peine d'un pouce.

Les nombres des rayons ne sont pas marqués distinctement.

Le GLYPHISODON BIOCELLÉ.

(*Glyphisodon biocellatus*, nob.)

Le glyphisodon biocellé est semblable aux précédens pour les formes et les nombres des rayons; mais sa caudale est un peu en croissant, et il est encore plus agréablement coloré.

Le fond de sa couleur est brun, pointillé de bleu clair, surtout vers le dos. Il a une tache noire à la base de la dorsale, à la fin de sa partie épineuse, et une autre à la base de son bord postérieur. Toutes les deux sont entourées dans certains individus d'un cercle bleu clair, et une série de points bleus plus serrés forme une ligne de chaque côté, depuis la partie antérieure de la dorsale jusqu'au-dessus de l'œil; ligne qui, dans certains individus, est continue et assez large. La caudale paraît avoir été jaunâtre.

C'est un de nos plus petits glyphisodons. Sa longueur n'est que d'un pouce.

MM. Quoy et Gaimard en ont rapporté de l'île Guam, et MM. Lesson et Garnot de l'île Oualan ou Strong. MM. Quoy et Gaimard l'ont retrouvé à la Nouvelle-Guinée. Il y en a un tout semblable de Java dans les dessins de MM. Kuhl et Van Hasselt, étiqueté du nom malais de *tjelan-cahan*.

Le GLYPHISODON A CEINTURE.

(*Glyphisodon zonatus*, nob.)

La côte de la Nouvelle-Guinée a donné encore à MM. Quoy et Gaimard une jolie espèce, semblable à la précédente

5.   46

par les deux ocelles de sa dorsale, mais qui n'a pas les lignes du
front, et qui se distingue d'ailleurs au premier coup d'œil par une
bande verticale blanche ou bleu clair, qui descend des quatrième,
cinquième et sixième rayons de la dorsale jusqu'au quart inférieur
de la hauteur. Le fond de sa couleur paraît d'un brun tirant au
violet. La dorsale et la caudale sont jaunâtres, avec un liséré noirâtre. Les ventrales et l'anale sont noirâtres; la pectorale est grise.

D. 13/12; A. 2/12, etc.

Nos individus ont depuis un pouce jusqu'à deux et demi.

On l'a aussi de l'île Vanicolo.

Le GLYPHISODON POINTILLÉ.

(*Glyphisodon punctulatus*, nob.)

Les mêmes voyageurs ont encore trouvé à l'île Guam
une charmante petite espèce,

qui a deux ocelles placés comme dans les deux précédentes, mais
qui manque de la ceinture et des lignes du front, et où toutes les
écailles du corps ont chacune trois petits points bleus sur leur fond
brun foncé. De chaque côté du museau sont trois lignes bleues,
dont la mitoyenne se prolonge sous l'œil. La caudale et la partie
molle de la dorsale paraissent jaunâtres. L'anale et les ventrales sont
noires. La pectorale est grise et a une tache noire en travers de sa base.

D. 13/12; A. 2/13, etc.

L'individu est long de deux pouces.

Le GLYPHISODON DE BROWNRIGG.

(*Glyphisodon Brownriggii*, nob.; *Chœtodon Brownriggii*, Benn.)

C'est ici que nous croyons devoir placer le petit poisson
de Ceilan donné par M. W. Bennet (Poissons de Ceilan,
n.° 8) sous le nom de *chœtodon Brownriggii*. Toutes ses

apparences et même ses couleurs se rapprochent des es-pèces que nous venons de décrire.

Il est oblong, de couleur orangée, excepté le dos depuis le front jusqu'à la caudale et la base de la dorsale, qui sont d'un beau bleu. Sur la partie molle de la dorsale sont dans le bleu deux taches noires, une antérieure, petite et ronde, une postérieure, plus grande et ver-ticalement oblongue.

M. Bennet compte ses rayons comme il suit :

B. 4; D. 13/10; A. 2/11; C. 16; P. 14; V. 4.

Mais nous doutons de quelques-uns de ces nombres.

Il ne passe pas deux pouces.

Les Cingalais l'appellent *kaha-bartikya* (poisson jaune).

Le GLYPHISODON BOUCHE-NOIRE.

(*Glyphisodon nigroris,* nob.)

Jusqu'ici nous n'avons eu que des glyphisodons à deux épines anales. Il en existe cependant qui en ont trois, et telle est une espèce que le Cabinet du Roi a reçue autre-fois de celui du Stadhouder, et que nous appelons *glyphi-sodon à bouche noire,*

parce qu'il a les lèvres de cette couleur, et tout le reste du corps (au moins tel que nous le voyons dans la liqueur) d'un fauve uniforme.

D. 13/14; A. 3/12, etc.

Ses formes sont d'ailleurs celles de nos premières espèces, du *rahti,* du *bengalensis.*

L'individu est long de trois pouces et demi.

Nous ignorons son origine.

DES ÉTROPLES (*Etroplus*, nob.).

Qui croirait, après avoir observé une si grande constance dans les nombres des aiguillons des glyphisodons, après n'en avoir trouvé qu'un seul qui ait à l'anale une épine de plus que le reste du genre, que l'on rencontrerait des poissons qui, avec tous les autres caractères de ce genre, ont la nageoire anale munie d'autant de rayons épineux que dans les *polyacanthes* et les *centrarchus.*

C'est cependant ce qui a lieu dans un beau poisson de la mer des Indes, bien représenté par Bloch (pl. 217) sous le nom de *chætodon suratensis,* et dans quelques espèces voisines. Leur ostéologie présentant quelques autres différences, il nous a semblé convenable de les séparer du reste du genre, et nous leur avons donné le nom d'*étrople,* qui indique l'armure de leur bas-ventre (d'ἧτρον et d'ὅπλον).

L'ÉTROPLE PINTADE.

(*Etroplus meleagris,* nob.; *Chætodon suratensis,* Bl., pl. 217.)

La première espèce, ou le *chætodon suratensis* de Bloch et de Lacépède, avait été envoyée à Bloch de Surate par le missionnaire John; mais il y en a tout autour de la presqu'île, et nous en avons reçu plusieurs individus du Malabar par M. Dussumier, et de Pondichéry par M. Leschenault. On la nomme sur la côte de Coromandel *selékinté.*

Son corps est ovale, comprimé. Sa longueur est double de sa hauteur, et son épaisseur n'en fait guère plus du quart. Sa nuque descend en quart de cercle jusques entre les yeux, et de là presque en ligne droite jusqu'au museau, qui est court et obtus; mais

quand la bouche se porte en avant, le bas du profil prend aussi
une courbe concave. La longueur de la tête est quatre fois dans
la longueur totale; sa hauteur surpasse d'un quart sa longueur.

L'œil est plus relevé que dans les autres glyphisodons, ce qui
tient à la plus grande hauteur du sous-orbitaire. Ce sous-orbitaire
n'a point d'écailles, non plus que le museau, à compter des yeux,
ni la mâchoire inférieure; mais il y en a sur le reste de la tête. Sur
le corps on en compte trente-neuf ou quarante sur une ligne longitudinale, et vingt-deux ou vingt-trois sur une ligne verticale; elles
sont demi-elliptiques, un peu plus hautes que larges. Leur partie
visible est très-finement pointillée; leur éventail a neuf ou dix rayons,
et leur bord radical huit ou neuf crénelures. Une lame écailleuse
ceint la base de la dorsale et de l'anale; mais sur les nageoires mêmes
il n'y a pas d'écailles, quoique Bloch y en ait marqué. Je compte
à peu près quarante dents à chaque mâchoire, toutes plates, tronquées et tranchantes. Les latérales d'en bas sont les plus sensiblement échancrées. La dorsale et l'anale ont leur partie molle aiguisée
en pointe; mais c'est à peine si le bord postérieur de la caudale
est un peu concave. Je ne sais s'il y a plus de cinq rayons aux
branchies. Les ventrales, moins longues que les pectorales, ne sont
pas très-pointues.

D. 18 ou 19/15; A. 12/13; C. 16; P. 15; V. 1/5.

Ce poisson est coloré d'une manière agréable sur un fond argenté,
teint de verdâtre vers le dos; il montre cinq bandes verticales d'un
violet vineux. Sur le dos et sur les flancs chaque écaille a une petite tache ronde et blanche, et il y a de petites taches semblables
entre les rayons des trois nageoires verticales. La base de la pectorale a une grande tache noire, tant du côté externe que du côté
de l'aisselle. Le reste de cette nageoire est d'une couleur pâle. La
ventrale est plus noirâtre.

Nos individus sont longs de sept à huit pouces, et l'espèce ne
devient pas plus grande selon M. Leschenault.

On pêche abondamment ce poisson à l'embouchure de
la rivière d'Arian-Coupang, et il est bon à manger. M. Dus-

sumier nous en a aussi rapporté plusieurs, et de la même taille, de la côte de Malabar, où il se pêche à l'embouchure des rivières. Ce voyageur le décrit comme d'un brun clair avec des bandes vertes.

Le squelette de ce méléagris diffère à plusieurs égards de ceux des espèces ordinaires. Ses vertèbres abdominales sont au nombre de dix-sept; les caudales de quatorze. L'apophyse épineuse, descendante de la première caudale, porte à elle seule les interépineux des sept premiers rayons de l'anale, et ces interépineux sont dirigés obliquement en avant, en sorte que le premier de ces rayons se trouve vis-à-vis la huitième vertèbre abdominale. Il n'y a que deux interépineux sans rayons avant la dorsale. L'os cubital est plus petit et plus fortement échancré, le sous-orbitaire antérieur beaucoup plus élevé. La crête sagittale se porte beaucoup plus en avant entre les yeux.

L'ÉTROPLE TACHETÉ.

(*Etroplus maculatus*, nob.; *Chætodon maculatus*, Bl.;
Glyphisodon kakaitzel, Lacép.)

Le *kakait-sellé*[1] de Tranquebar (*chætodon maculatus* de Bloch, pl. 427)[2], dont M. de Lacépède a fait sa deuxième espèce de glyphisodon (*glyphisodon kakaitsel*, t. IV, p. 543), me paraît, si c'est vraiment un glyphisodon, devoir, à cause du nombre de ses aiguillons, appartenir au même petit groupe que le précédent.

Il en a, en effet, à peu près autant (dix-sept ou dix-huit à la dorsale, et onze ou douze à l'anale); mais ses rayons mous sont beaucoup moins nombreux (huit ou neuf seulement à chacune de

---

1. Ce nom n'a-t-il point quelque rapport avec celui de *kaitcheil*, que les ophicéphales portent à la côte de Malabar?

2. *Syst. posth.*, p. 229.

ces nageoires). La figure lui donne le long de la ligne latérale sept taches noires et rondes, dont la plupart se prolongent en haut et en bas en bandes verticales brunes et nuageuses, le tout sur un fond jaune et brillant.

Il paraît qu'il y a eu de la part de Bloch quelque confusion sur cette espèce. Dans son grand ouvrage (trad. fr., 12.ᵉ part., p. 102) il dit que sa figure est faite de grandeur naturelle d'après un individu envoyé de Surinam, et qu'il l'avait trouvée conforme à un dessin moitié plus petit, fait à Tranquebar par John; il conclut de là que l'espèce est des deux continens, et il ajoute que ses dents sont en forme de soies. Dans son Système posthume (p. 229) il n'est plus question de Surinam. C'est un poisson des eaux douces de Coromandel, et Schneider le décrit comme ayant les dents comprimées et trilobées, surtout les antérieures; la ligne latérale invisible; les écailles grandes, rhomboïdales, celles du voisinage de la dorsale ponctuées de brun, etc.

On doit croire, ou que Bloch a eu successivement deux poissons différens sous les yeux, ou que la première fois il avait été trompé sur l'origine de celui qu'il a représenté, et même qu'il en avait mal examiné les dents.

M. de Lacépède n'a aperçu aucune de ces difficultés, et s'est borné à copier le premier article de Bloch, et Shaw a fait comme lui.

Pour nous, c'est à la description explicite de Schneider que nous croyons devoir nous en tenir, et avec d'autant plus de confiance, que nous venons de recevoir de Mahé un poisson qui a toutes les formes du sien, et n'en diffère, pour ainsi dire, que par les couleurs.

L'ÉTROPLE CORUCHI.

(*Etroplus coruchi*, nob.)

Nous le devons à M. Adolphe Bélenger, qui l'a pris dans les étangs d'eau douce de Mahé, côte de Malabar. On le nomme dans ce canton *coruchi*. M. Dussumier en a aussi rapporté plusieurs individus des mêmes parages.

Sa forme est en petit celle du *meleagris*, c'est-à-dire ovale, comprimée, deux fois plus longue que haute, etc. Son chanfrein est un peu concave; son museau légèrement saillant, et sa bouche a quelque protractilité. Ses dents sont distinctement divisées chacune en trois pointes. Il y a cinq rayons à sa membrane branchiale. On compte dix-huit, et dans quelques individus jusqu'à vingt épines à sa dorsale, et treize à son anale : la première a dix rayons mous, et la seconde neuf.

Ce grand nombre de rayons épineux et son habitation dans l'eau douce pouvaient le faire soupçonner d'être un polyacanthe; mais ses os du gosier n'ont rien de contourné, et même ses pharyngiens sont garnis en partie de dents pavées comme dans les labres. La membrane de la dorsale forme un lobe derrière chaque épine. On ne peut presque distinguer sa ligne latérale.

B. 5; D. 18/10; A. 13/9; C. 17; P. 18; V. 1/5.

Ses couleurs sont très-jolies; un argenté bleuâtre en fait le fond. Chaque écaille a un point d'un bel orangé, ce qui forme dix-sept ou dix-huit lignes de ces points le long de chaque côté du corps. Les plus voisines du dos ont leurs points bruns plutôt que jaunes. Au milieu de la longu...r, et vers le tiers supérieur de la hauteur, est une grande tache noire et ronde. La gorge et la poitrine sont teintes de jaune. La dorsale a des points bruns entre ses rayons, et l'anale des points aurores. Ces derniers sont sur un fond déjà jaunâtre. Les autres nageoires sont grises ou brunâtres.

Nos individus sont longs de trois pouces.

La cavité abdominale de ce poisson est réduite à un petit espace, dans lequel les intestins sont roulés et contournés sur eux-mêmes, comme dans nos polyacanthes et autres poissons à branchies labyrinthiformes.

L'estomac est petit, et autant que nous avons pu le voir dans nos individus, il n'y a que trois cœcums longs, pliés sur eux-mêmes, et enveloppant l'estomac.

La vessie aérienne est simple, grande, à parois fibreuses et argentées; le péritoine est noirâtre. [1]

DES HÉLIASES.

On a vu que les pomacentres ont le préopercule dentelé et les dents sur une seule rangée, et les dascylles le préopercule dentelé et des dents en velours. Des poissons très-semblables pour tout le reste offrent ces deux sortes de dents avec un préopercule sans dentelure; les glyphisodons et les étroples, comme les pomacentres, les ont sur une seule rangée, tranchantes, souvent échancrées; les *heliases*, semblables d'ailleurs en tout aux glyphisodons, c'est-à-dire ayant le corps ovale, comprimé, la bouche petite, le préopercule sans dentelure, des écailles grandes, une ligne latérale, terminée sous la fin de la dorsale, s'accordant même avec eux pour le nombre des rayons, en diffèrent par des dents semblables à celles des dascylles.

---

1. Sur notre planche 156 ce poisson porte encore le nom de *glyphisodon coruchi*.

L'HÉLIASE CHAUFFE-SOLEIL.

(*Heliases insolatus*, nob.)

Notre première espèce a été envoyée par M. Plée de
la Martinique, où elle porte en commun avec le glyphisodon saxatile le nom de *chauffe-soleil,* ce qui annonce
qu'elle se tient de même dans les petits creux des rochers exposés au soleil. En effet, M. Plée nous dit qu'elle
s'y montre dès que le soleil paraît. C'est de cette habitude
que nous avons dérivé le nom du sous-genre (ἡλιάζεϛαι,
apricari).

Sa forme est un peu moins haute, et son profil plus uniformément arrondi qu'au glyphisodon que nous venons de nommer; son
museau est plus court, et n'a rien de concave en dessus; sa caudale n'est qu'échancrée en arc de cercle et non fourchue; son sous-
orbitaire forme une bande plus régulièrement circulaire, et est
couvert d'une rangée d'écailles, tandis que dans le glyphisodon il
est nu. L'œil est un peu plus grand; mais la bouche est tout aussi
petite. Les dents sont sur une bande étroite à chaque mâchoire, et
en velours ras. La rangée extérieure surpasse à peine les autres. Ses
écailles, sa ligne latérale, ses nageoires sont comme dans les glyphisodons. La grande pièce écailleuse au-dessus de chaque ventrale
et celle d'entre ces deux nageoires y sont encore plus marquées et
plus pointues.

B. 5; D. 13/12; A. 2/12; C. 17; P. 17; V. 1/5.

Tout ce poisson paraît, dans la liqueur, d'un brun fauve uniforme. M. Plée le dit à l'état frais d'une couleur grisâtre.

Sa longueur est de quatre pouces, et, selon M. Plée, il ne devient pas plus grand.

La cavité abdominale de l'héliase est de même forme que celle
des glyphisodons; aussi les viscères n'en paraissent pas beaucoup
différer. Ceux que nous avons examinés n'étaient pas bien con-

servés ; cependant nous avons pu voir clairement qu'il n'y a que deux cœcums au pylore, dont le supérieur est très-petit ; l'autre est beaucoup plus court que l'estomac, par conséquent aussi plus court à proportion que ceux du *glyphisodon saxatilis*. Il est aussi plus cylindrique.

L'estomac lui-même est plus petit.

La vessie aérienne est plus petite ; ses parois sont encore plus membraneuses, et elle donne en arrière deux très-petites cornes.

L'HÉLIASE CENDRÉ.

(*Heliases cinerascens*, nob.)

Il y a aussi des héliases dans la mer des Indes. MM. Kuhl et Van Hasselt en ont envoyé un de Java,

qui paraît entièrement d'un gris verdâtre pâle, et a des nombres un peu différens de celui d'Amérique ; mais offre d'ailleurs les mêmes caractères.

Sa caudale est fourchue. Sa dorsale et son anale ont leurs parties molles anguleuses. Ses ventrales sont un peu prolongées en fil.

Sa poitrine est argentée et ses ventrales blanches.

B. 5 ; D. 13/11 ; A. 2/11 ; P. 18 ; V. 1/5.

Il n'a pas tout-à-fait quatre pouces de longueur.

Les espèces suivantes ont les dents de derrière en velours très-ras, et la rangée externe un peu plus forte à proportion. Elles viennent aussi de la mer des Indes.

L'HÉLIASE A GRANDE ÉPINE ANALE.

(*Heliases analis*, nob.)

Cette espèce vient d'Amboine, où elle a été recueillie
par MM. Quoy et Gaimard.

Elle est toute entière d'un jaune verdâtre, un peu plus foncé vers
le dos. Ses nombres sont les mêmes qu'à l'héliase cendré.

B. 5; D. 13/11; A. 2/11, etc.

Sa caudale est aussi fourchue; mais ce qui la distingue, c'est que
sa deuxième épine anale est très-forte et plus longue même que les
rayons mous qui la suivent.

Ses dents postérieures sont tellement rases, que la rangée externe
a presque l'air d'être seule.

L'individu est long de quatre pouces.

L'HÉLIASE BLEU.

(*Heliases cœruleus*, nob.)

Il est de la forme des précédens, a les mêmes caractères au sous-
orbitaire et aux pièces operculaires, la queue fourchue, à lobes
pointus, les ventrales terminées en filets.

D. 13/10; A. 2/11, etc.

Dans la liqueur il paraît d'un brun violâtre; avec une bande
noirâtre au bord supérieur et à l'inférieur de la caudale.

Mais une belle figure de ce poisson, que nous avons
vue parmi celles de l'expédition russe, nous apprend

qu'il est d'un beau bleu d'azur; que la partie épineuse de sa
dorsale est d'un brun violet; la molle, ainsi que l'anale, gris noi-

râtre; sa caudale jaune, à bord supérieur et inférieur noirâtre, et les pectorales et les ventrales jaunes.

Nos individus ont été pris à la Nouvelle-Guinée par MM. Quoy et Gaimard; ils ne passent pas trois pouces. Ceux des naturalistes russes en ont plus de cinq. Ils viennent d'Uléa.

L'Héliase a queue écailleuse.

(*Heliases lepisurus*, nob.)

La Nouvelle-Guinée produit encore un héliase bleu, et même d'un bleu qui se conserve mieux dans la liqueur.

Il est un peu plus oblong que le précédent, et s'en distingue surtout parce que sa queue est presque entièrement couverte de petites écailles. Elle est très-fourchue, et ses lobes se terminent en filets, aussi bien que ses ventrales, et même un peu l'angle postérieur de sa dorsale.

B. 5; D. 12/10; A. 2/9, etc.

Il paraît d'un bleu un peu lilas. Son ventre est argenté, un peu jaunâtre; sa caudale d'un brun noirâtre. Les autres nageoires paraissent d'un jaunâtre pâle. Quelques individus ont vers l'arrière du corps une tache noirâtre sur chaque écaille.

Nos individus n'ont guère que trois pouces.

L'Héliase bridé.

(*Heliases frenatus*, nob.)

C'est encore ici un très-joli petit héliase bleu,

un peu argenté vers le ventre, et qui se distingue par un trait argenté, qui va de l'œil sur le bout du museau. Il est oblong.

Ses nageoires sont grises, les inférieures plus pâles; les lobes de sa caudale pointus, et ses ventrales terminées en filets.

D. 13/9; A. 2/10, etc.

Il n'a pas tout-à-fait deux pouces.

MM. Quoy et Gaimard l'ont trouvé assez abondant à l'île Guam.

FIN DU TOME CINQUIÈME.

AVIS AU RELIEUR

POUR PLACER LES PLANCHES.

———